線形代数学

中村 郁 著

数学書房

まえがき

　線形代数とは，連立 1 次方程式を解くための数学である．本書の目的は，そのための自然な考え方を解説することである．

　線形代数が大学 1 年生の基礎教育の題材に選ばれる理由は，それがほとんどすべての自然科学や応用科学において，しばしば具体的な計算を可能にし，きわめて有用な研究手段を与えてくれるからに他ならない．数学をはじめ自然科学の重要な問題のほとんどは「非線形」，つまり連立 1 次方程式では本来解けない問題である．しかし「非線形」の問題は，多くの場合「線形の問題で近似する」ことによって解くことができる．その意味で，先端の研究にあっても「線形の手法」は重要である．したがって，数値計算であるか理論的考察であるかを問わず，どんな分野でも線形の問題がすべての基礎である．線形代数を実質的に理解することなしに，高度の科学を学ぶことはできない．

　行列は本書の主題のひとつだが，たとえば，2 つの行列の積は，なぜ高校時代に 2×2 行列の場合に習ったような積の定義をするのかを考えてみよう．行列の積は代入計算と一致するように定義されている．学問を学ぶときによく経験することだが，複雑な状況を簡潔に表現することは，理解を深めるために不可欠なことである．行列の積もそのようなもののひとつであって，そのまま書き下せばかなり複雑なものである．しかし，行列の積を 2×2 行列の積と同様に定義することによって，代入計算の複雑さがその中に吸収され，複雑な数学的事実が正しく簡潔に表現されるようになる．だからこそ，私達は行列を用い，行列の積をそのように定義するのである．

　行列に限らず，数学の定義や記法は，さまざまな考察の経験によって人間が選び取ってきた結果である．およそ私たちが学問を学ぶとき，「与えられた定義にしたがって，与えられた問題を解きさえすれば，それで十分である」はずがない．なぜそのような対象を問題にするのか，なぜそのような定義をするのかをも合わせて考えていきたいと思う．

　本書は著者の北海道大学での 20 年余りの線形代数学の講義に基づいている．比

較的難しいとされる抽象的ベクトル空間は，第 8 章「量子力学の中の固有ベクトル」では厳密な定義をしないで，計算に入る．著者の経験によれば，この形式でも学生の理解にはまったく問題ない．第 8 章では，抽象的ベクトル空間の正確な定義など知らなくても計算できるし，むしろ，その計算の経験が，一般には難解とされる抽象的ベクトル空間や線形写像の行列表示の理解に役立つ．1 次独立の概念は，未定係数法として本質的には高校時代にすでに経験済みである．また，多項式の空間やさまざまな関数，あるいはその微分や積分などが出てくることで，線形代数が，ほかの分野とどのようなかかわりを持つかを知ることもできるだろう．

　第 7 章「マルコフ連鎖」と第 8 章「量子力学の中の固有ベクトル」の題材は，固有値や固有ベクトルの現実的な意味を教えてくれる．「量子力学」での固有値はエネルギーであり，固有ベクトルは定常状態ないし安定状態を与える，と思ってもそう誤りではない．「マルコフ連鎖」での固有値 1 の固有ベクトルは安定状態に対応する．固有値とエネルギーの関係や固有ベクトルと定常状態，安定状態との関係は記憶にとどめておきたい．また，線形写像の自然な例が，微分作用素で与えられることにも注意したい．数学固有に見える多くの概念が物理学に由来すること，あるいは，数学の概念のもっとも自然な例が，しばしば物理学の中に見出されることを知ることは大切である．

　第 14 章「CT スキャンと最小 2 乗解」および第 15 章「誤り訂正符号」は線形代数の応用編である．ともにその原理は簡単で，数行で説明可能であるが，コンピューターのおかげでそのアイディアが大きな力を発揮することになった．これは数学の潜在的な力を示すよい例であろう．第 16 章「地震と線形微分方程式」では，建物が地震波と共振 (共鳴) して大きく揺れる原理を説明する．行列の固有値が建物のバネとしての固有振動数を定め，それが地震波の振動数と近いと共振が起きる．そのまま揺れ続ければ，振幅が無限に増大して崩壊の可能性もある．これも，行列の固有値の意味を具体的に教えてくれる貴重な例である．

　すべての題材を講義時間内に扱うことは難しい．時間の制約に応じて，必要な部分だけを講義で取り上げやすいように，ひとつひとつの章は短めにした．しかし，例を中心に話せば，本書の大部分を解説することが可能である．たとえば，第 6 章から第 8 章を著者は合計 2 講義ですませ，3 回目の講義は試験をする．それでも，少しも無謀ではない．この 3 つの章についての標準的な試験では，例年 3 割程度の学生が満点である．試験をすることで学生は教科書をよく読み，理解も深まる，それが著者の受けた印象である．第 8 章や第 16 章は物理学を扱うように見える

ので，教官にも敬遠されそうであるが，単刀直入，数学的な部分を解説していただけば十分であると思う．問題の背景を知りたい学生は，教科書を読んでほしい．

　線形代数の教科書は既に多い．著者が学生の頃とはちがって，分かりやすい教科書も増えた．しかし，教官の間からは「分かりやすいだけで，なぜそれをやるのかが分からない」「線形代数は退屈だ」という声を良く耳にした．その一方で，「線形代数は汎用性の高い数学である」という指摘は正しい．しかしそれでは，具体的には，どのような分野でどのように使われているのか？　これは著者の長年の関心事であった．面白い線形代数の教科書を書きたい，それと同時に，こういう疑問にも答えたい，著者は長い間そう思い続けてきた．

　本書は，そうは言いながらもなかなか腰をあげようとしない著者を，励まし催促してくれた，多くの友人と出版関係者のかたがたの後押しによって初めて生まれたものである．本書執筆のきっかけを作ってくださった学術図書出版の発田孝夫さん，この出版に直接関わってくださった，数学書房の横山伸さんのおふたりにはこころより感謝申し上げたい．

　本書は多くの自然科学の教科書と同じように，基本的には自習の書である．しかし，本書は数学者をめざす学生を対象に書かれたものではない．大学の教養教育を終えればほとんど数学を学ぶ機会のない，残りの大多数の学生を念頭において書かれたものである．そのために，証明も説明も努めて平易に書いたつもりである．

　和文タイプは，秘書の岡田真千子さん，三好 晋（ゆき）さん，阿部綾子さんに大変お世話になった．また，草稿に目を通し，さまざまな助言をしてくださった菅原健，秦泉寺（じんぜんじ）雅夫，長坂行雄の3氏と，演習問題をすべて解いて解答の誤りを指摘してくれた服部良平君に，こころよりお礼を申しあげたい．このほか，本書の計画に興味を示し，励ましてくれた多くの先輩後輩，国内外の友人にも感謝したい．本書執筆にあたってアメリカでの教科書も参考にしようとしたが，時間の制約で結局果たせなかった．アメリカの教科書の資料収集に協力してくださった由井典子，辻井正人の両氏にもお礼を申し上げたい．

2007年8月　著者

目次

第1章 行列　1
- 1.1 行列の定義 ... 1
- 1.2 行列の和と差，定数倍 ... 3
- 1.3 行列の積 ... 4
- 1.4 積の性質 ... 8
- 1.5 行列の転置 ... 9
- 1.6 行列の分割 ... 11
- 1.7 積の結合則 ... 13
- 1.8 付録. 回転 ... 14

第2章 1次方程式と逆行列　16
- 2.1 1次方程式 ... 16
- 2.2 2×2 行列による左基本変形 ... 18
- 2.3 2×2 行列の逆行列 ... 19
- 2.4 基本行列 ... 23
- 2.5 階段行列 ... 25
- 2.6 逆行列 ... 27
- 2.7 3×3 行列の逆行列 ... 28
- 2.8 1次方程式の解法 ... 30
- 2.9 同次連立1次方程式 (1) ... 32
- 2.10 正則行列 ... 33

第3章 行列の階数　39
- 3.1 3×3 行列による右基本変形 ... 39

3.2	行列の階数	41
3.3	同次連立 1 次方程式 (2)	44

第 4 章 行列式 — 47

4.1	この章の概略	47
4.2	置換と符号	48
4.3	行列式の性質 (1)	53
4.4	行列式の性質 (2)	55
4.5	転置行列の行列式	61
4.6	積の行列式	65
4.7	クラメルの公式	68
4.8	逆行列の公式と行列式の展開公式	69
4.9	行列式の幾何学的な意味	73

第 5 章 行列式の計算と応用 — 78

5.1	行列式の計算例 (1)	78
5.2	行列式の計算例 (2)	79
5.3	直線の方程式	82
	1. 普通の方法	82
	2. 行列式で書く方法	83
	3. 行列式で書く別の考え方	83
5.4	平面の方程式	84
5.5	3 点を通る円の方程式	86
5.6	4 点を通る標準 2 次曲線	87

第 6 章 行列の固有値と固有ベクトル — 92

6.1	複素行列の対角化の問題	92
6.2	複素行列の固有値と固有ベクトル	94
6.3	固有多項式と固有ベクトル	96

第 7 章 マルコフ連鎖 — 98

7.1	和食・洋食 (1)	98
7.2	和食・洋食 (2)	102
7.3	和食・洋食・中華	104

第 8 章 量子力学の中の固有ベクトル　　108

8.1	結晶格子の中の分子	108
	1. この章の目的	108
	2. 自然の法則	109
	3. バネと古典力学	109
	4. 波動方程式—量子力学による修正	110
	5. 線形代数の問題	111
8.2	調和振動子の波動方程式の固有ベクトル	111
8.3	例題	115
8.4	水素原子の波動方程式の固有ベクトル	117
8.5	付録．水素原子の波動関数の意味 — 電子雲の密度	120

第 9 章 ベクトル空間　　121

9.1	ベクトル空間の例	121
9.2	補足 — 抽象的ベクトル空間	128
9.3	1 次独立	129
9.4	ベクトル空間の次元 (1)	131
9.5	ベクトル空間の次元 (2)	132
9.6	ベクトル空間の基底	138
9.7	部分空間の直和	145

第 10 章 線形写像　　149

10.1	線形写像	149
10.2	線形写像の行列表示	150
10.3	線形写像の行列表示の変化	153
10.4	線形写像の核と像	156

第 11 章 行列の三角化とケイリー・ハミルトンの定理　　162

- 11.1 この章の目標 162
- 11.2 複素行列の三角化 163
- 11.3 ケイリー・ハミルトンの定理 166
- 11.4 固有空間の次元と対角化可能性 168
- 11.5 ジョルダン標準形 171
- 11.6 付録．行列の指数関数 e^A 176

第 12 章 ベクトル空間の内積　　180

- 12.1 内積とノルム（長さ） 180
- 12.2 正規直交基底とグラム・シュミットの直交化法 184
- 12.3 直交補空間と直交射影 187
- 12.4 フーリエ級数と正規直交基底 190
- 12.5 複素内積とユニタリ基底 193
- 12.6 直交行列とユニタリ行列 197

第 13 章 行列の直交対角化とユニタリ対角化　　201

- 13.1 実対称行列の直交対角化 201
- 13.2 エルミート行列のユニタリ対角化 205
- 13.3 一般化のための準備 206
- 13.4 正規行列のユニタリ対角化 208
- 13.5 2 次形式 210
- 13.6 指数と 2 次曲面 213

第 14 章 CT スキャンと最小 2 乗解　　216

- 14.1 透過率 216
- 14.2 単純なモデル 219
- 14.3 最小 2 乗解 222
- 14.4 最小 2 乗解の存在と「一意性」 225
- 14.5 平均値と最小 2 乗解 226
- 14.6 最小 2 乗解と重み付き平均 227

14.7	直交射影と近似解の構成法	230

第 15 章 $\mathbf{F}_2$ 上のベクトル空間と誤り訂正符号 　　　　　　　　　　　234

15.1	誤り訂正符号	235
15.2	$\mathbf{F}_2$ 上のベクトル空間	237
15.3	長さ 2 の情報ビットの送信	239
15.4	[7, 4, 3]-ハミング符号	242
15.5	[15, 11, 3]-ハミング符号	245

第 16 章 地震と線形微分方程式 　　　　　　　　　　　248

16.1	連立線形微分方程式	248
16.2	2 階の線形微分方程式	251
16.3	地震と建物の振動 —— 簡単な場合	252
16.4	地震波と建物の共振 (1)	255
16.5	地震波と建物の共振 (2)	256

解答　　　　　　　　　　　260

あとがき　　　　　　　　　　　269

索引　　　　　　　　　　　271

第 1 章
行列

1.1 行列の定義

$$\begin{bmatrix} 7 & -2 \\ 6 & 4 \end{bmatrix}, \quad \begin{bmatrix} 1 & 7 & -1 & 1 \\ -7 & 3 & 2 & 0 \end{bmatrix}, \quad \begin{bmatrix} 5 \\ 0 \\ 8 \end{bmatrix}$$

のように,数を長方形状に配列したものを行列という.一般に mn 個の数

$$a_{ij} \quad (i=1,\cdots,m; j=1,\cdots,n)$$

を長方形状に配列したもの

$$A = \begin{bmatrix} a_{11} & a_{12} & a_{13} & \cdots & a_{1n} \\ a_{21} & a_{22} & a_{23} & \cdots & a_{2n} \\ \cdots & \cdots & \cdots & & \cdots \\ & \cdots & \cdots & \cdots & \cdots \\ a_{m1} & a_{m2} & a_{m3} & \cdots & a_{mn} \end{bmatrix}$$

を (m,n) 行列,または $m \times n$ 行列と呼ぶ.各 a_{ij} を行列の要素,上から i 番目の横に並んだ数列(横ベクトル)

$$[\, a_{i1}, a_{i2}, \cdots, a_{in} \,]$$

を行列 A の第 i 行，または第 i 行ベクトルと呼ぶ．また，左から j 番目の縦に並んだ数列（縦ベクトル）

$$\begin{bmatrix} a_{1j} \\ a_{2j} \\ \vdots \\ a_{mj} \end{bmatrix}$$

を行列 A の第 j 列，または，第 j 列ベクトルと呼ぶ．各 a_{ij} のことを行列 A の (i,j) 成分と呼ぶ．行列 A のことを

$$[\,a_{ij}\,] \quad \text{または} \quad [\,a_{ij}\,]_{i=1,\cdots,m\,;\,j=1,\cdots,n}$$

のように表わすこともある．

$m=n$ となる特別な場合，A のことを正方行列と呼ぶ．またこの時，$a_{11}, a_{22}, \cdots, a_{nn}$ を A の対角成分という．また $m=1$ の場合は，行列 A は横ベクトル

$$A = [\,a_{11}, a_{12}, \cdots, a_{1n}\,]$$

であるが，この A を太文字 $\mathbf{a}, \mathbf{b}$ などで表わし，n 次元行ベクトルという．また $n=1$ の場合は行列 A は縦ベクトル

$$A = \begin{bmatrix} a_{11} \\ a_{21} \\ \vdots \\ a_{m1} \end{bmatrix}$$

であるが，この時も A を太文字 $\mathbf{a}, \mathbf{b}$ などで表わし，m 次元列ベクトルという．すべての成分が 0 に等しいベクトルも，混乱のおそれのない限り，0 で表わす．同様に，すべての成分が 0 に等しい行列も 0 で表わし，零行列という．

2 つの行列 A, B はともに同じ大きさであって，対応する (i,j) 成分がすべて等しい時に限って，A と B は等しいと定める．すなわち A, B を $m \times n$ 行列とし，

$$A = [\,a_{ij}\,], \quad B = [\,b_{ij}\,]$$

とすると，$A = B$ となるのは

$$a_{ij} = b_{ij} \quad (i=1,\cdots,m\,;\,j=1,\cdots,n)$$

の時である．A と B が等しくない時，$A \neq B$ と書く．$A \neq B$ であれば，A と B の大きさが異なるか，または同じ大きさではあるが，どれかの成分が異なることを意味する．例えば，2×2 零行列と 2×3 零行列は等しくない．

例 1.1.1

$A = \begin{bmatrix} 0 & 0 \\ 0 & 0 \end{bmatrix}$ と $B = \begin{bmatrix} 0 & 0 & 0 \\ 0 & 0 & 0 \end{bmatrix}$ は等しくない．

$A = \begin{bmatrix} 1 & 2 \\ 3 & -5 \end{bmatrix}$ と $B = \begin{bmatrix} 1 & 2 & 0 \\ 0 & 3 & -5 \end{bmatrix}$ は等しくない．

$A = \begin{bmatrix} 1 & 2 \\ 3 & -5 \end{bmatrix}$ と $B = \begin{bmatrix} 1 & 2 \\ -5 & 3 \end{bmatrix}$ は等しくない． ■

1.2 行列の和と差，定数倍

2 つの行列 A, B はともに同じ大きさの行列である時，和と差を定義できる．A, B をともに $m \times n$ 行列

$$A = [\,a_{ij}\,], \quad B = [\,b_{ij}\,], \quad A + B = [\,c_{ij}\,]$$

とした時,

$$c_{ij} = a_{ij} + b_{ij} \quad (i = 1, \cdots, m\,;\, j = 1, \cdots, n)$$

と定める．例えば

$$\begin{bmatrix} 1 & 2 \\ 3 & -5 \end{bmatrix} + \begin{bmatrix} 7 & 9 \\ -5 & 6 \end{bmatrix} = \begin{bmatrix} 8 & 11 \\ -2 & 1 \end{bmatrix}$$

である．同様に同じ大きさの行列 A, B の差も

$$A - B = [\,f_{ij}\,], \quad f_{ij} = a_{ij} - b_{ij}$$

$$(i = 1, \cdots, m\,;\, j = 1, \cdots, n)$$

と定義する．λ を定数として，A の λ 倍を

$$\lambda A = [c_{ij}], \quad c_{ij} = \lambda a_{ij}$$
$$(i = 1, \cdots, m;\ j = 1, \cdots, n)$$

と定める．$(-1)A$ を $-A$ と書く．

大きさの異なる行列の間では，和と差を定義しない．同じ大きさの行列 A, B, C に対して，つぎの演算規則が成り立つ．ただし，a, b は定数である．

$$A + B = B + A \quad (交換法則)$$
$$(A + B) + C = A + (B + C) \quad (結合法則)$$
$$(a + b)A = aA + bA \quad (分配法則)$$
$$a(A + B) = aA + aB \quad (分配法則)$$
$$(ab)A = a(bA) \quad (結合法則)$$

1.3 行列の積

2つの行列 $A = [a_{ij}], B = [b_{jk}]$ の積 AB は，A の列の数と B の行の数が等しい時に限って定義される．A を $l \times m$，B を $m \times n$ 行列とする時，第3の行列 $C = [c_{ik}]$ を

$$c_{ik} = a_{i1}b_{1k} + a_{i2}b_{2k} + \cdots + a_{im}b_{mk} \tag{1.1}$$
$$(i = 1, \cdots, l;\ k = 1, \cdots, n)$$

によって定義する．C は $l \times n$ 行列である．この C を AB と表わす．積 AB が定義されても，$n = l$ でなければ積 BA は定義されない．2つの行列の積をこのように定義する理由は，このあと説明する．

例 1.3.1

$$A = \begin{bmatrix} 7 & 2 & -6 \\ 4 & -1 & 7 \end{bmatrix}, \quad B = \begin{bmatrix} 1 & -4 & 1 \\ 4 & 2 & -1 \\ 3 & -5 & 6 \end{bmatrix}$$

この A, B に対しては，積 AB は定義されるが，積 BA は定義できない．積 AB は定義により，

$$AB = \begin{bmatrix} 7 & 2 & -6 \\ 4 & -1 & 7 \end{bmatrix} \begin{bmatrix} 1 & -4 & 1 \\ 4 & 2 & -1 \\ 3 & -5 & 6 \end{bmatrix} = \begin{bmatrix} -3 & 6 & -31 \\ 21 & -53 & 47 \end{bmatrix}.$$

例えば，AB の $(1,3)$ 成分，$(2,1)$ 成分はそれぞれつぎのように計算される：

$$7 \times 1 + 2 \times (-1) + (-6) \times 6 = -31,$$
$$4 \times 1 + (-1) \times 4 + 7 \times 3 = 21.\qquad\blacksquare$$

行列は 1 次方程式（系）を解くためのひとつの表現方法である．そのため行列の積は，1 次方程式を解くのに便利なように，とくに，代入計算に便利なように定義が工夫されている．それを以下説明しよう．そこでつぎの行列と関係式を考える：

$$T = \begin{bmatrix} a & b \\ c & d \end{bmatrix}, \quad S = \begin{bmatrix} p & q \\ r & s \end{bmatrix}, \tag{1.2}$$

$$\begin{cases} x' = ax + by \\ y' = cx + dy, \end{cases} \quad \begin{cases} x'' = px' + qy' \\ y'' = rx' + sy'. \end{cases} \tag{1.3}$$

行列の積の定義 (1.1) を用いれば，(1.3) を

$$\begin{bmatrix} x' \\ y' \end{bmatrix} = T \begin{bmatrix} x \\ y \end{bmatrix}, \quad \begin{bmatrix} x'' \\ y'' \end{bmatrix} = S \begin{bmatrix} x' \\ y' \end{bmatrix},$$

$$\begin{bmatrix} x'' \\ y'' \end{bmatrix} = S \begin{bmatrix} x' \\ y' \end{bmatrix} = S \left(T \begin{bmatrix} x \\ y \end{bmatrix} \right)$$

と表すことができる．(1.3) により，

$$\begin{aligned} x'' &= p(ax+by) + q(cx+dy) \\ &= (pa+qc)x + (pb+qd)y, \end{aligned} \tag{1.4}$$

$$\begin{aligned} y'' &= r(ax+by) + s(cx+dy) \\ &= (ra+sc)x + (rb+sd)y \end{aligned} \tag{1.5}$$

だから，新しい行列 U を

$$U = \begin{bmatrix} pa+qc & pb+qd \\ ra+sc & rb+sd \end{bmatrix}$$

と定義すると，(1.4) と (1.5) はつぎのように表すことができる：

$$\begin{bmatrix} x'' \\ y'' \end{bmatrix} = U \begin{bmatrix} x \\ y \end{bmatrix}.$$

ところで，行列の積の定義 (1.1) にしたがえば，この時 $U = ST$ である．ここまでを整理すると，

$$U = \begin{bmatrix} pa+qc & pb+qd \\ ra+sc & rb+sd \end{bmatrix} = \begin{bmatrix} p & q \\ r & s \end{bmatrix} \begin{bmatrix} a & b \\ c & d \end{bmatrix} = ST, \qquad (1.6)$$

$$(ST) \begin{bmatrix} x \\ y \end{bmatrix} = U \begin{bmatrix} x \\ y \end{bmatrix} = \begin{bmatrix} x'' \\ y'' \end{bmatrix} = S \left(T \begin{bmatrix} x \\ y \end{bmatrix} \right). \qquad (1.7)$$

(1.7) の左辺と右辺では括弧の位置が変わっていることに注意しよう．この結果，以後は括弧の位置を気にせず計算できる (これは重要なことである)．

以上では 2×2 行列の積について考えた．一般の場合にも行列の積と代入計算には同じような関係がある．2つの行列

$$A = \begin{bmatrix} a_{11} & \cdots & a_{1m} \\ \vdots & \cdots & \vdots \\ a_{l1} & \cdots & a_{lm} \end{bmatrix}, \quad B = \begin{bmatrix} b_{11} & \cdots & b_{1n} \\ \vdots & \cdots & \vdots \\ b_{m1} & \cdots & b_{mn} \end{bmatrix}$$

に対して，その積の定義 (1.1) を復習すると

$$AB = \begin{bmatrix} p_{11} & \cdots & p_{1n} \\ \vdots & \cdots & \vdots \\ p_{l1} & \cdots & p_{ln} \end{bmatrix}, \quad p_{ik} = \sum_{j=1}^{m} a_{ij} b_{jk} \qquad (1.8)$$

である．ここで記号 $\sum_{j=1}^{m}$ の意味は以下の通りである：

$$\sum_{j=1}^{m} a_{ij} b_{jk} = a_{i1} b_{1k} + a_{i2} b_{2k} + a_{i3} b_{3k} + \cdots + a_{im} b_{mk}.$$

この場合も3つの縦ベクトル

$$\mathbf{z} = \begin{bmatrix} z_1 \\ \vdots \\ z_l \end{bmatrix}, \quad \mathbf{y} = \begin{bmatrix} y_1 \\ \vdots \\ y_m \end{bmatrix}, \quad \mathbf{x} = \begin{bmatrix} x_1 \\ \vdots \\ x_n \end{bmatrix}$$

を導入して関係式

$$\mathbf{z} = A\mathbf{y}, \quad \mathbf{y} = B\mathbf{x}$$

を仮定する．この時

$$\mathbf{z} = A\mathbf{y} = A(B\mathbf{x}) \tag{1.9}$$

である．2×2 行列の場合と同様の計算により，

$$z_i = \sum_{j=1}^{m} a_{ij} y_j = \sum_{j=1}^{m} a_{ij} \left(\sum_{k=1}^{n} b_{jk} x_k \right)$$
$$= \sum_{j=1}^{m} \sum_{k=1}^{n} a_{ij} b_{jk} x_k = \sum_{k=1}^{n} \left(\sum_{j=1}^{m} a_{ij} b_{jk} \right) x_k$$

となる．したがって

$$\mathbf{z} = P\mathbf{x} \tag{1.10}$$

となる．ただし

$$P = \begin{bmatrix} p_{11} & \cdots & p_{1n} \\ \vdots & \cdots & \vdots \\ p_{l1} & \cdots & p_{ln} \end{bmatrix}, \quad p_{ik} = \sum_{j=1}^{m} a_{ij} b_{jk} \tag{1.11}$$

である．定義 (1.8) によれば，これは

$$P = AB$$

にほかならない．また，(1.9), (1.10) によれば

$$A(B\mathbf{x}) = \mathbf{z} = P\mathbf{x} = (AB)\mathbf{x} \tag{1.12}$$

となる．上式では括弧の中から先に計算するものとする．結局，行列の積を (1.8) によって定めるということは，(1.12) において括弧の位置を自由に移せるということにほかならない．これは，のちに述べる行列の積の結合則 (1.18) の一部である．

定義 1.3.2 n 次正方行列で，対角成分がすべて 1 で，それ以外はすべて 0 の

ものを，**単位行列**と呼び，I_n または E_n と表す．例えば，

$$I_2 = \begin{bmatrix} 1 & 0 \\ 0 & 1 \end{bmatrix}, \quad I_3 = \begin{bmatrix} 1 & 0 & 0 \\ 0 & 1 & 0 \\ 0 & 0 & 1 \end{bmatrix}$$

である．任意の $m \times n$ 行列 A, $n \times p$ 行列 B に対して，つぎが成り立つ：

$$AI_n = A, \quad I_n B = B.$$

例えば，

$$\begin{bmatrix} a_{11} & a_{12} \\ a_{21} & a_{22} \\ a_{31} & a_{32} \end{bmatrix} \begin{bmatrix} 1 & 0 \\ 0 & 1 \end{bmatrix} = \begin{bmatrix} a_{11} & a_{12} \\ a_{21} & a_{22} \\ a_{31} & a_{32} \end{bmatrix},$$

$$\begin{bmatrix} 1 & 0 \\ 0 & 1 \end{bmatrix} \begin{bmatrix} a_{11} & a_{12} & a_{13} \\ a_{21} & a_{22} & a_{23} \end{bmatrix} = \begin{bmatrix} a_{11} & a_{12} & a_{13} \\ a_{21} & a_{22} & a_{23} \end{bmatrix}.$$

1.4 積の性質

数の積の場合と異なって，行列の積は交換可能でない．つまり AB と BA がともに定義できる時でも，$AB = BA$ となるとは限らない．例えば

$$A = \begin{bmatrix} 0 & 1 \\ 0 & 0 \end{bmatrix}, \quad B = \begin{bmatrix} 1 & 2 \\ 3 & 4 \end{bmatrix}$$

とすると，$AB \neq BA$ である：

$$AB = \begin{bmatrix} 0 & 1 \\ 0 & 0 \end{bmatrix} \begin{bmatrix} 1 & 2 \\ 3 & 4 \end{bmatrix} = \begin{bmatrix} 3 & 4 \\ 0 & 0 \end{bmatrix}, \quad BA = \begin{bmatrix} 1 & 2 \\ 3 & 4 \end{bmatrix} \begin{bmatrix} 0 & 1 \\ 0 & 0 \end{bmatrix} = \begin{bmatrix} 0 & 1 \\ 0 & 3 \end{bmatrix}.$$

また A, B が 0 とは異なるときでも，積 AB が 0 になることもある．例えば

$$A = \begin{bmatrix} 0 & 0 \\ 1 & 0 \end{bmatrix}, \quad B = \begin{bmatrix} 0 & 0 \\ 0 & 1 \end{bmatrix}$$

とすると，$AB = 0, BA \neq 0$ である：

$$AB = \begin{bmatrix} 0 & 0 \\ 1 & 0 \end{bmatrix} \begin{bmatrix} 0 & 0 \\ 0 & 1 \end{bmatrix} = \begin{bmatrix} 0 & 0 \\ 0 & 0 \end{bmatrix}, \ BA = \begin{bmatrix} 0 & 0 \\ 0 & 1 \end{bmatrix} \begin{bmatrix} 0 & 0 \\ 1 & 0 \end{bmatrix} = \begin{bmatrix} 0 & 0 \\ 1 & 0 \end{bmatrix}.$$

問題 1.4.1 つぎの問に答えよ．

(1)　$AB \neq 0, BA = 0$ となる正方行列 A, B を作れ．

(2)　$A \neq 0, A^2 = 0$ となる 2×2 行列 A を作れ．

(3)　$A^2 \neq 0, A^3 = 0$ となる 3×3 行列 A を作れ．

(4)　$A \neq I_2$ だが，$A^2 = I_2$ となる 2×2 行列 A を作れ．

1.5　行列の転置

$m \times n$ 行列 A の行と列の役割を入れ替えてできる $n \times m$ 行列のことを，A の**転置行列**といい，${}^tA$ で表わす：

$$A = \begin{bmatrix} a_{11} & \cdots & a_{1n} \\ \vdots & \cdots & \vdots \\ a_{m1} & \cdots & a_{mn} \end{bmatrix}, \quad {}^tA = \begin{bmatrix} a_{11} & \cdots & a_{m1} \\ \vdots & \cdots & \vdots \\ a_{1n} & \cdots & a_{mn} \end{bmatrix}.$$

例えば

$$P = [\ 1,\ 2,\ 3,\ 4\ ], \ {}^tP = \begin{bmatrix} 1 \\ 2 \\ 3 \\ 4 \end{bmatrix}, \ Q = \begin{bmatrix} 2 & 0 \\ 0 & 4 \\ 0 & 1 \\ 3 & 5 \end{bmatrix}, \ {}^tQ = \begin{bmatrix} 2 & 0 & 0 & 3 \\ 0 & 4 & 1 & 5 \end{bmatrix}.$$

定理 1.5.1　つぎが成り立つ：

(1)　${}^t({}^tA) = A$,

(2)　${}^t(A + B) = {}^tA + {}^tB$,

(3)　${}^t(cA) = c\,{}^tA$　（c は定数），

(4)　${}^t(AB) = {}^tB\,{}^tA$. □

証明. (1)(2)(3) は，転置の定義より明らか．(4) を証明する．この定理では，A, B の積が定義できるものと仮定されていることに注意する．最初に簡単のため

$$A = \begin{bmatrix} a_{11} & a_{12} \\ a_{21} & a_{22} \end{bmatrix}, \quad B = \begin{bmatrix} b_{11} & b_{12} & b_{13} \\ b_{21} & b_{22} & b_{23} \end{bmatrix}$$

の場合を考える．このとき，

$$AB = \begin{bmatrix} a_{11}b_{11} + a_{12}b_{21} & a_{11}b_{12} + a_{12}b_{22} & a_{11}b_{13} + a_{12}b_{23} \\ a_{21}b_{11} + a_{22}b_{21} & a_{21}b_{12} + a_{22}b_{22} & a_{21}b_{13} + a_{22}b_{23} \end{bmatrix}, \quad (1.13)$$

$${}^tB = \begin{bmatrix} b_{11} & b_{21} \\ b_{12} & b_{22} \\ b_{13} & b_{23} \end{bmatrix}, \quad {}^tA = \begin{bmatrix} a_{11} & a_{21} \\ a_{12} & a_{22} \end{bmatrix}, \quad (1.14)$$

$${}^tB\,{}^tA = \begin{bmatrix} b_{11}a_{11} + b_{21}a_{12} & b_{11}a_{21} + b_{21}a_{22} \\ b_{12}a_{11} + b_{22}a_{12} & b_{12}a_{21} + b_{22}a_{22} \\ b_{13}a_{11} + b_{23}a_{12} & b_{13}a_{21} + b_{23}a_{22} \end{bmatrix} \quad (1.15)$$

となる．よって，(1.13) の右辺の転置は (1.15) の右辺と一致する．つまり，AB の転置は ${}^tB\,{}^tA$ と一致する．

以下，一般の場合の証明を与える．A, B をそれぞれ $l \times m, m \times n$ 行列とし，

$$A = [\,a_{ij}\,], \quad B = [\,b_{jk}\,]$$

とすると AB の (i, k) 成分は

$$a_{i1}b_{1k} + a_{i2}b_{2k} + \cdots + a_{im}b_{mk}$$

に等しい．ここで，${}^tB$ の (p, q) 成分を $({}^tB)_{pq}$ によって，${}^tA$ の (q, r) 成分を $({}^tA)_{qr}$ によって表わすことにすると，

$$({}^tB)_{pq} = b_{qp}, \quad ({}^tA)_{qr} = a_{rq}$$

となる．したがって，行列の積 ${}^tB\,{}^tA$ の (p, r) 成分はつぎのようになる：

$$b_{1p}a_{r1} + b_{2p}a_{r2} + \cdots + b_{mp}a_{rm} = a_{r1}b_{1p} + a_{r2}b_{2p} + \cdots + a_{rm}b_{mp}.$$

これは積 AB の (r, p) 成分に等しい．したがって，(4) が証明された． □

定義 1.5.2　　正方行列 A が，${}^tA = A$ となるとき，A を**対称行列**という．正方行列 A が ${}^tA = -A$ となるとき，A を**交代行列**という．正方行列 A が

$$\begin{bmatrix} a_{11} & a_{12} & \cdots & a_{1n} \\ 0 & a_{22} & \cdots & a_{2n} \\ \vdots & 0 & \ddots & \vdots \\ 0 & 0 & 0 & a_{nn} \end{bmatrix}$$

という形のとき，すなわち，$a_{ij} = 0$ $(i > j)$ のとき，A を**上三角行列**という．

例えば

$$A = \begin{bmatrix} 1 & 2 \\ 0 & -6 \end{bmatrix}, \quad B = \begin{bmatrix} 1 & 2 & 4 \\ 0 & 7 & 5 \\ 0 & 0 & -1 \end{bmatrix}$$

などは上三角行列である．また $a_{ij} = 0$ $(i < j)$ となる正方行列は**下三角行列**とよぶ．$a_{ij} = 0$ $(i \neq j)$ となる正方行列は**対角行列**とよぶ．例えば

$$A = \begin{bmatrix} 1 & 0 \\ 2 & -6 \end{bmatrix}, \quad B = \begin{bmatrix} 1 & 0 & 0 \\ 0 & 7 & 0 \\ 0 & 0 & -1 \end{bmatrix}$$

はそれぞれ，下三角行列，対角行列である． □

問題 1.5.3　　(1)　　${}^tAA = I_2$ となる 2×2 行列 A を作れ．

(2)　　${}^tAA$ は対称行列であることを示せ．

(3)　　${}^tAB - {}^tBA$ は交代行列であることを示せ． □

1.6　行列の分割

ひとつの行列を 2 つ以上の行列に分割して表示することがある．例えば，3×3 行列 A を

$$A = \begin{bmatrix} a_{11} & a_{12} & a_{13} \\ a_{21} & a_{22} & a_{23} \\ a_{31} & a_{32} & a_{33} \end{bmatrix} = \begin{bmatrix} P & Q \\ R & S \end{bmatrix}$$

と表してみよう. ただし,

$$P = \begin{bmatrix} a_{11} & a_{12} \\ a_{21} & a_{22} \end{bmatrix}, \quad Q = \begin{bmatrix} a_{13} \\ a_{23} \end{bmatrix},$$

$$R = \begin{bmatrix} a_{31} & a_{32} \end{bmatrix}, \quad S = \begin{bmatrix} a_{33} \end{bmatrix}.$$

このような表し方を, A の**分割表示**という. P, Q, R, S の大きさに制限はないが, P と Q の行の数, R と S の行の数, P と R の列の数, Q と S の列の数はそれぞれ等しくなるように選ばなければならない.

行列の分割は, 行列の計算に便利なことがある. 例えば, A を $l \times m$ 行列, B を $m \times n$ 行列として, B を縦ベクトルで分割表示する:

$$B = [\, \mathbf{b}_1, \cdots, \mathbf{b}_n \,]$$

このとき, 行列の定義よりすぐ分かるように,

$$AB = [\, A\mathbf{b}_1, A\mathbf{b}_2, \cdots, A\mathbf{b}_n \,]$$

となる. つぎに, 行列 A, B が以下のように分割表示されているものとする:

$$A = \begin{bmatrix} P & Q \\ R & S \end{bmatrix}, \quad B = \begin{bmatrix} X & Y \\ Z & W \end{bmatrix}.$$

このとき, もし分割の各成分の間の積が定義できるようなサイズになっていれば, A と B の積はあたかも 2×2 行列の積をとるようにして計算できる.

簡単のために, 行列のサイズと分割を具体的にして, これを確かめる:

$$A = \begin{bmatrix} a_{11} & a_{12} & a_{13} \\ a_{21} & a_{22} & a_{23} \\ a_{31} & a_{32} & a_{33} \end{bmatrix}, \quad B = \begin{bmatrix} b_{11} & b_{12} \\ b_{21} & b_{22} \\ b_{31} & b_{32} \end{bmatrix}.$$

この分割を

$$A = \begin{bmatrix} P & Q \\ R & S \end{bmatrix}, \quad B = \begin{bmatrix} X & Y \\ Z & W \end{bmatrix} \tag{1.16}$$

とする．そこで，2×2 行列同士の積のように積 AB を計算すると，

$$\left[\begin{array}{c:c} PX+QZ & PY+QW \\ \hdashline RX+SZ & RY+SW \end{array}\right] \tag{1.17}$$

となる．この中に現われる $PX, QZ, \cdots, SW$ などの積はすべて定義できることに注意しよう．したがって積 (1.17) は

$$\left[\begin{array}{c:c} (a_{11}b_{11}+a_{12}b_{21})+a_{13}b_{31} & (a_{11}b_{12}+a_{12}b_{22})+a_{13}b_{32} \\ (a_{21}b_{11}+a_{22}b_{21})+a_{23}b_{31} & (a_{21}b_{12}+a_{22}b_{22})+a_{23}b_{32} \\ \hdashline (a_{31}b_{11}+a_{32}b_{21})+a_{33}b_{31} & (a_{31}b_{12}+a_{32}b_{22})+a_{33}b_{32} \end{array}\right]$$

となる．これは AB を直接計算したものに等しい．

問題 1.6.1 (1.16) の分割された行列 A, B について，${}^t B\, {}^t A$ を計算せよ．□

1.7　積の結合則

行列の積は結合則を満たす．すなわち，行列 A, B, C に対して，積 AB, BC が定義されるとき，つぎの関係式

$$(AB)C = A(BC) \tag{1.18}$$

が成り立つ．この関係式を「行列の積の結合則」という．例えば

$$A = \left[\begin{array}{cc} 1 & 2 \\ 3 & 7 \end{array}\right], \quad B = \left[\begin{array}{ccc} 9 & 3 & -2 \\ 0 & 5 & 1 \end{array}\right], \quad C = \left[\begin{array}{cc} 1 & 8 \\ 0 & 4 \\ 5 & -2 \end{array}\right]$$

とすると，

$$AB = \left[\begin{array}{ccc} 9 & 13 & 0 \\ 27 & 44 & 1 \end{array}\right], \quad BC = \left[\begin{array}{cc} -1 & 88 \\ 5 & 18 \end{array}\right],$$

$$(AB)C = \left[\begin{array}{ccc} 9 & 13 & 0 \\ 27 & 44 & 1 \end{array}\right] \left[\begin{array}{cc} 1 & 8 \\ 0 & 4 \\ 5 & -2 \end{array}\right] = \left[\begin{array}{cc} 9 & 124 \\ 32 & 390 \end{array}\right],$$

$$A(BC) = \begin{bmatrix} 1 & 2 \\ 3 & 7 \end{bmatrix} \begin{bmatrix} -1 & 88 \\ 5 & 18 \end{bmatrix} = \begin{bmatrix} 9 & 124 \\ 32 & 390 \end{bmatrix}.$$

したがって，(1.18) が成立している．

一般の場合に (1.18) を証明する．行列 C を列ベクトルに分割して

$$C = [\ \mathbf{c}_1, \cdots, \mathbf{c}_s\ ]$$

と表す．そのとき，つぎが分かる：

$$(AB)C = (AB)[\ \mathbf{c}_1, \cdots, \mathbf{c}_s\ ] = [\ (AB)\mathbf{c}_1, \cdots, (AB)\mathbf{c}_s\ ]. \tag{1.19}$$

一方，

$$\begin{aligned} A(BC) &= A(B[\ \mathbf{c}_1, \cdots, \mathbf{c}_s\ ]) = A[\ B\mathbf{c}_1, \cdots, B\mathbf{c}_s\ ] \\ &= [\ A(B\mathbf{c}_1), \cdots, A(B\mathbf{c}_s)\ ] \end{aligned} \tag{1.20}$$

となる．(1.12) より，$(AB)\mathbf{c}_i = A(B\mathbf{c}_i)$．したがって，(1.19) と (1.20) より，

$$(AB)C = A(BC)$$

が，したがって，(1.18) が証明できた．

(1.18) の核心は等式 $(AB)\mathbf{c}_i = A(B\mathbf{c}_i)$ であるが，この等式が成立するように，行列の積 AB を定義したのであった．

1.8　付録．回転

(x, y) 平面の原点 $(0, 0)$ を O で表わす．原点 O を中心として，時計と反対回りに角度 θ 回転する．以下のように，この回転も行列を用いて表すことができる．

点 P は回転によって新しい点 P' に移されるとして，P' の座標 (x', y') を P の座標 (x, y) によって表わしてみよう．

図 1.1 で，$r = \sqrt{x^2 + y^2}$, ϕ を P と x 軸のなす角度とすれば

$$x = r\cos\phi, \quad y = r\sin\phi,$$
$$x' = r\cos(\phi + \theta), \quad y' = r\sin(\phi + \theta)$$

となる．cos と sin の和の公式を用いるとつぎがしたがう：

$$x' = r\cos\phi\cos\theta - r\sin\phi\sin\theta = x\cos\theta - y\sin\theta,$$
$$y' = r\cos\phi\sin\theta + r\sin\phi\cos\theta = x\sin\theta + y\cos\theta \qquad (1.21)$$

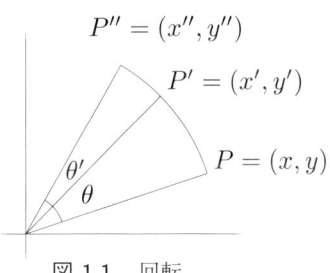

図 1.1　回転

これによって，角度 θ 回転の行列表示が得られる：

$$\begin{bmatrix} x' \\ y' \end{bmatrix} = A(\theta)\begin{bmatrix} x \\ y \end{bmatrix}, \quad A(\theta) = \begin{bmatrix} \cos\theta & -\sin\theta \\ \sin\theta & \cos\theta \end{bmatrix}.$$

ここで点 P' を同じように原点 O をの周りに角度 θ' だけ更に回転したらどうなるだろう．P' が新しい点 P'' に移されるものとし，P'' の座標を (x'',y'') とすると，つぎの関係式が成り立つ：

$$\begin{bmatrix} x'' \\ y'' \end{bmatrix} = A(\theta')\begin{bmatrix} x' \\ y' \end{bmatrix} = A(\theta')A(\theta)\begin{bmatrix} x \\ y \end{bmatrix} = A(\theta'+\theta)\begin{bmatrix} x \\ y \end{bmatrix}. \qquad (1.22)$$

これより，つぎがしたがう：

$$A(\theta)A(\theta') = A(\theta+\theta') \qquad (1.23)$$

一方，関係式 (1.21) は複素数の間の関係式

$$x' + \imath y' = (x+\imath y)(\cos\theta + \imath\sin\theta), \quad \imath = \sqrt{-1} \qquad (1.24)$$

と同等である．また，(1.23) はつぎと同等である：

$$(\cos\theta + i\sin\theta)(\cos\theta' + i\sin\theta') = \cos(\theta+\theta') + i\sin(\theta+\theta'). \qquad (1.25)$$

問題 1.8.1　(1.23) が (1.25) と同等であることを確かめよ．また，(1.25) を用いて cos, sin の 2 倍角，3 倍角の公式を求めよ．　　□

第 2 章
1 次方程式と逆行列

2.1　1 次方程式

　この章では，連立 1 次方程式を行列の変換を用いて解くことを考える．原理を説明するために，つぎの簡単な場合を考える：

$$\begin{cases} 2x + y = 1 \\ x - y = 5 \end{cases} \tag{2.1}$$

　2 つの式の和を計算して $3x = 6$, ゆえに，$x = 2$. これを最初の式に代入し

$$y = 1 - 2x = 1 - 4 = -3$$

を得る．連立 1 次方程式 (2.1) を解くということは，結局，(同値な) 式の変形を繰り返して，最後は，元の方程式と同値な簡単な式

$$x = 2, \quad y = -3 \tag{2.2}$$

に変えることである．以上の過程を整理すると，

$$\begin{cases} 2x + y = 1 \\ x - y = 5 \end{cases} \Leftrightarrow \begin{cases} 2x + y = 1 \\ 3x = 6 \end{cases} \Leftrightarrow \begin{cases} 2x + y = 1 \\ x = 2 \end{cases}$$

$$\Leftrightarrow \begin{cases} y = -3 \\ x = 2 \end{cases} \Leftrightarrow \begin{cases} x = 2 \\ y = -3 \end{cases}$$

となる．この計算を，変数 x, y を省略して行列だけで書いてみよう．

まず，つぎのように約束する：方程式 (2.1) を 2×3 行列

$$A = \begin{bmatrix} 2 & 1 & 1 \\ 1 & -1 & 5 \end{bmatrix}$$

で表すことにする．行列 A を 2×2 行列 B と列ベクトル $\mathbf{b}$ に分割して

$$A = [\, B, \; \mathbf{b}\,]$$

と表せば，もとの方程式は

$$B\mathbf{x} = \mathbf{b} \tag{2.3}$$

である．ただし $\mathbf{x} = \begin{bmatrix} x \\ y \end{bmatrix}$ である．すると，上の過程は，以下の行列の変形によって表される (記号 $\xrightarrow{r_2 + r_1}$ などは，つぎの 2.2 節で説明する)：

$$A_0 = \begin{bmatrix} 2 & 1 & 1 \\ 1 & -1 & 5 \end{bmatrix} \qquad \begin{cases} 2x + y = 1 \\ x - y = 5 \end{cases}$$

$$\xrightarrow{r_2 + r_1} \quad A_1 = \begin{bmatrix} 2 & 1 & 1 \\ 3 & 0 & 6 \end{bmatrix} \qquad \begin{cases} 2x + y = 1 \\ 3x = 6 \end{cases}$$

$$\xrightarrow{\frac{1}{3} r_2} \quad A_2 = \begin{bmatrix} 2 & 1 & 1 \\ 1 & 0 & 2 \end{bmatrix} \qquad \begin{cases} 2x + y = 1 \\ x = 2 \end{cases}$$

$$\xrightarrow{r_1 - 2 r_2} \quad A_3 = \begin{bmatrix} 0 & 1 & -3 \\ 1 & 0 & 2 \end{bmatrix} \qquad \begin{cases} y = -3 \\ x = 2 \end{cases}$$

$$\xrightarrow{r_1 \leftrightarrow r_2} \quad A_4 = \begin{bmatrix} 1 & 0 & 2 \\ 0 & 1 & -3 \end{bmatrix} \qquad \begin{cases} x = 2 \\ y = -3. \end{cases}$$

上のような変形を行列の（左）**基本変形**と呼ぶ．連立 1 次方程式を解くことは，行列に（左）基本変形をくり返して，単純な形の行列に変えることにほかならない．より大きなサイズの行列を扱う一般の場合も，本質的にはなにも変わらない．

2.2　2×2 行列による左基本変形

第 2.1 節の方法によって行列を変形することと，左側から特別な形の行列をかけることとは同等である．この節ではそれを説明する．行列 A を

$$A = \begin{bmatrix} a_{11} & a_{12} & a_{13} \\ a_{21} & a_{22} & a_{23} \end{bmatrix}$$

とする．以下の行列を**基本行列**と呼ぶ：ただし $d \neq 0$ とする．

$$E_{21}(c) = \begin{bmatrix} 1 & 0 \\ c & 1 \end{bmatrix}, \quad E_{12}(c) = \begin{bmatrix} 1 & c \\ 0 & 1 \end{bmatrix},$$

$$D_2(d) = \begin{bmatrix} 1 & 0 \\ 0 & d \end{bmatrix}, \quad P_{12} = \begin{bmatrix} 0 & 1 \\ 1 & 0 \end{bmatrix}.$$

これらの行列を用いて，つぎの積を計算する：

$$E_{21}(c)A = \begin{bmatrix} 1 & 0 \\ c & 1 \end{bmatrix} \begin{bmatrix} a_{11} & a_{12} & a_{13} \\ a_{21} & a_{22} & a_{23} \end{bmatrix}$$

$$= \begin{bmatrix} a_{11} & a_{12} & a_{13} \\ ca_{11}+a_{21} & ca_{12}+a_{22} & ca_{13}+a_{23} \end{bmatrix},$$

$$E_{12}(c)A = \begin{bmatrix} a_{11}+ca_{21} & a_{12}+ca_{22} & a_{13}+ca_{23} \\ a_{21} & a_{22} & a_{23} \end{bmatrix},$$

$$D_2(d)A = \begin{bmatrix} a_{11} & a_{12} & a_{13} \\ da_{21} & da_{22} & da_{23} \end{bmatrix},$$

$$P_{12}A = \begin{bmatrix} 0 & 1 \\ 1 & 0 \end{bmatrix} \begin{bmatrix} a_{11} & a_{12} & a_{13} \\ a_{21} & a_{22} & a_{23} \end{bmatrix} = \begin{bmatrix} a_{21} & a_{22} & a_{23} \\ a_{11} & a_{12} & a_{13} \end{bmatrix}.$$

このような変形を，行列 A の**左基本変形**と呼ぶ．以上を整理すると

(i)　$E_{21}(c)$ を左からかける $\iff$ 第 2 行に第 1 行の c 倍を加える．

(ii)　$E_{12}(c)$ を左からかける $\iff$ 第 1 行に第 2 行の c 倍を加える．

(iii)　$d \neq 0$ のとき，$D_2(d)$ を左からかける $\iff$ 第 2 行を d 倍する．

(iv) 　　P_{12} を左からかける $\iff$ 第 1 行と第 2 行を入れ替える．

英語で行，行ベクトルのことを，それぞれ row, row vector と言う．また，列，列ベクトルのことを，それぞれ column, column vector と言う．そこで，慣用として，第 i 行ベクトルを r_i で表し，第 j 列ベクトルを c_j で表すことにする．また，左基本変形を以後つぎのように表す：

$$A = \begin{bmatrix} a_{11} & a_{12} & a_{13} \\ a_{21} & a_{22} & a_{23} \end{bmatrix}$$

$$\xrightarrow{r_2 + c\,r_1} \begin{bmatrix} a_{11} & a_{12} & a_{13} \\ ca_{11}+a_{21} & ca_{12}+a_{22} & ca_{13}+a_{23} \end{bmatrix} = E_{21}(c)A,$$

$$A = \begin{bmatrix} a_{11} & a_{12} & a_{13} \\ a_{21} & a_{22} & a_{23} \end{bmatrix}$$

$$\xrightarrow{r_1 + c\,r_2} \begin{bmatrix} a_{11}+ca_{21} & a_{12}+ca_{22} & a_{13}+ca_{23} \\ a_{21} & a_{22} & a_{23} \end{bmatrix} = E_{12}(c)A,$$

$$A = \begin{bmatrix} a_{11} & a_{12} & a_{13} \\ a_{21} & a_{22} & a_{23} \end{bmatrix} \xrightarrow{d\,r_2} \begin{bmatrix} a_{11} & a_{12} & a_{13} \\ da_{21} & da_{22} & da_{23} \end{bmatrix} = D_2(d)A,$$

$$A = \begin{bmatrix} a_{11} & a_{12} & a_{13} \\ a_{21} & a_{22} & a_{23} \end{bmatrix} \xrightarrow{r_1 \leftrightarrow r_2} \begin{bmatrix} a_{21} & a_{22} & a_{23} \\ a_{11} & a_{12} & a_{13} \end{bmatrix} = P_{12}A.$$

行列の基本変形は，逆に戻ることができる．例えば，$\xrightarrow{r_1+c\,r_2}$ は $\xrightarrow{r_1-c\,r_2}$ によって行列を元に戻すことができる．同様に，$\xrightarrow{d\,r_2}$ や $\xrightarrow{r_1 \leftrightarrow r_2}$ も，それぞれ $\xrightarrow{\frac{1}{d}r_2}$ や $\xrightarrow{r_1 \leftrightarrow r_2}$ によってもとに戻る．

2.3 　 2 × 2 行列の逆行列

例 2.3.1 　もう一度第 2.1 節と同じ例を考える．

$$A = [\,B,\ \mathbf{b}\,] = \begin{bmatrix} 2 & 1 & 1 \\ 1 & -1 & 5 \end{bmatrix}$$

として，方程式

$$B\mathbf{x} = \mathbf{b} \tag{2.4}$$

を考える．第 2.1 節での A_0 から A_4 への変換は第 2.2 節の書き方を用いれば，以下のようになる：

$$A_0 = \begin{bmatrix} 2 & 1 & 1 \\ 1 & -1 & 5 \end{bmatrix} \xrightarrow{r_2 + r_1} A_1 = \begin{bmatrix} 2 & 1 & 1 \\ 3 & 0 & 6 \end{bmatrix} \xrightarrow{\frac{1}{3}r_2} A_2 = \begin{bmatrix} 2 & 1 & 1 \\ 1 & 0 & 2 \end{bmatrix}$$

$$\xrightarrow{r_1 - 2r_2} A_3 = \begin{bmatrix} 0 & 1 & -3 \\ 1 & 0 & 2 \end{bmatrix} \xrightarrow{r_1 \leftrightarrow r_2} A_4 = \begin{bmatrix} 1 & 0 & 2 \\ 0 & 1 & -3 \end{bmatrix}.$$

ここで，

$$\begin{aligned} F_0 = E_{21}(1) = \begin{bmatrix} 1 & 0 \\ 1 & 1 \end{bmatrix}, \quad & F_1 = D_2(\frac{1}{3}) = \begin{bmatrix} 1 & 0 \\ 0 & \frac{1}{3} \end{bmatrix}, \\ F_2 = E_{12}(-2) = \begin{bmatrix} 1 & -2 \\ 0 & 1 \end{bmatrix}, \quad & F_3 = P_{12} = \begin{bmatrix} 0 & 1 \\ 1 & 0 \end{bmatrix} \end{aligned} \tag{2.5}$$

とすると，第 2.2 節により $A_{i+1} = F_i A_i$ $(i = 0, 1, 2, 3)$ である．例えば，

$$F_0 A_0 = \begin{bmatrix} 1 & 0 \\ 1 & 1 \end{bmatrix} \begin{bmatrix} 2 & 1 & 1 \\ 1 & -1 & 5 \end{bmatrix} = \begin{bmatrix} 2 & 1 & 1 \\ 3 & 0 & 6 \end{bmatrix} = A_1$$

である．また，$F = F_3 F_2 F_1 F_0$ とすれば，

$$A_4 = F_3 A_3 = \cdots = (F_3 F_2 F_1 F_0) A_0 = F A_0 \tag{2.6}$$

となる．ここで，$A_0 = [\, B, \, \mathbf{b} \,]$，$A_4 = [\, B_4, \, \mathbf{b}_4 \,]$ と表せば，(2.6) より

$$A_4 = F A_0 = F[\, B, \, \mathbf{b} \,] = [\, FB, \, F\mathbf{b} \,],$$

よって，$B_4 = FB$，$\mathbf{b}_4 = F\mathbf{b}$ である．また，$B_4 = I_2$ にも注意する．

行列の左基本変形によって，方程式は同値なものに変形されるから，方程式 (2.4) はつぎと同値である：

$$\mathbf{x} = B_4 \mathbf{x} = \mathbf{b}_4 = {}^t[2, \, -3]. \tag{2.7}$$

つまり，$\mathbf{x} = \mathbf{b}_4$ は方程式 (2.4): $B\mathbf{x} = \mathbf{b}$ の解である．したがって，

$$FB = B_4 = I_2, \quad B(F\mathbf{b}) = B\mathbf{b}_4 = \mathbf{b}$$

が成り立つ． ∎

定理 2.3.2　　B および F を 2×2 行列とする．F は基本行列の積で得られ，さらに $FB = I_2$ が成り立つものとする．このとき，

(1) 任意の長さ 2 の縦ベクトル $\mathbf{b}$ に対して，$\mathbf{x} = F\mathbf{b}$ は方程式
$$B\mathbf{x} = \mathbf{b} \tag{2.8}$$
のただひとつの解である．特に，$B(F\mathbf{b}) = \mathbf{b}$ が成り立つ．

(2) さらに，$BF = I_2$ も成り立つ．($BF = FB = I_2$ となる F のことを B の**逆行列**と呼び，$F = B^{-1}$ と表す．) □

証明．　　最初に (1) を証明する．方程式 (2.7) 前後の議論を思い出しながら読むとよい．基本行列を左からかけることと，行列を左基本変形することは同等である．また，左基本変形によって行列 A から A' に移れるならば，行列 A' から A に左基本変形で戻ることもできる．したがって，「左基本変形によって移りあう 2 つの行列」に対応する 2 つの方程式は，たがいに同値である．

$B\mathbf{x} = \mathbf{b}$ と仮定する．仮定 $I_2 = FB$ により
$$\mathbf{x} = I_2\mathbf{x} = F(B\mathbf{x}) = F\mathbf{b} \tag{2.9}$$
となる．F は基本行列の積だから，方程式 (2.9) は方程式 (2.8) と同値である．よって，$\mathbf{x} = F\mathbf{b}$ は (2.8) のただひとつの解である．これで (1) が証明できた．

つぎに (2) を証明する．行列を縦ベクトルで表示して
$$F = [\, \mathbf{f}_1, \, \mathbf{f}_2 \,], \quad I_2 = \begin{bmatrix} 1 & 0 \\ 0 & 1 \end{bmatrix} = [\, \mathbf{e}_1, \, \mathbf{e}_2 \,]$$
とする．$FI_2 = F$ だから，
$$F\mathbf{e}_1 = \mathbf{f}_1, \quad F\mathbf{e}_2 = \mathbf{f}_2$$
である．したがって，(1) により
$$B\mathbf{f}_1 = B(F\mathbf{e}_1) = \mathbf{e}_1, \quad B\mathbf{f}_2 = B(F\mathbf{e}_2) = \mathbf{e}_2$$
となる．したがって，
$$BF = B[\, \mathbf{f}_1, \, \mathbf{f}_2 \,] = [\, B\mathbf{f}_1, \, B\mathbf{f}_2 \,] = [\, \mathbf{e}_1, \, \mathbf{e}_2 \,] = I_2.$$
以上により，(2) が証明できた． □

この定理は逆行列の求め方も教えている．以下それを説明しよう．

例 2.3.3 引き続き例 2.3.1 を考える．定理 2.3.2 により，B の逆行列は F である．定義により $F = F_3 F_2 F_1 F_0$ だから，(2.5) を用いて計算すると，

$$F = F_3 F_2 F_1 F_0 = \begin{bmatrix} \frac{1}{3} & \frac{1}{3} \\ \frac{1}{3} & -\frac{2}{3} \end{bmatrix}$$

が分かる．しかしもっといい方法がある．以下それを説明する．

つぎの 2×4 行列 C_0

$$C_0 = [\, B,\, I_2 \,] = \begin{bmatrix} 2 & 1 & 1 & 0 \\ 1 & -1 & 0 & 1 \end{bmatrix} \tag{2.10}$$

をとり，$A_0 = [\, B,\, \mathbf{b} \,]$ にしたのと同じ基本変形をこの行列に対して行う．つまり，$C_{i+1} = F_i C_i$ $(i = 0, 1, 2, 3)$ を順に計算する：

$$C_0 = [\, B,\, I_2 \,] \xrightarrow{r_2 + r_1} C_1 \xrightarrow{\frac{1}{3} r_2} C_2 \xrightarrow{r_1 - 2r_2} C_3 \xrightarrow{r_1 \leftrightarrow r_2} C_4 = [\, I_2,\, F \,].$$

具体的には，

$$\begin{bmatrix} 2 & 1 & 1 & 0 \\ 1 & -1 & 0 & 1 \end{bmatrix} \xrightarrow{r_2 + r_1} \begin{bmatrix} 2 & 1 & 1 & 0 \\ 3 & 0 & 1 & 1 \end{bmatrix} \xrightarrow{\frac{1}{3} r_2} \begin{bmatrix} 2 & 1 & 1 & 0 \\ 1 & 0 & \frac{1}{3} & \frac{1}{3} \end{bmatrix}$$

$$\xrightarrow{r_1 - 2r_2} \begin{bmatrix} 0 & 1 & \frac{1}{3} & -\frac{2}{3} \\ 1 & 0 & \frac{1}{3} & \frac{1}{3} \end{bmatrix} \xrightarrow{r_1 \leftrightarrow r_2} \begin{bmatrix} 1 & 0 & \frac{1}{3} & \frac{1}{3} \\ 0 & 1 & \frac{1}{3} & -\frac{2}{3} \end{bmatrix}.$$

C_0 も A_0 と同じ左基本変形をしているので，$A_4 = F A_0$ となるのと同様に，$C_4 = F C_0$ となる．したがって，

$$C_4 = F [\, B,\, I_2 \,] = [\, FB,\, F \,] = [\, I_2,\, F \,]$$

となる．$FB = I_2$ だから，定理 2.3.2 により，$BF = I_2$ も分かる．(もちろん，この場合には直接計算で分かる．) ∎

以上をまとめるとつぎのようになる：

> C_0 を左基本変形して，B の部分が単位行列 I_2 に
> なったときに，右側半分は B の逆行列 F となる．

この方法を **掃き出し法** という．B の逆行列はただひとつ存在する．(定義 2.6.2 の注意参照) だから，変形の方法によらず，B の逆行列 F はただひと通り定まる．

例 2.3.4　よくある間違いを例としてあげておきたい．つぎの 2×2 行列

$$B = \begin{bmatrix} 1 & 1 \\ 1 & 2 \end{bmatrix}$$

の逆行列を，掃き出し法で求めたい．そこで

$$C = [\ B,\ I_2\ ] = \begin{bmatrix} 1 & 1 & 1 & 0 \\ 1 & 2 & 0 & 1 \end{bmatrix}$$

とおいて，左基本変形する．つぎの計算は誤りである：

$$\begin{bmatrix} 1 & 1 & 1 & 0 \\ 1 & 2 & 0 & 1 \end{bmatrix} \xrightarrow[\text{(誤り)}]{\substack{r_1 - r_2 \\ r_2 - r_1}} \begin{bmatrix} 0 & -1 & 1 & -1 \\ 0 & 1 & -1 & 1 \end{bmatrix} \xrightarrow{r_2 + r_1} \begin{bmatrix} 0 & -1 & 1 & -1 \\ 0 & 0 & 0 & 0 \end{bmatrix}$$

基本変形はひとつずつ実行しないと，こういう間違いをするので，注意すること．正しくはつぎのようになる：

$$\begin{bmatrix} 1 & 1 & 1 & 0 \\ 1 & 2 & 0 & 1 \end{bmatrix} \xrightarrow{r_2 - r_1} \begin{bmatrix} 1 & 1 & 1 & 0 \\ 0 & 1 & -1 & 1 \end{bmatrix} \xrightarrow{r_1 - r_2} \begin{bmatrix} 1 & 0 & 2 & -1 \\ 0 & 1 & -1 & 1 \end{bmatrix}.$$

したがって，B の正しい逆行列は

$$B^{-1} = \begin{bmatrix} 2 & -1 \\ -1 & 1 \end{bmatrix}$$

である．　■

2.4　基本行列

　2×2 行列以外の行列に対しても，第 2.2 節と同様の行列の変形を行うために，基本行列を定義する．

　定義 2.4.1　i, j を 1 から n までの，互いに異なる整数とする．このとき，n 次正方行列 $E_{ij}(c)$ および P_{ij} をつぎのように定義する：

$$E_{ij}(c) = \begin{bmatrix} 1 & 0 & 0 & 0 & 0 & 0 & 0 \\ 0 & I & 0 & 0 & 0 & 0 & 0 \\ 0 & 0 & 1 & 0 & c & 0 & 0 \\ 0 & 0 & 0 & I' & 0 & 0 & 0 \\ 0 & 0 & 0 & 0 & 1 & 0 & 0 \\ 0 & 0 & 0 & 0 & 0 & I'' & 0 \\ 0 & 0 & 0 & 0 & 0 & 0 & 1 \end{bmatrix} \begin{matrix} \\ \\ (i \\ \\ (j \\ \\ \end{matrix},$$

$$P_{ij} = \begin{bmatrix} 1 & 0 & 0 & 0 & 0 & 0 & 0 \\ 0 & I & 0 & 0 & 0 & 0 & 0 \\ 0 & 0 & 0 & 0 & 1 & 0 & 0 \\ 0 & 0 & 0 & I' & 0 & 0 & 0 \\ 0 & 0 & 1 & 0 & 0 & 0 & 0 \\ 0 & 0 & 0 & 0 & 0 & I'' & 0 \\ 0 & 0 & 0 & 0 & 0 & 0 & 1 \end{bmatrix} \begin{matrix} \\ \\ (i \\ \\ (j \\ \\ \end{matrix}.$$

ただし，I, I', I'' は単位行列を表す．また，$d \neq 0$ に対して，n 次正方行列

$$D_i(d) = \begin{bmatrix} 1 & 0 & 0 & 0 & 0 \\ 0 & I & 0 & 0 & 0 \\ 0 & 0 & d & 0 & 0 \\ 0 & 0 & 0 & I' & 0 \\ 0 & 0 & 0 & 0 & 1 \end{bmatrix} \quad (i$$

と定義する．これら3種類の行列を**基本行列**という． □

例 2.4.2 $n = 3$ の場合には，基本行列は具体的に

$$E_{12}(c) = \begin{bmatrix} 1 & c & 0 \\ 0 & 1 & 0 \\ 0 & 0 & 1 \end{bmatrix}, \quad E_{21}(c) = \begin{bmatrix} 1 & 0 & 0 \\ c & 1 & 0 \\ 0 & 0 & 1 \end{bmatrix},$$

$$D_1(d) = \begin{bmatrix} d & 0 & 0 \\ 0 & 1 & 0 \\ 0 & 0 & 1 \end{bmatrix}, \quad D_2(d) = \begin{bmatrix} 1 & 0 & 0 \\ 0 & d & 0 \\ 0 & 0 & 1 \end{bmatrix},$$

$$P_{13} = \begin{bmatrix} 0 & 0 & 1 \\ 0 & 1 & 0 \\ 1 & 0 & 0 \end{bmatrix}, \quad P_{23} = \begin{bmatrix} 1 & 0 & 0 \\ 0 & 0 & 1 \\ 0 & 1 & 0 \end{bmatrix}$$

などとなる．ただし，$d \neq 0$ とする． ∎

2.5 階段行列

定義 2.5.1 行列 A がつぎの形をしているとき，階段行列であるという：

$$A = \begin{bmatrix} 0 & 0 & \underset{s_1}{1} & * & * & \underset{s_2}{0} & * & * & \underset{s_k}{0} & * & * & \underset{s_\ell}{0} & * & * \\ 0 & 0 & 0 & 0 & 0 & 1 & * & * & 0 & * & * & 0 & * & * \\ 0 & 0 & 0 & 0 & 0 & 0 & 0 & 0 & 1 & * & * & 0 & * & * \\ 0 & 0 & 0 & 0 & 0 & 0 & 0 & 0 & 0 & 0 & 0 & 1 & * & * \\ 0 & 0 & 0 & 0 & 0 & 0 & 0 & 0 & 0 & 0 & 0 & 0 & 0 & 0 \end{bmatrix} \begin{matrix} (1 \\ (2 \\ (k \\ (\ell \\ \end{matrix}.$$

例 2.5.2 例えば

$$B = \begin{bmatrix} 1 & b_{12} & b_{13} & b_{14} & b_{15} \\ 0 & 0 & 1 & b_{24} & b_{25} \\ 0 & 0 & 0 & 0 & 0 \end{bmatrix},$$

$$C = \begin{bmatrix} 0 & 1 & c_{13} \\ 0 & 0 & 0 \\ 0 & 0 & 0 \end{bmatrix}, \quad D = \begin{bmatrix} 1 & d_{12} & d_{13} \\ 0 & 0 & 0 \\ 0 & 0 & 0 \end{bmatrix},$$

$$E = \begin{bmatrix} 1 & e_{12} & e_{13} \\ 0 & 1 & e_{23} \\ 0 & 0 & 0 \end{bmatrix}, \quad F = \begin{bmatrix} 1 & f_{12} & f_{13} \\ 0 & 1 & f_{23} \\ 0 & 0 & 1 \end{bmatrix}$$

とすると，C, D は階段行列であるが，B, E, F は一般にはそうでない．例えば，$b_{13} \neq 0$ のとき，B は階段行列でない (階段行列とは呼ばない)．左基本変形によって，B, E, F をつぎの階段行列に変形できる：

$$\begin{bmatrix} 1 & b_{12} & 0 & b'_{14} & b'_{15} \\ 0 & 0 & 1 & b_{24} & b_{25} \\ 0 & 0 & 0 & 0 & 0 \end{bmatrix}, \quad \begin{bmatrix} 1 & 0 & e'_{13} \\ 0 & 1 & e_{23} \\ 0 & 0 & 0 \end{bmatrix}, \quad \begin{bmatrix} 1 & 0 & 0 \\ 0 & 1 & 0 \\ 0 & 0 & 1 \end{bmatrix}. \quad \blacksquare$$

つぎの定理は階段行列の定義から，ほとんど明らかである．

定理 2.5.3　任意の行列は，左基本変形によって階段行列に変形できる．　□

証明．　まず，例 2.5.2 を良く理解しよう．階段行列の定義からすぐ分かるように任意の行列は，左基本変形によってすべての行ベクトルをつぎの形にできる：

$$[\, 0 \; \cdots \; 0 \; 0 \; 0 \; \cdots \; 0 \; \underbrace{1}_{p} \; * \; * \; * \; * \; * \; * \,]$$

そのときさらに左基本変形をすることにより，それ以外の行ベクトルの第 p 成分はゼロにできる．例 2.3.3 の C_0 や，第 2.7 節の $[A, I_3]$，例 2.8.1 の A のように，行列が階段状になるようにこの操作をくりかえして，任意の行列は階段行列にすることができる．　□

問題 2.5.4　つぎの行列を階段行列に変形せよ．

(i) $\begin{bmatrix} 1 & 5 & 2 & 3 \\ 1 & 7 & 6 & 5 \\ 2 & 7 & -2 & 3 \end{bmatrix}$ (ii) $\begin{bmatrix} 1 & 1 & -1 \\ 2 & 25 & -2 \\ 5 & -8 & -5 \end{bmatrix}$ (iii) $\begin{bmatrix} 1 & 1 & -1 & 1 \\ 2 & 9 & -64 & 14 \\ 5 & 8 & -32 & 11 \\ 3 & 3 & -8 & 13 \end{bmatrix}$

2.6 逆行列

定理 2.6.1 B および F を $n \times n$ 行列とする．F は基本行列の積で得られ，さらに $FB = I_n$ が成り立つならば，$BF = I_n$ も成り立つ．（このような F のことを B の**逆行列**と呼ぶ．） □

証明． 定理 2.3.2 と並行した証明を与える．行列を縦ベクトルで表示して

$$F = [\,\mathbf{f}_1, \cdots, \mathbf{f}_n\,], \quad I_n = \begin{bmatrix} 1 & 0 & 0 \\ 0 & \ddots & 0 \\ 0 & 0 & 1 \end{bmatrix} = [\,\mathbf{e}_1, \cdots, \mathbf{e}_n\,]$$

とする．定理 2.3.2 (1) と同様に，方程式 $B\mathbf{x} = \mathbf{e}_1$ の解は $\mathbf{x} = F\mathbf{e}_1$ で与えられる．同様に方程式 $B\mathbf{x} = \mathbf{e}_k$ の解は，$\mathbf{x} = F\mathbf{e}_k$ で与えられる．ところで，行列の簡単な計算により $F\mathbf{e}_k = \mathbf{f}_k$，したがって，$B\mathbf{f}_k = \mathbf{e}_k$ である．したがって，

$$BF = B[\,\mathbf{f}_1, \cdots, \mathbf{f}_n\,] = [\,B\mathbf{f}_1, \cdots, B\mathbf{f}_n\,] = [\,\mathbf{e}_1, \cdots, \mathbf{e}_n\,] = I_n.$$

以上により，$BF = I_n$ が証明できた． □

この定理により，逆行列を例 2.3.3 と同様に左基本変形 (掃き出し法) で求めることができる．第 2.7 節で，3×3 行列の逆行列を求める．

定義 2.6.2 B を $n \times n$ 正方行列とする．正方行列 X は以下の条件を満たすとき，B の**逆行列**であるといい，B^{-1} で表す．また，このような X が存在するとき，B を**正則**である（または，B は**正則行列**である）という：

$$XB = BX = I_n.$$

B の逆行列は存在すれば，ただひとつである．これはつぎのようにして証明できる．X を B の逆行列として，もうひとつ B の逆行列 Y が存在したとしよう．このとき，$X = Y$ が証明できればよい．Y は B の逆行列だから，$YB = I_n$ である．一方，X も B の逆行列だから，$BX = I_n$ が成り立つ．したがって，$Y = YI_n = Y(BX) = (YB)X = I_nX = X$ となる． □

定理 2.6.3 A, B を正則行列とする．そのとき，A^{-1}, AB, ${}^tA$ も正則行列であり，つぎが成り立つ．

(1) $(A^{-1})^{-1} = A$.

(2) $(AB)^{-1} = B^{-1}A^{-1}$.

(3) $({}^tA)^{-1} = {}^t(A^{-1})$. □

証明. (1) は定義より明らか．つぎに (2) を証明する．A, B をともに n 次正方行列，X を A の逆行列，Y を B の逆行列とすると，定義により，

$$XA = AX = I_n, \quad YB = BY = I_n.$$

そこで，行列の積の結合則により，

$$(YX)(AB) = Y(X(AB)) = Y((XA)B) = Y(I_nB) = YB = I_n,$$
$$(AB)(YX) = A(B(YX)) = A((BY)X) = A(I_nX) = AX = I_n.$$

したがって，$YX = (AB)^{-1}$ となる．つまり

$$(AB)^{-1} = YX = B^{-1}A^{-1}$$

である．これで (2) が証明された．最後に (3) を証明する．ふたたび，X を A の逆行列とすると，$XA = AX = I_n$．この両辺の転置行列をとると ${}^t(XA) = {}^t(AX) = I_n$ となる．ところで，${}^t(XA) = {}^tA\,{}^tX$, ${}^t(AX) = {}^tX\,{}^tA$ だから，${}^tA\,{}^tX = {}^tX\,{}^tA = I_n$．したがって，

$$({}^tA)^{-1} = {}^tX = {}^t(A^{-1}).$$

したがって，(3) が証明された． □

2.7 3×3 行列の逆行列

この節では 3×3 行列の逆行列を，左基本変形（掃き出し法）を用いて具体的に求める．その原理は第 2.3 節と全く同じである．

$$A = \begin{bmatrix} 2 & -1 & 6 \\ 1 & 2 & 1 \\ 3 & 5 & 4 \end{bmatrix}$$

とする．$[\,A,\,I_3\,]$ から出発して左基本変形によって $[\,I_3,\,F\,]$ という形に変形する．例えば，つぎのようにしてみる．

$$[\,A,\,I_3\,] = \begin{bmatrix} 2 & -1 & 6 & 1 & 0 & 0 \\ 1 & 2 & 1 & 0 & 1 & 0 \\ 3 & 5 & 4 & 0 & 0 & 1 \end{bmatrix} \xrightarrow{r_1 \leftrightarrow r_2} \begin{bmatrix} 1 & 2 & 1 & 0 & 1 & 0 \\ 2 & -1 & 6 & 1 & 0 & 0 \\ 3 & 5 & 4 & 0 & 0 & 1 \end{bmatrix}$$

$$\xrightarrow[r_3 - 3r_1]{r_2 - 2r_1} \begin{bmatrix} 1 & 2 & 1 & 0 & 1 & 0 \\ 0 & -5 & 4 & 1 & -2 & 0 \\ 0 & -1 & 1 & 0 & -3 & 1 \end{bmatrix} \xrightarrow{r_2 \leftrightarrow r_3} \begin{bmatrix} 1 & 2 & 1 & 0 & 1 & 0 \\ 0 & -1 & 1 & 0 & -3 & 1 \\ 0 & -5 & 4 & 1 & -2 & 0 \end{bmatrix}$$

$$\xrightarrow[(-1)r_3]{(-1)r_2} \begin{bmatrix} 1 & 2 & 1 & 0 & 1 & 0 \\ 0 & 1 & -1 & 0 & 3 & -1 \\ 0 & 5 & -4 & -1 & 2 & 0 \end{bmatrix} \xrightarrow[r_3 - 5r_2]{r_1 - 2r_2} \begin{bmatrix} 1 & 0 & 3 & 0 & -5 & 2 \\ 0 & 1 & -1 & 0 & 3 & -1 \\ 0 & 0 & 1 & -1 & -13 & 5 \end{bmatrix}$$

$$\xrightarrow[r_2 + r_3]{r_1 - 3r_3} \begin{bmatrix} 1 & 0 & 0 & 3 & 34 & -13 \\ 0 & 1 & 0 & -1 & -10 & 4 \\ 0 & 0 & 1 & -1 & -13 & 5 \end{bmatrix}.$$

最後の 3×6 行列の右半分

$$F = \begin{bmatrix} 3 & 34 & -13 \\ -1 & -10 & 4 \\ -1 & -13 & 5 \end{bmatrix}$$

は定理 2.6.1 により A の逆行列である.

問題 2.7.1 つぎの行列の逆を求めよ.

(i) $\begin{bmatrix} 1 & 0 & 2 \\ 2 & -1 & 3 \\ 4 & 1 & 8 \end{bmatrix}$ (ii) $\begin{bmatrix} 2 & 3 & 3 \\ 1 & 2 & -1 \\ 2 & 4 & -1 \end{bmatrix}$ (iii) $\begin{bmatrix} 0 & 1 & 7 \\ 1 & 4 & -6 \\ 0 & 4 & 27 \end{bmatrix}$

例 2.7.2 上と同じ計算をしても逆行列の求まらない場合もある. 例えば,

$$A = \begin{bmatrix} 1 & 2 & 1 \\ 3 & 1 & 7 \\ 2 & -1 & 6 \end{bmatrix}$$

とする. 以下, 左基本変形によって

$$A \xrightarrow[r_3+(-2)r_1]{r_2+(-3)r_1} \begin{bmatrix} 1 & 2 & 1 \\ 0 & -5 & 4 \\ 0 & -5 & 4 \end{bmatrix} \xrightarrow{r_3-r_2} \begin{bmatrix} 1 & 2 & 1 \\ 0 & -5 & 4 \\ 0 & 0 & 0 \end{bmatrix}$$

となる．定理 4.6.6 で証明するように，この A は逆行列を持たない． ∎

2.8　1 次方程式の解法

例 2.8.1　つぎの連立 1 次方程式を行列を使って解く：

$$\begin{aligned} x_1 + 2x_2 + 3x_3 &= 6, \\ 3x_1 + 8x_2 + x_3 &= 12, \\ 2x_1 + 5x_2 + 2x_3 &= 9. \end{aligned} \quad (2.11)$$

これを行列で表示すると，

$$A = \begin{bmatrix} 1 & 2 & 3 & 6 \\ 3 & 8 & 1 & 12 \\ 2 & 5 & 2 & 9 \end{bmatrix}$$

となる．左基本変形を繰り返すと，

$$A \xrightarrow[r_3-2r_1]{r_2-3r_1} \begin{bmatrix} 1 & 2 & 3 & 6 \\ 0 & 2 & -8 & -6 \\ 0 & 1 & -4 & -3 \end{bmatrix} \xrightarrow{r_2-2r_3} \begin{bmatrix} 1 & 2 & 3 & 6 \\ 0 & 0 & 0 & 0 \\ 0 & 1 & -4 & -3 \end{bmatrix}$$

$$\xrightarrow{r_2 \leftrightarrow r_3} \begin{bmatrix} 1 & 2 & 3 & 6 \\ 0 & 1 & -4 & -3 \\ 0 & 0 & 0 & 0 \end{bmatrix} \xrightarrow{r_1-2r_2} \begin{bmatrix} 1 & 0 & 11 & 12 \\ 0 & 1 & -4 & -3 \\ 0 & 0 & 0 & 0 \end{bmatrix}.$$

最後の行列は階段行列であることに注意しよう．また，これは，方程式がつぎのように変形できることを示す：

$$\begin{cases} x_1 + 11x_3 = 12, \\ x_2 - 4x_3 = -3. \end{cases} \quad (2.12)$$

左基本変形は元に戻ることもできるので，方程式 (2.11) と方程式 (2.12) は同等である．方程式 (2.12) の解は，c を任意定数とするとき，

$$x_1 = -11c + 12, \quad x_2 = 4c - 3, \quad x_3 = c \tag{2.13}$$

で与えられる．この場合は，無限個の解を持つ． ∎

例 2.8.2 つぎの連立 1 次方程式を行列を使って解く：

$$\begin{aligned} x_1 + 2x_2 + 3x_3 &= 6, \\ 2x_1 + 5x_2 + 2x_3 &= 11, \\ 3x_1 + 8x_2 + x_3 &= 12. \end{aligned} \tag{2.14}$$

これを行列で表示すると，

$$A = \begin{bmatrix} 1 & 2 & 3 & 6 \\ 2 & 5 & 2 & 11 \\ 3 & 8 & 1 & 12 \end{bmatrix}$$

となる．左基本変形を繰り返すと，

$$A \xrightarrow[r_3 - 3r_1]{r_2 - 2r_1} \begin{bmatrix} 1 & 2 & 3 & 6 \\ 0 & 1 & -4 & -1 \\ 0 & 2 & -8 & -6 \end{bmatrix} \xrightarrow[r_3 - 2r_2]{r_1 - 2r_2} \begin{bmatrix} 1 & 0 & 11 & 8 \\ 0 & 1 & -4 & -1 \\ 0 & 0 & 0 & -4 \end{bmatrix}.$$

最後の行列は階段行列であることに注意しよう．また，方程式はつぎの形になる：

$$\begin{cases} x_1 + 11x_3 = 8, \\ x_2 - 4x_3 = -1, \\ 0 = -4. \end{cases} \tag{2.15}$$

この方程式には解がない．したがって，方程式 (2.14) には解がない． ∎

まとめ 2.8.3 1 次方程式を行列を使って解く場合，方程式の行列が階段行列になれば，解が求まる．解の存在については以下の 3 つの場合に分かれる：

(i) 第 2.1 節 の例のように，ただひとつの解を持つ場合，

(ii) 例 2.8.1 のように，無限個の解を持ち，解が任意定数を含む場合，

(iii) 例 2.8.2 のように，解がない場合． □

2.9 同次連立1次方程式 (1)

例 2.9.1 つぎの連立1次方程式を行列を使って解く:

$$x_1 + 2x_2 + 3x_3 = 0,$$
$$3x_1 + 8x_2 + x_3 = 0, \qquad (2.16)$$
$$2x_1 + 5x_2 + 2x_3 = 0.$$

これを行列で表示すると,

$$A = \begin{bmatrix} 1 & 2 & 3 & 0 \\ 3 & 8 & 1 & 0 \\ 2 & 5 & 2 & 0 \end{bmatrix} = [\,B,\ 0\,].$$

となる. B に左基本変形を繰り返すと,

$$B = \begin{bmatrix} 1 & 2 & 3 \\ 3 & 8 & 1 \\ 2 & 5 & 2 \end{bmatrix} \xrightarrow{\substack{r_2 - 3r_1 \\ r_3 - 2r_1}} \begin{bmatrix} 1 & 2 & 3 \\ 0 & 2 & -8 \\ 0 & 1 & -4 \end{bmatrix} \xrightarrow{r_2 - 2r_3} \begin{bmatrix} 1 & 2 & 3 \\ 0 & 0 & 0 \\ 0 & 1 & -4 \end{bmatrix}$$

$$\xrightarrow{r_2 \leftrightarrow r_3} \begin{bmatrix} 1 & 2 & 3 \\ 0 & 1 & -4 \\ 0 & 0 & 0 \end{bmatrix} \xrightarrow{r_1 - 2r_2} \begin{bmatrix} 1 & 0 & 11 \\ 0 & 1 & -4 \\ 0 & 0 & 0 \end{bmatrix}.$$

最後の行列は, 方程式がつぎのように変形できることを示す:

$$\begin{cases} x_1 + 11x_3 = 0, \\ x_2 - 4x_3 = 0. \end{cases} \qquad (2.17)$$

方程式 (2.16) と方程式 (2.17) は同等である. 方程式 (2.17) の解は, c を任意定数とするとき,

$$x_1 = -11c, \quad x_2 = 4c, \quad x_3 = c. \qquad (2.18)$$

で与えられる. ∎

例 2.9.2 つぎの連立1次方程式を行列を使って解く:

$$\begin{aligned} x_1 + 2x_2 + 3x_3 &= 0, \\ 2x_1 + 3x_2 + 2x_3 &= 0, \\ 3x_1 + 8x_2 + x_3 &= 0. \end{aligned} \qquad (2.19)$$

これを行列で表示すると，

$$A = \begin{bmatrix} 1 & 2 & 3 & 0 \\ 2 & 3 & 2 & 0 \\ 3 & 8 & 1 & 0 \end{bmatrix} = [\, B,\ 0 \,].$$

となる．左基本変形を繰り返すと，B は単位行列に変形できる：

$$B = \begin{bmatrix} 1 & 2 & 3 \\ 2 & 3 & 2 \\ 3 & 8 & 1 \end{bmatrix} \xrightarrow[r_3 - 3r_1]{r_2 - 2r_1} \begin{bmatrix} 1 & 2 & 3 \\ 0 & -1 & -4 \\ 0 & 2 & -8 \end{bmatrix} \xrightarrow{(-1)r_2} \begin{bmatrix} 1 & 2 & 3 \\ 0 & 1 & 4 \\ 0 & 2 & -8 \end{bmatrix}$$

$$\xrightarrow[r_3 - 2r_2]{r_1 - 2r_2} \begin{bmatrix} 1 & 0 & -5 \\ 0 & 1 & 4 \\ 0 & 0 & -16 \end{bmatrix} \longrightarrow \cdots \longrightarrow \begin{bmatrix} 1 & 0 & 0 \\ 0 & 1 & 0 \\ 0 & 0 & 1 \end{bmatrix}.$$

したがって，方程式 (2.19) は，

$$x_1 = x_2 = x_3 = 0$$

と同等である．したがって，方程式 (2.19) は自明なただひとつの解を持つ． ∎

まとめ 2.9.3 以上により，同次連立 1 次方程式は，つぎの 2 種類に分かれる．

(i) 　例 2.9.2 のように，自明なただひとつの解を持つ場合，

(ii) 　例 2.9.1 のように，無限個の解を持ち，解が任意定数を含む式によって表される場合． □

2.10 正則行列

補題 2.10.1 　n 次正方行列が，その対角成分がすべて 1 に等しい階段行列ならば，それは単位行列である． □

証明. 例えば，$B = \begin{bmatrix} 1 & b_{12} & b_{13} \\ 0 & 1 & b_{23} \\ 0 & 0 & 1 \end{bmatrix}$ が階段行列ならば，定義 2.5.1 により，$b_{12} = b_{13} = b_{23} = 0$ である．一般の場合も，定義 2.5.1 と例 2.5.2 より明らか．□

定理 2.10.2 A, B をともに $n \times n$ 行列とし $AB = I_n$ とする．このとき，A も B も正則行列であり，$B = A^{-1}$ である． □

証明. 仮定により $AB = I_n$．左基本変形によって A を階段行列 C に変形する．したがって，適当な基本行列 Q_i $(i = 1, \cdots, m)$ を選んで，

$$Q_1 Q_2 \cdots Q_m A = C$$

とできる．基本行列 Q_i は正則である．なぜなら，定義より

$$E_{ij}(c)^{-1} = E_{ij}(-c), \quad D_i(d)^{-1} = D_i(\frac{1}{d}), \quad P_{ij}^{-1} = P_{ij} \tag{2.20}$$

が成り立つ．例えば，

$$\begin{bmatrix} 1 & c & 0 \\ 0 & 1 & 0 \\ 0 & 0 & 1 \end{bmatrix} \begin{bmatrix} 1 & -c & 0 \\ 0 & 1 & 0 \\ 0 & 0 & 1 \end{bmatrix} = \begin{bmatrix} 1 & 0 & 0 \\ 0 & 1 & 0 \\ 0 & 0 & 1 \end{bmatrix} = \begin{bmatrix} 1 & 0 & 0 \\ 0 & d & 0 \\ 0 & 0 & 1 \end{bmatrix} \begin{bmatrix} 1 & 0 & 0 \\ 0 & \frac{1}{d} & 0 \\ 0 & 0 & 1 \end{bmatrix}.$$

$P = Q_1 Q_2 \cdots Q_m$ とする．P は基本行列の積だから，正則行列の積であり，定理 2.6.3 により P も正則である．このとき，C のどの行ベクトルもゼロベクトルではないことが，以下のように証明できる．C の取り方から，

$$CB = P(AB) = PI_n = P$$

である．もし C のある行ベクトルがゼロベクトルならば，それを第 k 行ベクトルとしよう．すると CB の第 k 行ベクトルはゼロベクトルであり，P の第 k 行ベクトルもゼロベクトルである．例えば，$k = 3$ のとき，

$$\begin{bmatrix} c_{11} & c_{12} & c_{13} \\ c_{21} & c_{22} & c_{23} \\ 0 & 0 & 0 \end{bmatrix} \begin{bmatrix} b_{11} & b_{12} & b_{13} \\ b_{21} & b_{22} & b_{23} \\ b_{31} & b_{32} & b_{33} \end{bmatrix} = \begin{bmatrix} * & * & * \\ * & * & * \\ 0 & 0 & 0 \end{bmatrix}$$

である．よって，P は正則でない．これは P が正則行列であることに反する．し

たがって，C のどの行ベクトルもゼロベクトルではない．

C は $n \times n$ 階段行列だから，これより，C は対角成分がすべて 1 に等しい上三角行列である (定義 2.5.1, 例 2.5.2 を参照)．したがって，補題 2.10.1 より，C は単位行列．したがって，$Q_1 \cdots Q_m A = PA = C = I_n$．よって，$A = Q_m^{-1} \cdots Q_1^{-1}$ も正則である．したがって $B = A^{-1} = P$ であり，B も正則である． □

定理 2.10.3 正則行列は左基本変形によって単位行列に変形できる． □

証明． 定理 2.10.2 の証明の中ですでに証明した．A を正則行列とする．左基本変形によって A を階段行列 C に変形する．したがって，適当な基本行列の積 P を選んで，$PA = C$ とできる．P と A がともに正則なので C は正則な階段行列である．したがって，C は対角成分がすべて 1 に等しい三角行列である．したがって，補題 2.10.1 により C は単位行列である．したがって，A は左基本変形によって単位行列に変形できる． □

定理 2.10.4 正則行列は基本行列の積として表すことができる． □

証明． A を正則な n 次正方行列とする．定理 2.10.3 により，左基本変形によって単位行列に変形できる．したがって，適当な基本行列 Q_i を選んで，

$$Q_1 \cdots Q_m A = I_n$$

とできる．(2.20) により基本行列 Q_i の逆 Q_i^{-1} も基本行列である．よって，

$$A = Q_m^{-1} \cdots Q_1^{-1} I_n = Q_m^{-1} \cdots Q_1^{-1}$$

となる．したがって，A は基本行列の積である． □

定理 2.10.5 正則でない n 次正方行列は，左基本変形によって，n 行目の行ベクトルをゼロベクトルにできる． □

証明． 定理 2.10.2 の証明と同じように考える．A を正則でない n 次正方行列とする．左基本変形によって A を階段行列 C に変形する．したがって，適当な基本行列の積 P を選んで，$PA = C$ とできる．もし C が正則ならば，P が正則なので，A も正則となり仮定に反する．したがって，C は正則でない階段行列である．したがって，n 行目の行ベクトルはゼロベクトルである． □

第 2 章の問題

1. $A = \begin{bmatrix} 0 & 0 & 1 \\ 0 & 1 & 0 \\ 1 & 0 & 0 \end{bmatrix}$ に対して,$AX = XA$ を満たす行列 X をすべて求めよ.

2. つぎを証明せよ.

    (i) A を任意の正方行列とするとき,$\frac{1}{2}(A + {}^tA)$ は対称行列である.

    (ii) 任意の正方行列は,対称行列と交代行列の和で表される.

3. A を正方行列とするとき,すべての列ベクトル $\mathbf{x}$ に対して ${}^t\mathbf{x}A\mathbf{x} = 0$ ならば,A は交代行列であることを証明せよ.

4. 正方行列 $A = [\,a_{ij}\,]$ に対して,
$$\mathrm{tr}\,(A) = a_{11} + a_{22} + \cdots + a_{nn}$$
と定義し,A のトレース (trace) と呼ぶ.このとき,つぎを証明せよ.
    (i) $\mathrm{tr}\,(A + B) = \mathrm{tr}\,(A) + \mathrm{tr}\,(B)$. (ii) $\mathrm{tr}\,(AB) = \mathrm{tr}\,(BA)$.
    (iii) $\mathrm{tr}\,(B^{-1}AB) = \mathrm{tr}\,(A)$.

5. $AB - BA = I_n$ となる n 次正方行列 A, B は存在しないことを示せ.

6. 任意の正方行列 X に対して,$\mathrm{tr}\,(AX) = 0$ となる正方行列 A は,$A = 0$ であることを示せ.

7. つぎの行列の n 乗を求めよ.

    (i) $\begin{bmatrix} a & 1 \\ 0 & a \end{bmatrix}$ (ii) $\begin{bmatrix} a & 1 & 0 \\ 0 & a & 1 \\ 0 & 0 & a \end{bmatrix}$

8. (i, j) 成分が 1 で,その他の成分がすべて 0 の n 次正方行列を,記号 E_{ij} で表す.行列 E_{ij} に関してつぎのことを示せ.

(i) 任意の n 次正方行列 $A = [\,a_{ij}\,]$ に対して, $A = \sum_{i=1}^{n}\sum_{j=1}^{n} a_{ij} E_{ij}$.

(ii) $E_{ij}E_{kl} = \delta_{jk} E_{il}$, ただし, $\delta_{jk} = 0\ (j \neq k)$, $\delta_{jj} = 1$.

9. つぎの連立 1 次方程式を解け.

(i) $\begin{cases} 4x - 5y = 9 \\ 2x - y - 2z = 3 \\ x - 2y + z = 3 \end{cases}$ 　(ii) $\begin{cases} x_1 + 2x_2 - 5x_3 + 4x_4 = 2 \\ 2x_1 - 4x_2 + 2x_3 + 3x_4 = 18 \\ 4x_1 + 15x_2 - 32x_3 + 3x_4 = -116 \\ 5x_1 + 15x_2 - 32x_3 + x_4 = -129 \end{cases}$

(iii) $\begin{cases} x + 3y + 9z + 5w = 0 \\ 3x + 2y - 2z + 10w = 17 \\ x + y + 7z + 4w = -1 \end{cases}$ 　(iv) $\begin{cases} x_1 + x_2 - x_3 + 3x_4 = -3 \\ x_1 + 2x_2 - 3x_3 + x_4 = -11 \\ 3x_1 + x_2 + x_3 - x_4 = 7 \\ -2x_1 + 3x_2 - x_3 + 2x_4 = -6 \end{cases}$

10. つぎの行列が正則ならば, その逆行列を求めよ.

(i) $\begin{bmatrix} a & b & 1 \\ b & 1 & 0 \\ 1 & 0 & 0 \end{bmatrix}$ 　(ii) $\begin{bmatrix} 1 & 0 & 0 & 0 \\ a & 1 & 0 & 0 \\ b & a & 1 & 0 \\ c & b & a & 1 \end{bmatrix}$

11. 逆行列を求めよ.

(i) $\begin{bmatrix} 7 & -4 & 18 \\ 28 & -14 & 71 \\ 12 & -7 & 31 \end{bmatrix}$ 　(ii) $\begin{bmatrix} 17 & 2 & 0 \\ 10 & 1 & 4 \\ 2 & 0 & 5 \end{bmatrix}$

(iii) $\begin{bmatrix} 76 & -27 & 25 \\ -42 & 15 & -14 \\ -15 & 5 & -4 \end{bmatrix}$ 　(iv) $\begin{bmatrix} 0 & 1 & 7 \\ 1 & 4 & -6 \\ 2 & 12 & 15 \end{bmatrix}$

(v) $\begin{bmatrix} -9 & 9 & -25 \\ 5 & -5 & 14 \\ 2 & -1 & 5 \end{bmatrix}$ (vi) $\begin{bmatrix} -11 & 2 & 1 \\ 3 & -1 & 1 \\ 2 & 0 & -1 \end{bmatrix}$

12. つぎの方程式のすべての解を，a の値に応じて求めよ．

(i) $\begin{cases} x + 2y + (a+1)z = 2 \\ 2x + 3y + az = 3 \\ 2x + (a+1)y + 2z = 3 \end{cases}$ (ii) $\begin{cases} x + y - z = 1 \\ 2x + a^2 y + (a+3)z = 2a + 2 \\ 5x + (2a+2)y + az = 7 \end{cases}$

(iii) $\begin{cases} x + y - z = 1 \\ 2x + 3y + az = 3 \\ x + ay + 3z = 2 \end{cases}$ (iv) $\begin{cases} x + ay - z = 1 \\ 2x + 3y + az = 3 \\ x + (-a^2 + 2a + 1)y + (a+1)z = 2 \end{cases}$

13. つぎの方程式は，いつ解を持つか．解を持つとき，その解をすべて求めよ．

$$\begin{cases} 4x + 6y - 7z = a \\ 2x + 2y - z = b \\ x + 6y - 13z = c \end{cases}$$

14. $\mathbf{R}^3$ の点 (a,b,c) が 3 点 $(0,0,0), (1,2,3), (-1,1,0)$ によって張られる平面に含まれるとき a, b, c の間の関係を求めよ．

15. つぎの問に答えよ．

(i) n 次正方行列 X が $X^2 = 0$ を満たすとき，$(I_n - X)(I_n + X) = I_n$ が成り立つことを示せ．

(ii) n 次正方行列 X が $X^2 = 0$ を満たすとき，$(I_n - X)$ の逆行列を X を用いて表わせ．

(iii) n 次正方行列 X が $X^4 = 0$ 満たすとき，$I_n - X^2$ の逆行列を X を用いて表わせ．また，$I_n + X - X^2$ の逆行列を X を用いて表わせ．

第 3 章
行列の階数

3.1　3×3 行列による右基本変形

行単位の行列の変形 (**左基本変形**) は左側から基本行列をかけることと同等である．それと同様に，列単位の変形 (**右基本変形**) は，基本行列を右側からかけることと同等である．この節ではそれを説明する．行列 A を

$$A = \begin{bmatrix} a_{11} & a_{12} & a_{13} \\ a_{21} & a_{22} & a_{23} \end{bmatrix}$$

とする．A の右側からかけるためには，行列は 3×3 行列でなければならない．3×3 行列の $E_{12}(c)$, $D_2(d)$ や P_{13} を右側からかけると，

$$A' := AE_{12}(c) = \begin{bmatrix} a_{11} & ca_{11} + a_{12} & a_{13} \\ a_{21} & ca_{21} + a_{22} & a_{23} \end{bmatrix},$$

$$A'' := AD_2(d) = \begin{bmatrix} a_{11} & da_{12} & a_{13} \\ a_{21} & da_{22} & a_{23} \end{bmatrix}, \quad A''' := AP_{13} = \begin{bmatrix} a_{13} & a_{12} & a_{11} \\ a_{23} & a_{22} & a_{21} \end{bmatrix}$$

となる．上の計算を整理すると

(i)　　$E_{ij}(c)$ を右からかける $\iff$ 第 j 列に第 i 列の c 倍を加える，

(ii)　　$d \neq 0$ に対して，$D_i(d)$ を右からかける $\iff$ 第 i 列を d 倍する，

(iii)　　P_{ij} を右からかける $\iff$ 第 i 列と第 j 列を入れ替える

となることが分かる．

また，これらの変形を，第 2.7 節と同様にそれぞれ $A \xrightarrow{c_2+cc_1} A'$, $A \xrightarrow{dc_2} A''$, $A \xrightarrow{c_1 \leftrightarrow c_3} A'''$ と表す．

例 3.1.1 つぎの行列 A を左基本変形と右基本変形の両方で変形する：

$$A = \begin{bmatrix} 1 & 2 & 1 & 5 \\ 3 & 1 & 7 & 3 \\ 2 & -1 & 6 & -2 \end{bmatrix}.$$

$$A \xrightarrow[r_3-2r_1]{r_2-3r_1} \begin{bmatrix} 1 & 2 & 1 & 5 \\ 0 & -5 & 4 & -12 \\ 0 & -5 & 4 & -12 \end{bmatrix} \xrightarrow{r_3-r_2} \begin{bmatrix} 1 & 2 & 1 & 5 \\ 0 & -5 & 4 & -12 \\ 0 & 0 & 0 & 0 \end{bmatrix}$$

$$\xrightarrow{c_2+c_3} \begin{bmatrix} 1 & 3 & 1 & 5 \\ 0 & -1 & 4 & -12 \\ 0 & 0 & 0 & 0 \end{bmatrix} \xrightarrow{(-1) \times c_2} \begin{bmatrix} 1 & -3 & 1 & 5 \\ 0 & 1 & 4 & -12 \\ 0 & 0 & 0 & 0 \end{bmatrix}$$

$$\xrightarrow[\substack{c_3-c_1 \\ c_4-5c_1}]{c_2+3c_1} \begin{bmatrix} 1 & 0 & 0 & 0 \\ 0 & 1 & 4 & -12 \\ 0 & 0 & 0 & 0 \end{bmatrix} \xrightarrow[c_4+12c_2]{c_3-4c_2} \begin{bmatrix} 1 & 0 & 0 & 0 \\ 0 & 1 & 0 & 0 \\ 0 & 0 & 0 & 0 \end{bmatrix}.$$

上の例を少し違う方法で変形する：

$$A \xrightarrow[r_3-2r_1]{r_2-3r_1} \begin{bmatrix} 1 & 2 & 1 & 5 \\ 0 & -5 & 4 & -12 \\ 0 & -5 & 4 & -12 \end{bmatrix} \xrightarrow{r_3-r_2} \begin{bmatrix} 1 & 2 & 1 & 5 \\ 0 & -5 & 4 & -12 \\ 0 & 0 & 0 & 0 \end{bmatrix}$$

$$\xrightarrow{(-5) \times c_2} \begin{bmatrix} 1 & -10 & 1 & 5 \\ 0 & 25 & 4 & -12 \\ 0 & 0 & 0 & 0 \end{bmatrix} \xrightarrow{c_2+2c_4} \begin{bmatrix} 1 & 0 & 1 & 5 \\ 0 & 1 & 4 & -12 \\ 0 & 0 & 0 & 0 \end{bmatrix}$$

$$\xrightarrow[c_4-5c_1]{c_3-c_1} \begin{bmatrix} 1 & 0 & 0 & 0 \\ 0 & 1 & 4 & -12 \\ 0 & 0 & 0 & 0 \end{bmatrix} \xrightarrow[c_4+12c_2]{c_3-4c_2} \begin{bmatrix} 1 & 0 & 0 & 0 \\ 0 & 1 & 0 & 0 \\ 0 & 0 & 0 & 0 \end{bmatrix}.$$

このような変形はどんな行列に対しても可能である．一般の場合にも，つぎの形になるのは，ほぼ明らかである．

$$A \longrightarrow \begin{bmatrix} I_r & 0 \\ 0 & 0 \end{bmatrix} \quad (I_r は単位行列).$$

このとき，r は変形の過程によらないで，行列 A によってただ一通りに定まる．これは定理 3.2.1 で証明する．この r を行列の階数と呼び，$\mathrm{rank}(A) = r$ と表す．上の例では，$\mathrm{rank}(A) = 2$ である． ∎

3.2　行列の階数

定理 3.2.1　　行列 A は基本変形により

$$\begin{bmatrix} I_r & 0 \\ 0 & 0 \end{bmatrix}$$

の形に変形することができる．このとき，r は，基本変形のとり方によらず，行列 A のみによって定まる．この r を行列 A の**階数**と言う． □

証明．　A を $m \times n$ 行列とする．A を基本変形によって，標準形

$$\begin{bmatrix} I_r & 0 \\ 0 & 0 \end{bmatrix}$$

の形にできることは，ここでは証明しない．(第 3.1 節でも述べたようにほとんど明らかなことである.) 以下，r がただひとつ定まることを証明する．そのためには A の標準形が 2 通り

$$A' = \begin{bmatrix} I_r & 0 \\ 0 & 0 \end{bmatrix}, \quad A'' = \begin{bmatrix} I_\varrho & 0 \\ 0 & 0 \end{bmatrix}$$

存在するとして，$r = s$ を証明すればよい．ここで，$r \leqq s$ と仮定する．(すなわち，r, s の小さい方を r とする．) (左右の) 基本変形によって A が A' に移るから，逆に A' も基本変形によって A に移すことができる．したがって A' を基本変形によって A'' に変形することができる．これより，つぎのような行列 P, Q が存在することが分かる：

(i) P は $m \times m$ 行列で,基本行列の積である.

(ii) Q は $n \times n$ 行列で,やはり基本行列の積である.

(iii) $PA'Q = A''$.

ここで,P, A', Q を分割表示して

$$P \doteq \begin{bmatrix} P_{11} & P_{12} \\ P_{21} & P_{22} \end{bmatrix}, \quad A' = \begin{bmatrix} I_r & 0 \\ 0 & 0 \end{bmatrix}, \quad Q = \begin{bmatrix} Q_{11} & Q_{12} \\ Q_{21} & Q_{22} \end{bmatrix}$$

とする.ただし P_{11}, Q_{11} は $r \times r$ 行列とする.このとき

$$\begin{aligned} PA'Q &= \begin{bmatrix} P_{11} & P_{12} \\ P_{21} & P_{22} \end{bmatrix} \begin{bmatrix} I_r & 0 \\ 0 & 0 \end{bmatrix} \begin{bmatrix} Q_{11} & Q_{12} \\ Q_{21} & Q_{22} \end{bmatrix} \\ &= \begin{bmatrix} P_{11} & 0 \\ P_{21} & 0 \end{bmatrix} \begin{bmatrix} Q_{11} & Q_{12} \\ Q_{21} & Q_{22} \end{bmatrix} = \begin{bmatrix} P_{11}Q_{11} & P_{11}Q_{12} \\ P_{21}Q_{11} & P_{21}Q_{12} \end{bmatrix} \\ &= A'' = \begin{bmatrix} I_r & 0 \\ 0 & F'' \end{bmatrix} \end{aligned}$$

となる.ただし,$(m-r) \times (n-r)$ 行列 F'' はつぎの形である:

$$F'' = \begin{bmatrix} I_{s-r} & 0 \\ 0 & 0 \end{bmatrix} \begin{matrix} \} \ (s-r) \\ \} \ (m-s) \end{matrix} \tag{3.1}$$

したがって,つぎが分かる:

$$\begin{aligned} P_{11}Q_{11} &= I_r, \quad P_{11}Q_{12} = 0, \\ P_{21}Q_{11} &= 0, \quad P_{21}Q_{12} = F''. \end{aligned}$$

定理 2.10.2 により P_{11}, Q_{11} はともに正則である.したがって

$$Q_{12} = P_{11}^{-1}(P_{11}Q_{12}) = 0, \quad P_{21} = (P_{21}Q_{11})Q_{11}^{-1} = 0,$$
$$F'' = P_{21}Q_{12} = 0, \quad s = r.$$

これで定理が証明された. □

定理 3.2.2　A を $m \times n$ 行列とする．そのとき適当な $m \times m$ 正則行列 P と $n \times n$ 正則行列 Q が存在して

$$PAQ = \begin{bmatrix} I_r & 0 \\ 0 & 0 \end{bmatrix}$$

とできる．この r は P と Q のとり方によらず，A だけで定まる．　□

証明．　定理 3.2.1 の証明は，実際にはこの定理 3.2.2 を証明している．　□

定理 3.2.2 を用いてつぎの定理 3.2.3 を証明することができる．

定理 3.2.3　A を $m \times n$ 行列，P を $m \times m$ 正則行列，Q を $n \times n$ 正則行列とする．このとき

(1)　$\mathrm{rank}(PA) = \mathrm{rank}(A)$.

(2)　$\mathrm{rank}(AQ) = \mathrm{rank}(A)$.

(3)　$\mathrm{rank}(PAQ) = \mathrm{rank}(A)$.　□

証明．　定理 3.2.2 により，正則行列 P_0, Q_0 が存在して

$$P_0 A Q_0 = \begin{bmatrix} I_r & 0 \\ 0 & 0 \end{bmatrix}$$

となる．したがって

$$(P_0 P^{-1})(PA)Q_0 = \begin{bmatrix} I_r & 0 \\ 0 & 0 \end{bmatrix}, \quad P_0(AQ)(Q^{-1}Q_0) = \begin{bmatrix} I_r & 0 \\ 0 & 0 \end{bmatrix},$$

$$(P_0 P^{-1})(PAQ)(Q^{-1}Q_0) = \begin{bmatrix} I_r & 0 \\ 0 & 0 \end{bmatrix}$$

となる．$P_0 P^{-1}$, $Q^{-1} Q_0$ はともに正則行列なので，定理 3.2.2 により

$$\mathrm{rank}(PAQ) = \mathrm{rank}(PA) = \mathrm{rank}(AQ) = r$$

である．これで定理は証明された．　□

定理 3.2.4 $\mathrm{rank}({}^tA) = \mathrm{rank}(A)$. □

証明. 定理 3.2.2 により，正則行列 P, Q で

$$PAQ = \begin{bmatrix} I_r & 0 \\ 0 & 0 \end{bmatrix}$$

となるものがとれる．そのとき両辺の転置行列をとると

$${}^tQ\,{}^tA\,{}^tP = {}^t(PAQ) = \begin{bmatrix} I_r & 0 \\ 0 & 0 \end{bmatrix}$$

となる．P と Q が正則なので，定理 2.6.3 により，${}^tP$ と ${}^tQ$ も正則である．したがって，定理 3.2.2 により $\mathrm{rank}({}^tA) = r = \mathrm{rank}(A)$ となる． □

3.3 同次連立 1 次方程式 (2)

A を $m \times n$ 行列とし，連立 1 次方程式を考える：

$$A\mathbf{x} = 0, \tag{3.2}$$

ただし，$\mathbf{x} = {}^t[x_1, \cdots, x_n]$ とする．この方程式の解が持つ自由度，言い換えれば，解を表示するために必要な任意定数の最小個数を求めたい．

左基本変形によって A を階段行列 A' に変形することができる (定理 2.5.3)．このとき，方程式 (3.2) は，方程式

$$A'\mathbf{x} = 0 \tag{3.3}$$

に同値である．したがって，はじめから階段行列 A' に対して，方程式 (3.3) を考えれば十分である．

例 3.3.1 例えば，階段行列

$$A = \begin{bmatrix} 0 & 1 & 0 & 2 & 0 & 3 & -1 \\ 0 & 0 & 1 & -5 & 0 & 4 & 2 \\ 0 & 0 & 0 & 0 & 1 & 8 & 3 \\ 0 & 0 & 0 & 0 & 0 & 0 & 0 \\ 0 & 0 & 0 & 0 & 0 & 0 & 0 \end{bmatrix}$$

に対して，方程式 (3.2) を考える．よって

$$\begin{cases} x_2 + 2x_4 + 3x_6 - x_7 = 0, \\ x_3 - 5x_4 + 4x_6 + 2x_7 = 0, \\ x_5 + 8x_6 + 3x_7 = 0. \end{cases}$$

である．このとき，方程式 $A\mathbf{x} = 0$ の解は以下の通り：

$$x_1 = c_1, \ x_2 = -2c_4 - 3c_6 + c_7, \ x_3 = 5c_4 - 4c_6 - 2c_7,$$

$$x_4 = c_4, \ x_5 = -8c_6 - 3c_7, \ x_6 = c_6, \ x_7 = c_7.$$

ただし，$c_i \ (i = 1, 4, 6, 7)$ は任意定数．ここで，方程式の変数の個数は 7，$\mathrm{rank}(A) = 3$．よって，方程式の解の含む任意定数の個数は $7 - \mathrm{rank}(A)$ に等しい． ∎

一般の場合の定理はつぎのようになる．

定理 3.3.2 A を $m \times n$ 行列，r を行列 A の階数とする．このとき，n 変数の同次連立 1 次方程式

$$A\mathbf{x} = 0$$

解は $(n - r)$ 個の任意定数を持つ． □

証明． 例 3.3.1 を良く理解してからこの証明を読むこと．定理 2.5.3 により，行列 A を左基本変形によって階段行列に変換することができる．行列 A を左基本変形しても方程式は同値である．また，左基本変形によって A の階数は不変である．したがって，定理を証明するためには，始めから，行列 A が階段行列の場合を考えれば十分である．しかし，その場合には，例 3.3.1 と同じ方法で，解は $(n-r)$ 個の任意定数を持つことが証明できる．階段行列を完全に正確に書くのは簡単でないので，一般の場合にはこれ以上述べない． □

問題 3.3.3 例 3.1.1 の行列 A に対して，方程式 $A\mathbf{x} = 0$ を解け．ただし，

$$A = \begin{bmatrix} 1 & 2 & 1 & 5 \\ 3 & 1 & 7 & 3 \\ 2 & -1 & 6 & -2 \end{bmatrix}.$$

第 3 章の問題

1. つぎの行列の階段行列を与え，階数を求めよ．

(i) $\begin{bmatrix} 4 & -1 & 2 & 6 \\ -5 & 4 & -1 & 2 \\ 2 & 5 & 4 & 22 \end{bmatrix}$ (ii) $\begin{bmatrix} 1 & 2 & 3 & 0 \\ 3 & -1 & -5 & -7 \\ 1 & 3 & 5 & 1 \end{bmatrix}$

(iii) $\begin{bmatrix} 1 & 2 & -2 & 6 & 7 \\ 2 & 9 & -13 & 51 & 68 \\ 0 & 1 & 31 & -25 & -22 \\ 1 & 2 & 4 & 0 & 1 \\ 2 & 12 & 50 & 6 & -58 \end{bmatrix}$ (iv) $\begin{bmatrix} 1 & 1 & -1 \\ 2 & a^2 & a+3 \\ 5 & 2a+2 & a \end{bmatrix}$

2. 1. (i)-(iv) の A に対して，方程式 $A\mathbf{x} = 0$ を解け．

3. A は実 3×3 行列とする．もし ${}^t\!AA = 0$ ならば，$A = 0$ であることを証明せよ．

4. A を係数が実数の 3×3 行列で階数は 2 以上とする．このとき $A\,{}^t\!A$ の階数と A の階数は等しいことを証明せよ．

5. （難問） A を $l \times m$ 行列，B を $m \times n$ 行列とすると
$$\mathrm{rank}(AB) \leqq \min\{\mathrm{rank}(A), \mathrm{rank}(B)\}$$
が成り立つことを証明せよ．

第4章

行列式

4.1 この章の概略

この章では，正方行列 A に対して，行列式 $|A|$（または $\det(A)$）と呼ばれる量（数）を定義する．$|A|$ は A の成分の特別な整数係数の多項式として与えられる．したがって，A の成分がすべて実数ならば $|A|$ も実数で，もし A の成分がすべて複素数ならば，$|A|$ も複素数である．

A の成分がすべて実数の場合には，A の行ベクトル（または，列ベクトル）の生成する平行多面体の体積は，行列 $|A|$ の絶対値に等しい．例えば，A が 2×2 行列のとき

$$A = \begin{bmatrix} a & b \\ c & d \end{bmatrix}$$

とすると，行ベクトル (a,b) と (c,d) の張る平行四辺形の面積は $|A|(= ad - bc)$ の絶対値に等しい．もし $|A|$ が 0 に等しいと，平行四辺形の面積が 0 になる．つまり平行四辺形はつぶれて直線になる．これは 2 つの行ベクトル (a,b) と (c,d) の一方が他方の定数倍であることを意味する．

同様に，$n = 3$ の場合は，実数行列 A の行列式 $|A|$ の絶対値は，A の 3 個の行ベクトルの張る平行六面体の体積に等しい．以上の事実は，定理 4.9.1 で証明するが，$|A|$ はこのように幾何学と密接な関係を持つ量である．

しかし，この行列式を定義通り計算するのは難しい．この章では，基本変形や行列の展開公式を用いた，行列式の実際的な計算方法を解説する．

4.2 置換と符号

n を 1 つの自然数とし，I を n 個の元からなる集合，例えば

$$I = \{1, 2, 3, \cdots, n\}$$

とする．「I から I への写像」とは，I の任意の要素 i に対して，I の要素 $\sigma(i)$ を指定する，その指定のしかたのことである．つまり，I の任意の要素 i に対して，$\sigma(i)$ も I の要素だということである．また，相異なる任意の i, j に対して，その像 $\sigma(i), \sigma(j)$ が相異なるとき，その写像 σ は「1 対 1 写像である」という．

「I から I への 1 対 1 写像」を n 文字の「置換」という．すべての n 文字の置換のなす集合を S_n で表し，n 次対称群とよぶ．例えば，$n = 3$ のとき，

$$\sigma(1) = 2, \ \sigma(2) = 3, \ \sigma(3) = 1$$

と定めれば，σ は 3 文字の「置換」である．3 文字の「置換」は全部で 6 個あるから，3 次対称群 S_n は 6 個の要素からなる．同様に，n 次対称群 S_n は $n!$ 個の要素からなる．

σ をひとつの (n 文字の) 置換とする．そのとき

$$\sigma(1) = p_1, \ \sigma(2) = p_2, \ \cdots, \ \sigma(n) = p_n$$

とすれば，σ は 1 対 1 写像なので p_j には重複がなく，集合として

$$\{p_1, p_2, \cdots, p_n\} = \{1, 2, \cdots, n\}$$

となる．この置換 σ を

$$\sigma = \begin{pmatrix} 1 & 2 & 3 & \cdots & n \\ p_1 & p_2 & p_3 & \cdots & p_n \end{pmatrix} \tag{4.1}$$

と表す．

σ は，写像としては各 i から $\sigma(i)$ への指定の仕方だけが問題なので，σ の表示 (4.1) の第 1 列が $1, 2, \cdots, n$ である必要はない．したがって

$$\sigma = \begin{pmatrix} 1 & 2 & 3 \\ p_1 & p_2 & p_3 \end{pmatrix} = \begin{pmatrix} 1 & 3 & 2 \\ p_1 & p_3 & p_2 \end{pmatrix} = \begin{pmatrix} 2 & 1 & 3 \\ p_2 & p_1 & p_3 \end{pmatrix}$$

のどれも正しい表記である．そう理解したうえで，σ の逆置換を

$$\sigma^{-1} = \begin{pmatrix} p_1 & p_2 & \cdots & p_n \\ 1 & 2 & \cdots & n \end{pmatrix}$$

と定める. このとき, 定義より, つぎは同値である：

$$\sigma(i) = k \iff \sigma^{-1}(k) = i. \tag{4.2}$$

1 から n までの順番をいれかえた数列を (1 から n の) 順列という. n 文字の置換 σ に対して, $[\sigma(1), \sigma(2), \cdots, \sigma(n)]$ はひとつの順列である. n 文字の置換

$$\sigma = \begin{pmatrix} 1 & 2 & \cdots & n \\ p_1 & p_2 & \cdots & p_n \end{pmatrix}$$

を与えることと, 1 から n までの数の順列 $[p_1, p_2, \cdots, p_n]$ を与えることは同値である. したがって, n 次対称群の要素の個数は $n!$ に等しい. これを $\sharp(S_n) = n!$ と表す. ここで, 左辺の $\sharp$ は集合 S_n の要素の個数を表わす.

定義 4.2.1 σ を n 文字のひとつの置換 (4.1) とする. このとき σ に対して, 集合 $T(\sigma)$ をつぎのように定める：

$$T(\sigma) = \{(p_i, p_j) \,;\, 1 \leqq i < j \leqq n,\, p_i > p_j\}$$

これは, 順列 $[p_1, \cdots, p_n]$ の中の対 (p_i, p_j) で, 並んでいる順番と数の大小が逆転しているもの全体の集合である. さらに

$$t(\sigma) = \sharp T(\sigma) := T(\sigma) \text{ の要素の個数}$$

と定義する. $T(\sigma)$ や $t(\sigma)$ を σ が定める順列を用いて, $T(p_1, p_2, \cdots, p_n)$ や $t(p_1, p_2, \cdots, p_n)$ と表すこともある. □

定義 4.2.2 σ を n 文字の置換とし, $F(x_1, x_2, \cdots, x_n)$ を n 変数の多項式とする. そのとき, σ の作用をつぎのように定義する：

$$\sigma(F(x_1, x_2, \cdots, x_n)) = F(x_{\sigma(1)}, x_{\sigma(2)}, \cdots, x_{\sigma(n)}). \tag{4.3}$$

定義 4.2.3 σ を n 文字の置換, Δ を n 変数 $x_1, x_2, \cdots, x_n$ の多項式

$$\Delta = \prod_{1 \leqq i < j \leqq n} (x_i - x_j)$$

とする. このとき, $\sigma(\Delta) = \displaystyle\prod_{1 \leqq i < j \leqq n} (x_{\sigma(i)} - x_{\sigma(j)}) = (\pm 1)\Delta$ となる. そこで,

σ の符号 $\varepsilon(\sigma)$ を

$$\sigma(\Delta) = \varepsilon(\sigma)\Delta$$

によって定義する．定義よりあきらかに，$\varepsilon(\sigma) = \pm 1$ である．σ の定める順列を用いて，$\varepsilon(\sigma)$ を $\varepsilon(p_1, p_2, \cdots, p_n)$ と表すこともある． □

例 4.2.4 $n = 4$ とし，

$$\sigma = \begin{pmatrix} 1 & 2 & 3 & 4 \\ 1 & 2 & 4 & 3 \end{pmatrix}, \; \tau = \begin{pmatrix} 1 & 2 & 3 & 4 \\ 4 & 2 & 1 & 3 \end{pmatrix},$$

$$F(x_1, x_2, x_3, x_4) = x_1^2 + x_2^3 + x_3^4 + x_4^5$$

とする．このとき，

$$\sigma(F(x_1, x_2, x_3, x_4)) = x_1^2 + x_2^3 + x_4^4 + x_3^5,$$
$$\tau(F(x_1, x_2, x_3, x_4)) = x_4^2 + x_2^3 + x_1^4 + x_3^5.$$

また，$t(\sigma) := \sharp T(\sigma) = 1$, $t(\tau) := \sharp T(\tau) = 4$ である．実際，

$$T(\sigma) = T(1, 2, 4, 3) = \{(4, 3)\},$$
$$T(\tau) = T(4, 2, 1, 3) = \{(4, 2), (4, 1), (4, 3), (2, 1)\}.$$

さらに，$\varepsilon(\sigma) = -1$, $\varepsilon(\tau) = 1$ である．

これは以下のように計算すると，$t(\sigma), t(\tau)$ との関係が分かる：

$$\sigma(\Delta) = (x_1 - x_2)(x_1 - x_3)(x_1 - x_4)(x_2 - x_3)(x_2 - x_4)\{(x_4 - x_3)\}$$
$$= (-1)^{t(\sigma)}\Delta = -\Delta,$$
$$\tau(\Delta) = \tau\big((x_1 - x_2)(x_1 - x_3)(x_1 - x_4)(x_2 - x_3)(x_2 - x_4)(x_3 - x_4)\big)$$
$$= \{(x_4 - x_2)(x_4 - x_1)(x_4 - x_3)(x_2 - x_1)\} \cdot (x_2 - x_3)(x_1 - x_3)$$
$$= (-1)^{t(\tau)}(x_2 - x_4)(x_1 - x_4)(x_3 - x_4)(x_1 - x_2) \cdot (x_2 - x_3)(x_1 - x_3)$$
$$= (-1)^{t(\tau)}\Delta = \Delta.$$

$\{\ \}$ の内部は，それぞれ $T(\sigma)$, $T(\tau)$ に属する対 (p_i, p_j) に対する $x_{p_i} - x_{p_j}$ の全体とピッタリ一致する．これは一般に $\varepsilon(\sigma)$ の計算方法を与えている． ■

一般に，つぎが成立する．

定理 4.2.5　　$\varepsilon(\sigma) = (-1)^{t(\sigma)}$，ただし，$t(\sigma) = \sharp T(\sigma)$.　　□

証明． 例 4.2.4 を良く理解してから，この証明を読もう．まず，

$$\sigma = \begin{pmatrix} 1 & 2 & \cdots & n \\ p_1 & p_2 & \cdots & p_n \end{pmatrix}$$

とする．したがって，

$$\sigma(\Delta) = \prod_{1 \leqq i < j \leqq n} (x_{\sigma(i)} - x_{\sigma(j)}) = \prod_{1 \leqq i < j \leqq n} (x_{p_i} - x_{p_j}).$$

このとき，

$$x_{p_i} - x_{p_j} = \begin{cases} x_{p_i} - x_{p_j} & ((p_i, p_j) \notin T(\sigma) \text{ のとき}) \\ (-1)(x_{p_j} - x_{p_i}) & ((p_i, p_j) \in T(\sigma) \text{ のとき}) \end{cases}$$

に注意する．したがって，

$$\sigma(\Delta) = \prod_{1 \leqq i < j \leqq n} (x_{p_i} - x_{p_j}) = (-1)^{t(\sigma)} \prod_{1 \leqq i < j \leqq n} (x_i - x_j).$$

したがって，$\varepsilon(\sigma) = (-1)^{t(\sigma)}$ となる．　　□

定義 4.2.6　　符号 $\varepsilon(\sigma)$ を用いて，n 次正方行列 A の**行列式** $|A|$ を定義する：

$$|A| = \sum_{\sigma \in S_n} \varepsilon(\sigma) a_{1\sigma(1)} a_{2\sigma(2)} \cdots a_{n\sigma(n)} \tag{4.4}$$

$$= \sum_{\text{順列}} \varepsilon(p_1, \cdots, p_n) a_{1p_1} a_{2p_2} \cdots a_{np_n}. \tag{4.5}$$

(4.4) の右辺は σ が n 文字のすべての置換を動く．また，(4.5) の右辺は $[\,p_1, \cdots, p_n\,]$ が 1 から n のすべての順列を動く．$|A|$ を $\det(A)$ と表すこともある．　　□

(4.5) の右辺は $n!$ の項の和である．例えば，$n = 3,\ 4,\ 5$ に応じて，$n! = 6, 24, 120$ となる．したがって $n \geqq 4$ では，定義にしたがって行列式を計算するのは，項が多すぎて実際的ではない．この章及びつぎの章でもっとも大切なことは，行列式の実際的な計算方法を学ぶことである．

例 4.2.7

$$t(1,2,\cdots,n) = 0, \quad t(1,p_2,\cdots,p_n) = t(p_2,\cdots,p_n),$$
$$t(1,2) = 0, \quad t(2,1) = 1,$$
$$t(1,2,3) = 0, \ t(2,3,1) = 2, \ t(3,1,2) = 2,$$
$$t(1,3,2) = 1, \ t(3,2,1) = 3, \ t(2,1,3) = 1.$$
(4.6)

したがって，定理 4.2.5 により，

$$\varepsilon(1,2,\cdots,n) = 1, \ \varepsilon(1,p_2,\cdots,p_n) = \varepsilon(p_2,\cdots,p_n),$$
$$\varepsilon(1,2) = 1, \quad \varepsilon(2,1) = -1,$$
$$\varepsilon(1,2,3) = \varepsilon(2,3,1) = \varepsilon(3,1,2) = 1,$$
$$\varepsilon(1,3,2) = \varepsilon(3,2,1) = \varepsilon(2,1,3) = -1.$$
(4.7)

2 次，および 3 次の行列の行列式は，以下のように与えられる．

$$\begin{vmatrix} a_{11} & a_{12} \\ a_{21} & a_{22} \end{vmatrix} = a_{11}a_{22} - a_{12}a_{21}, \tag{4.8}$$

$$\begin{vmatrix} a_{11} & a_{12} & a_{13} \\ a_{21} & a_{22} & a_{23} \\ a_{31} & a_{32} & a_{33} \end{vmatrix} = \begin{aligned} & a_{11}a_{22}a_{33} + a_{12}a_{23}a_{31} + a_{13}a_{21}a_{32} \\ & -(a_{11}a_{23}a_{32} + a_{13}a_{22}a_{31} + a_{12}a_{21}a_{33}). \end{aligned} \tag{4.9}$$

■

以後，表記を単純にするために，行列 A とその行列式を行ベクトルを用いて以下のように表わす：

$$A = \begin{bmatrix} \mathbf{a}_1 \\ \mathbf{a}_2 \\ \vdots \\ \mathbf{a}_n \end{bmatrix}, \quad |A| = \begin{vmatrix} \mathbf{a}_1 \\ \mathbf{a}_2 \\ \vdots \\ \mathbf{a}_n \end{vmatrix}.$$

4.3 行列式の性質 (1)

　まず，行列式の性質の本質的な部分を 2×2 行列の場合に説明する．(4.8) を用いれば，以下の証明はもっと容易になるが，それでは一般の場合の理解の助けにはならない．(4.8) はできるだけ用いずに，一般の場合でも通用する議論を使って証明を考えてみよう．

　行列式の大切な性質は以下のとおりである．

定理 4.3.1 　　$\mathbf{a}_i, \mathbf{a}'_j, \mathbf{a}''_k$ などを長さ 2 の横ベクトルとする．

(1) $\left| \begin{array}{c} \mathbf{a}_1 \\ \mathbf{a}'_2 + \mathbf{a}''_2 \end{array} \right| = \left| \begin{array}{c} \mathbf{a}_1 \\ \mathbf{a}'_2 \end{array} \right| + \left| \begin{array}{c} \mathbf{a}_1 \\ \mathbf{a}''_2 \end{array} \right|, \quad \left| \begin{array}{c} \mathbf{a}'_1 + \mathbf{a}''_1 \\ \mathbf{a}_2 \end{array} \right| = \left| \begin{array}{c} \mathbf{a}'_1 \\ \mathbf{a}_2 \end{array} \right| + \left| \begin{array}{c} \mathbf{a}''_1 \\ \mathbf{a}_2 \end{array} \right|.$

(2) $\left| \begin{array}{c} c\,\mathbf{a}_1 \\ \mathbf{a}_2 \end{array} \right| = c \left| \begin{array}{c} \mathbf{a}_1 \\ \mathbf{a}_2 \end{array} \right|, \quad \left| \begin{array}{c} \mathbf{a}_1 \\ c\,\mathbf{a}_2 \end{array} \right| = c \left| \begin{array}{c} \mathbf{a}_1 \\ \mathbf{a}_2 \end{array} \right|.$

(3) $\left| \begin{array}{c} \mathbf{a}_2 \\ \mathbf{a}_1 \end{array} \right| = - \left| \begin{array}{c} \mathbf{a}_1 \\ \mathbf{a}_2 \end{array} \right|.$

証明． まず (1) の最初の式を証明する．$A = \left[\begin{array}{c} \mathbf{a}_1 \\ \mathbf{a}'_2 + \mathbf{a}''_2 \end{array} \right]$ とすれば

$$|A| = \left| \begin{array}{cc} a_{11} & a_{12} \\ a'_{21} + a''_{21} & a'_{22} + a''_{22} \end{array} \right| = \sum_{p_1, p_2} \varepsilon(p_1, p_2) a_{1p_1} (a'_{2p_2} + a''_{2p_2})$$

$$= \sum_{p_1, p_2} \varepsilon(p_1, p_2) a_{1p_1} a'_{2p_2} + \sum_{p_1, p_2} \varepsilon(p_1, p_2) a_{1p_1} a''_{2p_2} = \left| \begin{array}{c} \mathbf{a}_1 \\ \mathbf{a}'_2 \end{array} \right| + \left| \begin{array}{c} \mathbf{a}_1 \\ \mathbf{a}''_2 \end{array} \right|$$

つぎに (2) を証明する．$A = \left[\begin{array}{c} c\,\mathbf{a}_1 \\ \mathbf{a}_2 \end{array} \right]$ とすれば，

$$|A| = \left| \begin{array}{cc} c\,a_{11} & c\,a_{12} \\ a_{21} & a_{22} \end{array} \right| = \sum_{p_1, p_2} \varepsilon(p_1, p_2)(c\,a_{1p_1}) a_{2p_2}$$

$$= c \sum_{p_1, p_2} \varepsilon(p_1, p_2) a_{1p_1} a_{2p_2} = c \left| \begin{array}{c} \mathbf{a}_1 \\ \mathbf{a}_2 \end{array} \right|.$$

つぎに (3) を証明する．まず，$p_1 \neq p_2$ ならば，$\varepsilon(p_1, p_2) = -\varepsilon(p_2, p_1)$ が成り立つ．なぜならば $\varepsilon(1, 2) = (-1)^{t(1,2)} = 1$, $\varepsilon(2, 1) = (-1)^{t(2,1)} = -1$. つぎに

$$\begin{vmatrix} \mathbf{a}_2 \\ \mathbf{a}_1 \end{vmatrix} = \begin{vmatrix} a_{21} & a_{22} \\ a_{11} & a_{12} \end{vmatrix} = \sum_{p_2, p_1} \varepsilon(p_2, p_1) a_{2p_2} a_{1p_1}$$

$$= -\sum_{p_1, p_2} \varepsilon(p_1, p_2) a_{1p_1} a_{2p_2} = -\begin{vmatrix} \mathbf{a}_1 \\ \mathbf{a}_2 \end{vmatrix}.$$

これで (3) が証明された． □

例 4.3.2　定理 4.3.1 の (3) は，直接の計算で納得しておくとよい．

$$\begin{vmatrix} \mathbf{a}_2 \\ \mathbf{a}_1 \end{vmatrix} = \begin{vmatrix} a_{21} & a_{22} \\ a_{11} & a_{12} \end{vmatrix} = \sum_{p_2, p_1} \varepsilon(p_2, p_1) a_{2p_2} a_{1p_1}$$

$$= \varepsilon(1, 2) a_{21} a_{12} + \varepsilon(2, 1) a_{22} a_{11} = a_{21} a_{12} - a_{22} a_{11},$$

$$\begin{vmatrix} \mathbf{a}_1 \\ \mathbf{a}_2 \end{vmatrix} = \begin{vmatrix} a_{11} & a_{12} \\ a_{21} & a_{22} \end{vmatrix} = \sum_{p_1, p_2} \varepsilon(p_1, p_2) a_{1p_1} a_{2p_2}$$

$$= \varepsilon(1, 2) a_{11} a_{22} + \varepsilon(2, 1) a_{12} a_{21} = a_{11} a_{22} - a_{12} a_{21}. \quad \blacksquare$$

系 4.3.3　(1) $\mathbf{a}_1 = \mathbf{a}_2$ ならば，$\begin{vmatrix} \mathbf{a}_1 \\ \mathbf{a}_2 \end{vmatrix} = 0$.

(2)　$\mathbf{a}_1 = c\, \mathbf{a}_2$ ならば，$\begin{vmatrix} \mathbf{a}_1 \\ \mathbf{a}_2 \end{vmatrix} = 0$.

(3)　$\begin{vmatrix} \mathbf{a}_1 + c\, \mathbf{a}_2 \\ \mathbf{a}_2 \end{vmatrix} = \begin{vmatrix} \mathbf{a}_1 \\ \mathbf{a}_2 \end{vmatrix}$, $\begin{vmatrix} \mathbf{a}_1 \\ \mathbf{a}_2 + c\, \mathbf{a}_1 \end{vmatrix} = \begin{vmatrix} \mathbf{a}_1 \\ \mathbf{a}_2 \end{vmatrix}$.

証明．　$A = \begin{bmatrix} \mathbf{a}_1 \\ \mathbf{a}_2 \end{bmatrix}$ として，(1) を証明する．定理 4.3.1 (3) と仮定より

$$|A| = \begin{vmatrix} \mathbf{a}_1 \\ \mathbf{a}_2 \end{vmatrix} = -\begin{vmatrix} \mathbf{a}_2 \\ \mathbf{a}_1 \end{vmatrix} = -\begin{vmatrix} \mathbf{a}_1 \\ \mathbf{a}_2 \end{vmatrix} = -|A|.$$

ゆえに，$|A|=0$ である．つぎに (2) を証明する．仮定 $\mathbf{a}_1 = c\,\mathbf{a}_2$ と (1) より

$$|A| = \begin{vmatrix} \mathbf{a}_1 \\ \mathbf{a}_2 \end{vmatrix} = \begin{vmatrix} c\,\mathbf{a}_2 \\ \mathbf{a}_2 \end{vmatrix} = c \begin{vmatrix} \mathbf{a}_2 \\ \mathbf{a}_2 \end{vmatrix} = 0.$$

したがって (1) により $|A|=0$．最後に (3) を証明する．
定理 4.3.1 (1) と系 4.3.3 (2) より

$$\begin{vmatrix} \mathbf{a}_1 + c\,\mathbf{a}_2 \\ \mathbf{a}_2 \end{vmatrix} = \begin{vmatrix} \mathbf{a}_1 \\ \mathbf{a}_2 \end{vmatrix} + \begin{vmatrix} c\,\mathbf{a}_2 \\ \mathbf{a}_2 \end{vmatrix} = \begin{vmatrix} \mathbf{a}_1 \\ \mathbf{a}_2 \end{vmatrix}.$$ □

4.4 行列式の性質 (2)

前節で $n=2$ の場合に調べたことを，n が一般の場合に調べ直す．つぎの定理は定理 4.3.1 (1) の一般化である．

定理 4.4.1

$$i)\begin{vmatrix} \mathbf{a}_1 \\ \mathbf{a}_2 \\ \vdots \\ \mathbf{a}_i' + \mathbf{a}_i'' \\ \vdots \\ \mathbf{a}_n \end{vmatrix} = i)\begin{vmatrix} \mathbf{a}_1 \\ \mathbf{a}_2 \\ \vdots \\ \mathbf{a}_i' \\ \vdots \\ \mathbf{a}_n \end{vmatrix} + \begin{vmatrix} \mathbf{a}_1 \\ \mathbf{a}_2 \\ \vdots \\ \mathbf{a}_i'' \\ \vdots \\ \mathbf{a}_n \end{vmatrix}(i \qquad (4.10)$$

証明． (4.10) の両辺を比較する．

$$(4.10) \text{の左辺} = \sum_{p_1,\cdots,p_n} \varepsilon(p_1,\cdots,p_n) a_{1p_1} a_{2p_2} \cdots (a_{ip_i}' + a_{ip_i}'') \cdots a_{np_n}$$

$$= \sum_{p_1,\cdots,p_n} \varepsilon(p_1,\cdots,p_n) a_{1p_1} a_{2p_2} \cdots (a_{ip_i}') \cdots a_{np_n}$$

$$+ \sum_{p_1,\cdots,p_n} \varepsilon(p_1,\cdots,p_n) a_{1p_1} a_{2p_2} \cdots (a_{ip_i}'') \cdots a_{np_n}$$

$$= (4.10) \text{の右辺}. \qquad □$$

つぎの定理 4.4.2 は定理 4.3.1 (2) の一般化である．定理 4.3.1 (2) と同様に証明できる．

定理 4.4.2

$$i) \quad \begin{vmatrix} \mathbf{a}_1 \\ \mathbf{a}_2 \\ \vdots \\ c\,\mathbf{a}_i \\ \vdots \\ \mathbf{a}_n \end{vmatrix} = c \begin{vmatrix} \mathbf{a}_1 \\ \mathbf{a}_2 \\ \vdots \\ \mathbf{a}_i \\ \vdots \\ \mathbf{a}_n \end{vmatrix} \quad (i.$$

定理 4.4.3 $i < j$ ならば

$$\begin{matrix} i) \\ \\ j) \end{matrix} \begin{vmatrix} \mathbf{a}_1 \\ \vdots \\ \mathbf{a}_j \\ \vdots \\ \mathbf{a}_i \\ \vdots \\ \mathbf{a}_n \end{vmatrix} = - \begin{vmatrix} \mathbf{a}_1 \\ \vdots \\ \mathbf{a}_i \\ \vdots \\ \mathbf{a}_j \\ \vdots \\ \mathbf{a}_n \end{vmatrix} \begin{matrix} (i \\ \\ . \\ \\ (j \end{matrix} \qquad (4.11)$$

つぎの補題を仮定して，定理 4.4.3 を証明する．そのあと，補題を証明する．

補題 4.4.4 $i < j$ ならば，

$$\varepsilon(p_1, \cdots, \underset{i}{p_j}, \cdots, \underset{j}{p_i}, \cdots, p_n) = -\varepsilon(p_1, \cdots, \underset{i}{p_i}, \cdots, \underset{j}{p_j}, \cdots, p_n). \qquad \square$$

定理 4.4.3 の証明． 補題 4.4.4 により，

(4.11) の左辺

$$= \sum_{p_1, \cdots, p_n} \varepsilon(p_1, \cdots, \underset{i}{p_j}, \cdots, \underset{j}{p_i}, \cdots, p_n) a_{1p_1} \cdots \underset{i}{a_{jp_j}} \cdots \underset{j}{a_{ip_i}} \cdots a_{np_n},$$

$$= - \sum_{p_1, \cdots, p_n} \varepsilon(p_1, \cdots, \underset{i}{p_i}, \cdots, \underset{j}{p_j}, \cdots, p_n) a_{1p_1} \cdots \underset{i}{a_{ip_i}} \cdots \underset{j}{a_{jp_j}} \cdots a_{np_n}$$

$$= (4.11) の右辺. \qquad \square$$

補題 4.4.4 の証明に入る前に，つぎの例を見ておこう．

例 4.4.5 2つの順列を $\mathbf{p} = (2,5,\underline{1,4},3)$, $\mathbf{q} = (2,5,\underline{4,1},3)$ とする．このとき，
$$T(\mathbf{p}) = \{(2,1),(5,1),(5,4),(5,3),(4,3)\},$$
$$T(\mathbf{q}) = \{(2,1),(5,1),(5,4),(5,3),\underline{(4,1)},(4,3)\} = T(\mathbf{p}) \cup \{(4,1)\}.$$
となる．したがって，$t(\mathbf{q}) = t(\mathbf{p}) + 1$, $\varepsilon(\mathbf{p}) = -\varepsilon(\mathbf{q})$. ∎

問題 4.4.6 2つの順列を $\mathbf{p} = (2,1,5,4,6,3)$, $\mathbf{q} = (2,1,5,6,4,3)$ とする．このとき，$T(\mathbf{q}) = T(\mathbf{p}) \cup \{(6,4)\}$, $\varepsilon(\mathbf{p}) = -\varepsilon(\mathbf{q})$ を証明せよ． □

補題 4.4.4 の証明. $j - i$ に関する帰納法で，補題 4.4.4 を証明する．まず $j - i = 1$ の場合，つまり，$j = i + 1$ の場合に証明する．簡単のために
$$A = T(p_1, \cdots, \underset{i}{p_i}, \underset{i+1}{p_{i+1}}, \cdots, p_n), \quad B = T(p_1, \cdots, \underset{i}{p_{i+1}}, \underset{i+1}{p_i}, \cdots, p_n)$$
とおく．証明の方針は
$$B = A \cup \{(p_{i+1}, p_i)\} \text{ または } A = B \cup \{(p_i, p_{i+1})\} \tag{4.12}$$
を証明することである．例 4.4.5 および問題 4.4.6 をよく理解してから，以下の証明を読んでほしい．(4.12) の証明のために，2つの場合に分けて考える：

(i) $p_i < p_{i+1}$, (ii) $p_i > p_{i+1}$.

最初に (i) の場合につぎを証明する：
$$B = A \cup \{(p_{i+1}, p_i)\} \tag{4.13}$$

ここで，集合 $T(\cdots)$ の定義を思い出す．$T(\cdots)$ は順列の中の逆転（つまり転倒）した対の集合である．$p_i < p_{i+1}$ なので $(p_{i+1}, p_i) \in B$, $(p_{i+1}, p_i) \notin A$ である．もし $(k, l) \neq (i, i+1)$ $(k < l)$ ならば，例 4.4.5 と同様に考えて，
$$(p_k, p_l) \in A \overset{\text{同値}}{\Longleftrightarrow} p_k > p_l \overset{\text{同値}}{\Longleftrightarrow} (p_k, p_l) \in B$$
よって，$B = A \cup \{(p_{i+1}, p_i)\}$. これで (i) の場合
$$t(p_1, \cdots, p_{i+1}, p_i, \cdots, p_n) = t(p_1, \cdots, p_i, p_{i+1}, \cdots, p_n) + 1$$

が証明できた．(ii) の場合も，A と B を入れ替えれば，(4.13) により $A = B \cup \{(p_i, p_{i+1})\}$ が分かる．したがって，この場合は

$$t(p_1, \cdots, \underset{i}{p_i}, \underset{i+1}{p_{i+1}}, \cdots, p_n) = t(p_1, \cdots, p_{i+1}, p_i, \cdots, p_n) + 1$$

が成り立つ．したがって (i), (ii) のいずれの場合も

$$\varepsilon(p_1, \cdots, p_i, p_{i+1}, \cdots, p_n) = -\varepsilon(p_1, \cdots, p_{i+1}, p_i, \cdots, p_n)$$

となる．これで $j - i = 1$ の場合は証明できた．

一般の場合には帰納法で証明する．$j - i = N \geqq 1$ の場合に補題 4.4.4 は正しいと仮定して，$j - i = N + 1$ の場合に証明する．

$$\varepsilon(p_1, \cdots, p_i, p_{i+1}, \cdots, p_j, \cdots, p_n)$$

$$= -\varepsilon(p_1, \cdots, \underset{i}{p_{i+1}}, \underset{i+1}{p_i}, \cdots, \underset{j}{p_j}, \cdots, p_n) \quad (j - i = 1 \text{ の場合})$$

$$= \varepsilon(p_1, \cdots, \underset{i}{p_{i+1}}, \underset{i+1}{p_j}, \cdots, \underset{j}{p_i}, \cdots, p_n) \quad (\text{帰納法の仮定})$$

$$= -\varepsilon(p_1, \cdots, \underset{i}{p_j}, \underset{i+1}{p_{i+1}}, \cdots, \underset{j}{p_i}, \cdots, p_n). \quad (j - i = 1 \text{ の場合})$$

これで補題 4.4.4 の証明は終わった． $\square$

系 4.4.7 (1) ある $i < j$ に対して，$\mathbf{a}_i = \mathbf{a}_j$ ならば

$$\begin{array}{c} \\ \\ i) \\ \\ j) \\ \\ \\ \end{array} \begin{vmatrix} \mathbf{a}_1 \\ \vdots \\ \mathbf{a}_i \\ \vdots \\ \mathbf{a}_j \\ \vdots \\ \mathbf{a}_n \end{vmatrix} = 0.$$

(2) $i \neq j$ ならば,

$$\begin{array}{c} i) \\ j) \end{array} \begin{vmatrix} \mathbf{a}_1 \\ \vdots \\ \mathbf{a}_i + c\,\mathbf{a}_j \\ \vdots \\ \mathbf{a}_j \\ \vdots \\ \mathbf{a}_n \end{vmatrix} = \begin{vmatrix} \mathbf{a}_1 \\ \vdots \\ \mathbf{a}_i \\ \vdots \\ \mathbf{a}_j \\ \vdots \\ \mathbf{a}_n \end{vmatrix} \begin{array}{c} (i \\ \\ (j \end{array}.$$

証明. 系 4.3.3 と同じように証明できる. □

定理 4.4.8

$$\begin{vmatrix} a_{11} & a_{12} & \cdots & a_{1n} \\ 0 & a_{22} & \cdots & a_{2n} \\ \vdots & \vdots & & \vdots \\ 0 & a_{n2} & \cdots & a_{nn} \end{vmatrix} = a_{11} \begin{vmatrix} a_{22} & \cdots & a_{2n} \\ \vdots & & \vdots \\ a_{n2} & \cdots & a_{nn} \end{vmatrix}. \tag{4.14}$$

証明. 定義により

$$(4.14) \text{ の左辺} = \sum_{p_1,\cdots,p_n} \varepsilon(p_1,\cdots,p_n) a_{1p_1} a_{2p_2} \cdots a_{np_n} \tag{4.15}$$

である. (4.15) の右辺は順列 $(p_1,\cdots,p_n)$ に関する和である. ある $i\,(\geqq 2)$ について $p_i = 1$ となる順列に対しては, $a_{ip_i} = a_{i1} = 0$ なので, それを含む積は $a_{1p_1} a_{2p_2} \cdots a_{np_n} = 0$ となる. したがって, (4.15) の右辺の和はどんな $i \geqq 2$ に対しても $p_i \geqq 2$ となるような順列 $(p_1,\cdots,p_n)$ についての和, 言い換えれば, $p_1 = 1$ となる順列についての和である. ゆえに

$$\begin{aligned} (4.14) \text{ の左辺} &= \sum_{p_1=1;p_2,\cdots,p_n} \varepsilon(p_1,p_2,\cdots,p_n) a_{1p_1} a_{2p_2} \cdots a_{np_n} \\ &= a_{11} \sum_{p_2,\cdots,p_n} \varepsilon(1,p_2,\cdots,p_n) a_{2p_2} \cdots a_{np_n} \\ &= a_{11} \sum_{p_2,\cdots,p_n} \varepsilon(p_2,\cdots,p_n) a_{2p_2} \cdots a_{np_n} \quad ((4.7) \text{ により}) \end{aligned}$$

$$= a_{11} \begin{vmatrix} a_{22} & \cdots & a_{2n} \\ \vdots & & \vdots \\ a_{n2} & \cdots & a_{nn} \end{vmatrix} = (4.14) \text{ の右辺}.$$

□

系 4.4.9

$$\begin{vmatrix} a_{11} & a_{11} & \cdots & a_{1n} \\ 0 & a_{22} & \cdots & a_{2n} \\ \vdots & \vdots & & \vdots \\ 0 & 0 & \cdots & a_{nn} \end{vmatrix} = a_{11} a_{22} \cdots a_{nn}.$$

証明. 定理 4.4.8 をくり返し適用する. □

以下では具体的な行列式を計算してみよう. 3×3 行列の場合には定義どおりの覚え方 (4.9) もあるが，ここでは基本変形を使う方法で計算する. サイズの大きい場合には定義通りには計算できないので，基本変形を用いるのが実際的である. 3×3 行列の場合に定理 4.4.7 を適用すると，

$$|A| = \begin{vmatrix} \mathbf{a}_1 \\ \mathbf{a}_2 \\ \mathbf{a}_3 \end{vmatrix} = \begin{vmatrix} \mathbf{a}_1 \\ \mathbf{a}_2 - c\,\mathbf{a}_1 \\ \mathbf{a}_3 \end{vmatrix} = \begin{vmatrix} \mathbf{a}_1 \\ \mathbf{a}_2 \\ \mathbf{a}_3 - c'\mathbf{a}_1 \end{vmatrix}.$$

例 4.4.10 行列を

$$A = \begin{bmatrix} 5 & 4 & 3 \\ -1 & 0 & 3 \\ 1 & -2 & 1 \end{bmatrix} = \begin{bmatrix} \mathbf{a}_1 \\ \mathbf{a}_2 \\ \mathbf{a}_3 \end{bmatrix}$$

とする. 以下，基本変形と対比させながら行列式の計算を実行する.

$$|A| = - \begin{vmatrix} 1 & -2 & 1 \\ -1 & 0 & 3 \\ 5 & 4 & 3 \end{vmatrix} \qquad |A| = \begin{vmatrix} \mathbf{a}_1 \\ \mathbf{a}_2 \\ \mathbf{a}_3 \end{vmatrix} = - \begin{vmatrix} \mathbf{a}_3 \\ \mathbf{a}_2 \\ \mathbf{a}_1 \end{vmatrix}$$

$$= -\begin{vmatrix} 1 & -2 & 1 \\ 0 & -2 & 4 \\ 5 & 4 & 3 \end{vmatrix} \qquad = -\begin{vmatrix} \mathbf{a}_3 \\ \mathbf{a}_2 + \mathbf{a}_3 \\ \mathbf{a}_1 \end{vmatrix}$$

$$= -\begin{vmatrix} 1 & -2 & 1 \\ 0 & -2 & 4 \\ 0 & 14 & -2 \end{vmatrix} \qquad = -\begin{vmatrix} \mathbf{a}_3 \\ \mathbf{a}_2 + \mathbf{a}_3 \\ \mathbf{a}_1 - 5\mathbf{a}_3 \end{vmatrix}$$

$$= \begin{vmatrix} 1 & -2 & 1 \\ 0 & 2 & -4 \\ 0 & 14 & -2 \end{vmatrix} \qquad = \begin{vmatrix} \mathbf{a}_3 \\ -\mathbf{a}_2 - \mathbf{a}_3 \\ \mathbf{a}_1 - 5\mathbf{a}_3 \end{vmatrix}$$

したがって，系 4.4.9 により

$$|A| = \begin{vmatrix} 1 & -2 & 1 \\ 0 & 2 & -4 \\ 0 & 14 & -2 \end{vmatrix} = \begin{vmatrix} 2 & -4 \\ 0 & 26 \end{vmatrix} = 52.$$

基本変形によって

$$\begin{bmatrix} 2 & -4 \\ 0 & 26 \end{bmatrix} \to \begin{bmatrix} 1 & 0 \\ 0 & 1 \end{bmatrix}$$

となるからといって，行列式の値までこの計算で保たれるわけではない．この部分を誤解している学生は意外と多いので，注意すること． ■

問題 4.4.11 基本変形を用いて，行列式を計算せよ．

$$(\text{i}) \begin{vmatrix} 3 & 3 & 8 \\ 4 & 6 & 2 \\ 0 & 8 & 5 \end{vmatrix} \quad (\text{ii}) \begin{vmatrix} 9 & 3 & 2 \\ 4 & 1 & 1 \\ 0 & 5 & 1 \end{vmatrix} \quad (\text{iii}) \begin{vmatrix} 7 & 5 & 6 \\ 1 & 9 & 0 \\ 3 & 8 & 5 \end{vmatrix}$$

4.5 転置行列の行列式

定理 4.5.1 σ を n 文字のひとつの置換とし，σ の逆置換を σ^{-1} とする．このとき $\varepsilon(\sigma) = \varepsilon(\sigma^{-1})$. □

証明. 定義により, σ を n 文字のひとつの置換

$$\sigma = \begin{pmatrix} 1 & 2 & \cdots & i & \cdots & n \\ p_1 & p_2 & \cdots & p_i & \cdots & p_n \end{pmatrix}$$

とすれば, σ の逆置換は

$$\sigma^{-1} = \begin{pmatrix} p_1 & p_2 & \cdots & p_i & \cdots & p_n \\ 1 & 2 & \cdots & i & \cdots & n \end{pmatrix} \tag{4.16}$$

である. ここで, 順列 $p_1, \cdots, p_n$ を大きさの順に並べ換えて

$$\sigma^{-1} = \begin{pmatrix} 1 & 2 & \cdots & k & \cdots & n \\ q_1 & q_2 & \cdots & q_k & \cdots & q_n \end{pmatrix} \tag{4.17}$$

とする. (4.16) と (4.17) により, すべての i, k に対して

$$p_i = k \quad \overset{\text{同値}}{\Longleftrightarrow} \quad i = q_k \tag{4.18}$$

である. 以下, この事実を用いて,

$$\sharp T(\sigma) = \sharp T(\sigma^{-1})$$

つまり, 集合 $T(\sigma)$ と $T(\sigma^{-1})$ の要素の個数は一致することを証明する.

そのために, 集合 $T(\sigma)$ をつぎのように解釈しておく:

$$T(\sigma) = \{\, (p_i, p_j) \,;\, i<j, p_i > p_j \,\} = \left\{ \begin{bmatrix} i & j \\ p_i & p_j \end{bmatrix} \,;\, i<j, p_i > p_j \right\}.$$

$l = p_i, k = p_j$ とすれば, (4.18) により, $i = q_l, j = q_k$ である. したがって,

$$\begin{bmatrix} i & j \\ p_i & p_j \end{bmatrix} \in T(\sigma) \quad \overset{\text{同値}}{\Longleftrightarrow} \quad i < j,\, p_i > p_j \quad \overset{\text{同値}}{\Longleftrightarrow} \quad q_l < q_k,\, l > k$$

$$\overset{\text{同値}}{\Longleftrightarrow} \quad \begin{bmatrix} k & l \\ q_k & q_l \end{bmatrix} \in T(\sigma^{-1})$$

$$\overset{\text{同値}}{\Longleftrightarrow} \quad \begin{bmatrix} p_j & p_i \\ j & i \end{bmatrix} \in T(\sigma^{-1}),$$

したがって,

$$T(\sigma^{-1}) = \left\{ \begin{bmatrix} p_j & p_i \\ j & i \end{bmatrix} ; \begin{bmatrix} i & j \\ p_i & p_j \end{bmatrix} \in T(\sigma) \right\}.$$

したがって，集合 $T(\sigma)$ と $T(\sigma^{-1})$ の要素の個数は一致する．よって，$\sharp T(\sigma) = \sharp T(\sigma^{-1})$ である．定理 4.2.5 により，$\varepsilon(\sigma) = \varepsilon(\sigma^{-1})$ となる． □

定理 4.5.2 A を n 次正方行列，${}^tA$ をその転置とすると，$|A| = |{}^tA|$． □

証明．n 文字の置換 σ をとり，
$$\begin{aligned} \sigma &= \begin{pmatrix} 1 & 2 & \cdots & i & \cdots & n \\ p_1 & p_2 & \cdots & p_i & \cdots & p_n \end{pmatrix}, \\ \sigma^{-1} &= \begin{pmatrix} 1 & 2 & \cdots & k & \cdots & n \\ q_1 & q_2 & \cdots & q_k & \cdots & q_n \end{pmatrix} \end{aligned} \quad (4.19)$$

とする．(4.19) により，$k = p_i$ と $i = q_k$ は同値だから，
$$a_{1p_1} a_{2p_2} \cdots a_{np_n} = a_{q_1 1} a_{q_2 2} \cdots a_{q_n n}.$$

定義 4.2.3，定理 4.5.1 と (4.19) により，
$$\varepsilon(p_1, \cdots, p_n) = \varepsilon(\sigma) = \varepsilon(\sigma^{-1}) = \varepsilon(q_1, \cdots, q_n).$$

行列式の定義により，
$$\begin{aligned} |A| &= \sum_{\sigma \in S_n} \varepsilon(\sigma) a_{1\sigma(1)} a_{2\sigma(2)} \cdots a_{n\sigma(n)} \\ &= \sum_{\text{順列}} \varepsilon(p_1, \cdots, p_n) a_{1p_1} a_{2p_2} \cdots a_{np_n} \\ &= \sum_{\text{順列}} \varepsilon(q_1, \cdots, q_n) a_{q_1 1} a_{q_2 2} \cdots a_{q_n n}. \end{aligned}$$

ところで，${}^tA = [\, b_{ij} \,]$ とすれば，$b_{ij} = a_{ji}$ だから，
$$\begin{aligned} |{}^tA| &= \sum_{\text{順列}} \varepsilon(q_1, \cdots, q_n) b_{1q_1} b_{2q_2} \cdots b_{nq_n} \\ &= \sum_{\text{順列}} \varepsilon(q_1, \cdots, q_n) a_{q_1 1} a_{q_2 2} \cdots a_{q_n n}. \end{aligned}$$

したがって，$|A| = |{}^tA|$ が証明された． □

定理 4.5.2 により，$|{}^tA| = |A|$ だから，定理 4.4.1, 定理 4.4.2, 定理 4.4.3, 定理 4.4.8 などを，列ベクトルについての定理として書き直すことができる．

定理 4.5.3 n 次正方行列を列ベクトルを用いて表示すると，つぎの関係式が成立する．

(1) $\mid \mathbf{b}_1, \cdots, \underset{i}{\mathbf{b}'_i + \mathbf{b}''_i}, \cdots, \mathbf{b}_n \mid$
$= \mid \mathbf{b}_1, \cdots, \underset{i}{\mathbf{b}'_i}, \cdots, \mathbf{b}_n \mid + \mid \mathbf{b}_1, \cdots, \underset{i}{\mathbf{b}''_i}, \cdots, \mathbf{b}_n \mid.$

(2) $\mid \mathbf{b}_1, \cdots, \underset{i}{c\mathbf{b}_i}, \cdots, \mathbf{b}_n \mid = c \mid \mathbf{b}_1, \cdots, \underset{i}{\mathbf{b}_i}, \cdots, \mathbf{b}_n \mid.$

(3) $\mid \mathbf{b}_1, \cdots, \underset{i}{\mathbf{b}_j}, \cdots, \underset{j}{\mathbf{b}_i}, \cdots, \mathbf{b}_n \mid = - \mid \mathbf{b}_1, \cdots, \underset{i}{\mathbf{b}_i}, \cdots, \underset{j}{\mathbf{b}_j}, \cdots, \mathbf{b}_n \mid.$

(4) $\mathbf{b}_i = \mathbf{b}_j \ (i \neq j)$ ならば，$\mid \mathbf{b}_1, \cdots, \underset{i}{\mathbf{b}_i}, \cdots, \underset{j}{\mathbf{b}_j}, \cdots, \mathbf{b}_n \mid = 0.$

(5) $\mid \mathbf{b}_1, \cdots, \overset{i}{\mathbf{b}_i + c\mathbf{b}_j}, \cdots, \overset{j}{\mathbf{b}_j}, \cdots, \mathbf{b}_n \mid$
$= \mid \mathbf{b}_1, \cdots, \overset{i}{\mathbf{b}_i}, \cdots, \overset{j}{\mathbf{b}_j}, \cdots, \mathbf{b}_n \mid$ （ただし，$i \neq j$）．

(6)
$$\begin{vmatrix} a_{11} & 0 & \cdots & 0 \\ a_{21} & a_{22} & \cdots & a_{2n} \\ \vdots & \vdots & & \vdots \\ a_{n1} & a_{n2} & \cdots & a_{nn} \end{vmatrix} = a_{11} \begin{vmatrix} a_{22} & \cdots & a_{2n} \\ \vdots & & \vdots \\ a_{n2} & \cdots & a_{nn} \end{vmatrix}.$$

4.6 積の行列式

この節では,同じサイズの正方行列 A, B に対し,つぎの公式を証明する:
$$|AB| = |A||B|.$$

補題 4.6.1 基本行列の行列式は以下で与えられる:
$$|D_i(d)| = d, \ |E_{ij}(c)| = 1, \ |P_{ij}| = -1.$$

証明. $\mathbf{f}_i = [\, 0, \cdots, \overset{i}{1}, \cdots, 0\,]$ とすれば,

$$I_n = \begin{bmatrix} \mathbf{f}_1 \\ \vdots \\ \mathbf{f}_n \end{bmatrix}, \quad D_i(d) = \begin{bmatrix} \mathbf{f}_1 \\ \vdots \\ d\,\mathbf{f}_i \\ \vdots \\ \mathbf{f}_n \end{bmatrix} (i$$

$$E_{ij}(c) = \begin{bmatrix} \mathbf{f}_1 \\ \vdots \\ \mathbf{f}_i + c\,\mathbf{f}_j \\ \vdots \\ \mathbf{f}_j \\ \vdots \\ \mathbf{f}_n \end{bmatrix} \begin{matrix} \\ \\ (i \\ \\ (j \\ \\ \end{matrix}, \quad P_{ij} = \begin{bmatrix} \mathbf{e}_1 \\ \vdots \\ \mathbf{f}_j \\ \vdots \\ \mathbf{f}_i \\ \vdots \\ \mathbf{f}_n \end{bmatrix} \begin{matrix} \\ \\ (i \\ \\ (j \\ \\ \end{matrix}$$

である.定義より $|I_n| = 1$.また,定理 4.4.2,系 4.4.7 (2),定理 4.4.3 により

$$|D_i(d)| = d|I_n| = d, \ |E_{ij}(c)| = |I_n| = 1, \ |P_{ij}| = -|I_n| = -1.$$

以上で補題 4.6.1 は証明された. □

補題 4.6.2 P を基本行列,B を正方行列とするとき,
$$|PB| = |P||B|.$$

証明．$P = D_i(d)$ の場合，$D_i(d)B$ は B を左基本変形したもので，行列 $D_i(d)B$ は定理 4.4.2 の左辺で与えられる．したがって，定理 4.4.2 により，

$$|PB| = |D_i(d)B| = d\,|B|.$$

一方，補題 4.6.1 より，$|P| = |D_i(d)| = d$．したがって，

$$|PB| = d\,|B| = |D_i(d)|\,|B| = |P|\,|B|.$$

$P = E_{ij}(c)$ の場合は，系 4.4.7 (2) により，今と同じ議論によって，

$$|PB| = |E_{ij}(c)B| = |B| = |E_{ij}(c)|\,|B| = |P|\,|B|.$$

$P = P_{ij}$ の場合は，定理 4.4.3 により，今と同じ議論によって，

$$|PB| = |P_{ij}B| = -|B| = |P_{ij}|\,|B| = |P|\,|B|. \qquad \square$$

補題 4.6.3　　A を正則行列，B を正方行列とするとき，

$$|AB| = |A|\,|B|.$$

証明．A が正則行列なので，定理 2.10.4 により，適当な基本行列 P_i ($i = 1, \cdots, m$) を選んで $A = P_1 P_2 \cdots P_m$ と表すことができる．このとき，補題 4.6.2 により

$$|AB| = |P_1(P_2 \cdots P_m B)| = |P_1||(P_2 \cdots P_m)B|$$
$$= |P_1||P_2||P_3 \cdots P_m B| = |P_1||P_2| \cdots |P_m||B|.$$

一方，ふたたび補題 4.6.2 により，

$$|A| = |P_1(P_2 \cdots P_m)| = |P_1||P_2 \cdots P_m| = |P_1||P_2| \cdots |P_m|.$$

したがって，$|AB| = |A|\,|B|$． $\qquad \square$

定理 4.6.4　　A, B を正方行列とするとき，

$$|AB| = |A|\,|B|.$$

証明．A が正則のときは，すでに補題 4.6.3 で証明したので，A が正則でない場合を考える．定理 2.10.5 により，正則でない n 次正方行列は，適当な基本

行列 P_i ($i=1,\cdots,m$) を選ぶことにより，積 $(P_1\cdots P_m)A$ の第 n 行をゼロベクトルにすることができる．$P = P_1\cdots P_m$ とおく．積 PA の第 n 行がゼロベクトルだから，$|PA| = 0$．また，補題 4.6.3 より，$|P||A| = |PA| = 0$．P は正則だから $|P| \neq 0$，したがって，$|A| = 0$．

また，積 PA の第 n 行がゼロベクトルだから，積 $(PA)B$ の第 n 行もゼロベクトルに等しい．したがって，$|PAB| = 0$．上と同じ議論で $|AB| = 0$ も従う．結局，A が正則でない場合には，$|AB| = |A| = 0$ となり，定理はこの場合も正しい．以上で定理 4.6.4 は証明できた． □

定理 4.6.5 行列 A が正則であることと $|A| \neq 0$ は同値である． □

証明． 行列 A が正則であれば，逆行列 X が存在する：$AX = I_n$．したがって，$|A||X| = |AX| = 1$ より，$|A| \neq 0$．もし行列 A が正則でなければ，定理 2.10.5 により，適当な基本行列の積 P を選んで，積 PA の第 n 行をゼロベクトルにすることができる．これより $|A| = 0$．この対偶をとると，$|A| \neq 0$ であれば，行列 A は正則である． □

関連する結果をまとめると，つぎの定理を得る．

定理 4.6.6 n 次正方行列 A に対して，つぎは同値である．

(1) A は正則行列である．

(2) ${}^tA$ は正則行列である．

(3) $|A| = |{}^tA| \neq 0$．

(4) $\mathrm{rank}(A) = \mathrm{rank}({}^tA) = n$．

(5) 左基本変形によって A を単位行列に変形できる．

(6) 右基本変形によって A を単位行列に変形できる． □

証明． 最初に (3) と (4) について注意する．定理 4.5.2 により，$|A| = |{}^tA|$ である．また，定理 3.2.4 により，$\mathrm{rank}(A) = \mathrm{rank}({}^tA)$ である．つぎに，定理 2.6.3 により，(1) と (2) は同値である．定理 4.6.5 により，(1) と (3) は同値である．

定理 2.10.3 により，(1) から (5) がしたがう．階数の定義より (5) から (4) が従う．定理 3.2.2 により，$\mathrm{rank}(A) = n$ ならば，適当な正則行列 P, Q を選んで，$PAQ = I_n$ とできる．したがって，$A = P^{-1}Q^{-1}$ も正則である．これで (4) から (1) も証明できた．以上により，(1), (2), (3), (4), (5) は同値である．

A の代わりに ${}^t\!A$ をとれば，(1), (2), (3), (4), (6) が同値である．これで定理が証明できた． □

4.7　クラメルの公式

この節では正則行列 A に対して 1 次方程式
$$A\mathbf{x} = \mathbf{b} \tag{4.20}$$
の解の公式を与える．そのために $n \times n$ 行列 A を列ベクトルを用いて
$$A = [\,\mathbf{a}_1, \cdots, \mathbf{a}_n\,]$$
とする．解の公式はつぎの定理によって与えられる．

定理 4.7.1　(クラメルの公式) A を正則行列とする．そのとき，方程式
$$A\mathbf{x} = \mathbf{b}$$
の解は $\mathbf{x} = {}^t[\,x_1, \cdots, x_n\,]$ とするとき，
$$x_i = \frac{1}{|A|}|\,\mathbf{a}_1, \cdots, \underset{i}{\mathbf{b}}, \cdots, \mathbf{a}_n\,| \quad (1 \leqq i \leqq n)$$
で与えられる． □

証明．　1 次方程式 (4.20) の左辺はつぎのように書き直すことができる：
$$A\mathbf{x} = [\,\mathbf{a}_1, \cdots, \mathbf{a}_n\,]\begin{bmatrix} x_1 \\ \vdots \\ x_n \end{bmatrix} = x_1\mathbf{a}_1 + x_2\mathbf{a}_2 + \cdots + x_n\mathbf{a}_n.$$
したがって，方程式は
$$x_1\mathbf{a}_1 + x_2\mathbf{a}_2 + \cdots + x_n\mathbf{a}_n = \mathbf{b}$$

となる．したがって

$$|\mathbf{b}, \mathbf{a}_2, \cdots, \mathbf{a}_n| = |x_1\mathbf{a}_1 + \cdots + x_n\mathbf{a}_n, \mathbf{a}_2, \cdots, \mathbf{a}_n|$$
$$= x_1|\mathbf{a}_1, \mathbf{a}_2, \cdots, \mathbf{a}_n| + x_2|\mathbf{a}_2, \mathbf{a}_2, \cdots, \mathbf{a}_n|$$
$$+ \cdots + x_n|\mathbf{a}_n, \mathbf{a}_2, \cdots, \mathbf{a}_n|.$$

一方，系 4.4.7 より $|\mathbf{a}_i, \mathbf{a}_2, \cdots, \mathbf{a}_n| = 0 \ (i \geqq 2)$ だから

$$|\mathbf{b}, \mathbf{a}_2, \cdots, \mathbf{a}_n| = x_1|\mathbf{a}_1, \mathbf{a}_2, \cdots, \mathbf{a}_n| = x_1|A|,$$
$$x_1 = \frac{1}{|A|}|\mathbf{b}, \mathbf{a}_2, \cdots, \mathbf{a}_n|$$

となる．同様にして

$$|\mathbf{a}_1, \cdots, \underset{\widehat{i}}{\mathbf{b}}, \cdots, \mathbf{a}_n| = x_i|\mathbf{a}_1, \cdots, \mathbf{a}_i, \cdots, \mathbf{a}_n| = x_i|A|,$$
$$x_i = \frac{1}{|A|}|\mathbf{a}_1, \cdots, \underset{\widehat{i}}{\mathbf{b}}, \cdots, \mathbf{a}_n|. \qquad \Box$$

4.8 逆行列の公式と行列式の展開公式

定義 4.8.1 A を $n \times n$ 行列とし，A から第 i 行と第 j 列を取り去ってできる行列の行列式を Δ_{ij} とする．さらに

$$A_{ij} = (-1)^{i+j}\Delta_{ij}$$

とする．この A_{ij} を (i,j) **余因子**と呼ぶ．A_{ij} をつぎのように並べた行列

$$\widetilde{A} = \begin{bmatrix} A_{11} & A_{21} & A_{31} & \cdots & A_{n1} \\ A_{12} & A_{22} & A_{32} & \cdots & A_{n2} \\ \vdots & \vdots & \vdots & & \vdots \\ A_{1n} & A_{2n} & A_{3n} & \cdots & A_{nn} \end{bmatrix}$$

を A の**余因子行列**という．添字が普通の行列成分の添字とは異なり，転置行列のようになっていることに注意しよう． $\Box$

例 4.8.2 例えば

$$A = \begin{bmatrix} 1 & 2 & 3 \\ 4 & 5 & 6 \\ 7 & 8 & 9 \end{bmatrix}$$

の $(1,3)$ 余因子 A_{13}, $(2,3)$ 余因子 A_{23} は，それぞれつぎで与えられる：

$$A_{13} = (-1)^{1+3} \begin{vmatrix} 4 & 5 \\ 7 & 8 \end{vmatrix} = -3, \quad A_{23} = (-1)^{2+3} \begin{vmatrix} 1 & 2 \\ 7 & 8 \end{vmatrix} = 6.$$ ∎

定理 4.8.3 (逆行列の公式) 正則行列 A の逆行列は余因子行列を用いて

$$A^{-1} = \frac{1}{|A|}\widetilde{A}$$

と表される. □

証明. A の逆行列を $X = [\,x_{ij}\,]$ とする．列ベクトルを用いて

$$X = [\,\mathbf{x}_1, \mathbf{x}_2, \cdots, \mathbf{x}_n\,], \quad I_n = [\,\mathbf{e}_1, \mathbf{e}_2, \cdots, \mathbf{e}_n\,]$$

とすれば，

$$AX = A\,[\,\mathbf{x}_1, \mathbf{x}_2, \cdots, \mathbf{x}_n\,] = [\,A\mathbf{x}_1, A\mathbf{x}_2, \cdots, A\mathbf{x}_n\,]$$

となる．したがって，X が A の逆行列であるための必要条件 $AX = I_n$ は

$$A\mathbf{x}_j = \mathbf{e}_j \quad (1 \leqq j \leqq n) \tag{4.21}$$

と同値である．したがって n 個の方程式 (4.21) を解けば逆行列 X が求まる．(4.21) の解は，定理 4.7.1 により

$$x_{ij} = \mathbf{x}_j \text{の } i \text{ 番目の座標} = \frac{1}{|A|}|\,\mathbf{a}_1, \cdots, \underset{\widehat{i}}{\mathbf{e}_j}, \cdots, \mathbf{a}_n\,|.$$

ところで，定理 4.4.3 と定理 4.4.8 により

$$|\,\mathbf{a}_1, \cdots, \underset{\widehat{i}}{\mathbf{e}_j}, \cdots, \mathbf{a}_n\,| = (-1)^{i-1}|\,\mathbf{e}_j, \mathbf{a}_1, \cdots, \mathbf{a}_{i-1}, \mathbf{a}_{i+1}, \cdots, \mathbf{a}_n\,|$$

$$= (-1)^{i+j-2}\Delta_{ji} = A_{ji}$$

となる．したがって，$x_{ij} = \dfrac{1}{|A|}A_{ji}$. □

定理 4.8.4 (行列式の展開公式)　A を n 次正方行列, A_{ij} を (i,j) 余因子とする. このとき, つぎが成り立つ：
$$a_{i1}A_{k1} + a_{i2}A_{k2} + \cdots + a_{in}A_{kn} = \delta_{ik}|A|, \qquad (4.22)$$
$$a_{1i}A_{1k} + a_{2i}A_{2k} + \cdots + a_{ni}A_{nk} = \delta_{ik}|A|. \qquad (4.23)$$
ただし, $\delta_{ik} = 1$ $(i = k), 0$ $(i \neq k)$. δ_{ik} はクロネッカーのデルタと呼ばれる. □

証明.　定理 4.8.3 により, $|A| \cdot I_n = A\widetilde{A} = \widetilde{A}A$ である. これを, 具体的に書き下せば, 定理が従う. $\widetilde{A}$ の (i,j) 成分を $\widetilde{A}_{ij}$ とすれば, 定義 4.8.1 により, $\widetilde{A}_{ij} = A_{ji}$ である. たとえば, $|A| \cdot I_n = A\widetilde{A}$ の両辺の (i,k) 成分を比較すると,
$$\delta_{ik} \cdot |A| = a_{i1}\widetilde{A}_{1k} + a_{i2}\widetilde{A}_{2k} + \cdots + a_{in}\widetilde{A}_{nk}$$
$$= a_{i1}A_{k1} + a_{i2}A_{k2} + \cdots + a_{in}A_{kn}$$
を得る. $|A| \cdot I_n = \widetilde{A}A$ からは, (4.23) が従う. 以上で, 定理が証明できた. □

例 4.8.5　定理 4.8.4 の直接証明を与える. 簡単のために, $n = 3$ とし,
$$\mathbf{f}_1 = [\,1,\ 0,\ 0\,],\ \mathbf{f}_2 = [\,0,\ 1,\ 0\,],\ \mathbf{f}_3 = [\,0,\ 0,\ 1\,]$$
とする. このとき,
$$\begin{vmatrix} \mathbf{f}_j \\ \mathbf{a}_2 \\ \mathbf{a}_3 \end{vmatrix} = (-1)^{j+1}\Delta_{1j} = A_{1j}$$
に注意する. たとえば,
$$\begin{vmatrix} \mathbf{f}_2 \\ \mathbf{a}_2 \\ \mathbf{a}_3 \end{vmatrix} = \begin{vmatrix} 0 & 1 & 0 \\ a_{21} & a_{22} & a_{23} \\ a_{31} & a_{32} & a_{33} \end{vmatrix} = -\begin{vmatrix} a_{21} & a_{23} \\ a_{31} & a_{33} \end{vmatrix} = -\Delta_{12} = A_{12}$$
である. したがって,
$$|A| = \begin{vmatrix} \mathbf{a}_1 \\ \mathbf{a}_2 \\ \mathbf{a}_3 \end{vmatrix} = \begin{vmatrix} a_{11}\mathbf{f}_1 + a_{12}\mathbf{f}_2 + a_{13}\mathbf{f}_3 \\ \mathbf{a}_2 \\ \mathbf{a}_3 \end{vmatrix}$$

$$= a_{11} \begin{vmatrix} \mathbf{f}_1 \\ \mathbf{a}_2 \\ \mathbf{a}_3 \end{vmatrix} + a_{12} \begin{vmatrix} \mathbf{f}_2 \\ \mathbf{a}_2 \\ \mathbf{a}_3 \end{vmatrix} + a_{13} \begin{vmatrix} \mathbf{f}_3 \\ \mathbf{a}_2 \\ \mathbf{a}_3 \end{vmatrix}$$

$$= a_{11} A_{11} + a_{12} A_{12} + a_{13} A_{13}.$$

これは (4.22) の $i = k = 1$ の場合にほかならない.つぎに,(4.22) を $i = 1$, $k = 2$ の場合に証明する.そのために,まず,

$$\begin{vmatrix} \mathbf{a}_1 \\ \mathbf{f}_j \\ \mathbf{a}_3 \end{vmatrix} = (-1)^{j+2} \Delta_{2j} = A_{2j}$$

に注意する.さらに,つぎの行列式 $|B|$ を計算する.B は 2 つの行ベクトルが等しいので,$|B| = 0$ となることに注意すると,

$$0 = |B| = \begin{vmatrix} \mathbf{a}_1 \\ \mathbf{a}_1 \\ \mathbf{a}_3 \end{vmatrix} = \begin{vmatrix} \mathbf{a}_1 \\ a_{11}\mathbf{f}_1 + a_{12}\mathbf{f}_2 + a_{13}\mathbf{f}_3 \\ \mathbf{a}_3 \end{vmatrix}$$

$$= a_{11} \begin{vmatrix} \mathbf{a}_1 \\ \mathbf{f}_1 \\ \mathbf{a}_3 \end{vmatrix} + a_{12} \begin{vmatrix} \mathbf{a}_1 \\ \mathbf{f}_2 \\ \mathbf{a}_3 \end{vmatrix} + a_{13} \begin{vmatrix} \mathbf{a}_1 \\ \mathbf{f}_3 \\ \mathbf{a}_3 \end{vmatrix}$$

$$= a_{11} A_{21} + a_{12} A_{22} + a_{13} A_{23}.$$

適当に行列を選べば,他の場合も同様に証明できる.∎

例 4.8.6 例 4.4.10 を,今度は行列式の展開公式 (定理 4.8.4) を用いて計算する.第 1 行で展開すると

$$\begin{vmatrix} 5 & 4 & 3 \\ -1 & 0 & 3 \\ 1 & -2 & 1 \end{vmatrix} = 5 \cdot \begin{vmatrix} 0 & 3 \\ -2 & 1 \end{vmatrix} - 4 \cdot \begin{vmatrix} -1 & 3 \\ 1 & 1 \end{vmatrix} + 3 \cdot \begin{vmatrix} -1 & 0 \\ 1 & -2 \end{vmatrix}$$

$$= 30 + 16 + 6 = 52.$$

一方,第 2 列で展開すると

$$\begin{vmatrix} 5 & 4 & 3 \\ -1 & 0 & 3 \\ 1 & -2 & 1 \end{vmatrix} = -4 \cdot \begin{vmatrix} -1 & 3 \\ 1 & 1 \end{vmatrix} + 0 \cdot \begin{vmatrix} 5 & 3 \\ 1 & 1 \end{vmatrix} - (-2) \cdot \begin{vmatrix} 5 & 3 \\ -1 & 3 \end{vmatrix}$$

$$= 16 + 0 + 36 = 52.$$

問題 4.8.7 展開公式を用いて行列式を計算せよ．

(i) $\begin{vmatrix} 1 & 0 & 5 \\ -3 & 3 & -15 \\ -6 & 6 & 11 \end{vmatrix}$ (ii) $\begin{vmatrix} 41 & 33 & 21 \\ 36 & 30 & 24 \\ 17 & 11 & 5 \end{vmatrix}$ (iii) $\begin{vmatrix} 10 & -1 & 7 \\ 4 & 2 & 4 \\ 23 & -1 & 20 \end{vmatrix}$

4.9 行列式の幾何学的な意味

A を n 次正方行列とする．この節では A の行列式が A の定める平行多面体の体積に，符号の差を除いて等しいことを証明する．この節では，A の行列式を $|A|$ または $\det(A)$ で表す．A を n 個の横ベクトルを用いて

$$A = \begin{bmatrix} \mathbf{a}_1 \\ \vdots \\ \mathbf{a}_n \end{bmatrix}$$

と表す．行列 A は，n 次元空間 $\mathbf{R}^n$ の中で平行 $2n$ 面体 $\Delta(A)$ を定める：

$$\Delta(A) = \{u_1 \mathbf{a}_1 + u_2 \mathbf{a}_2 + \cdots + u_n \mathbf{a}_n ; \ 0 \leqq u_i \leqq 1 \ (i = 1, \cdots, n)\}$$

$n = 2$ の場合には

$$\Delta(A) = \{u_1 \mathbf{a}_1 + u_2 \mathbf{a}_2 ; \ 0 \leqq u_1 \leqq 1, \ 0 \leqq u_2 \leqq 1\}$$

となるから，図示すれば $\Delta(A)$ は図 4.1 のようになる．

$\Delta(A)$ の n 次元体積を $v(A)$ で表す．$n = 1$ のときは長さを，$n = 2$ のときは面積を表す．$\Delta(A)$ が n 次元直方体のときは，$v(A)$ は n 個の高さの積に等しい．

定理 4.9.1 $\Delta(A)$ の体積 $v(A)$ は A の行列式 $\det(A)$ の絶対値に等しい． □

証明． $n > 2$ の場合も本質的には同じなので，簡単のため，$n = 2$ の場合に

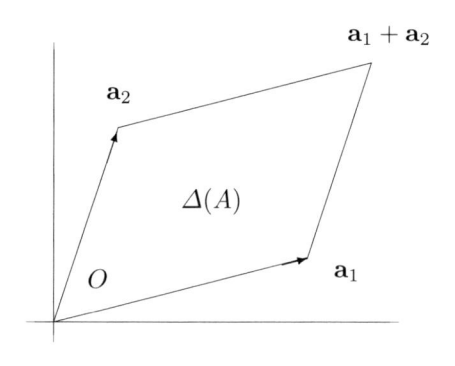

図 4.1　平行 4 辺形

（だけ）定理を証明する．行列 A を

$$A = \begin{bmatrix} \mathbf{a}_1 \\ \mathbf{a}_2 \end{bmatrix} = \begin{bmatrix} a & b \\ c & d \end{bmatrix}$$

とする．ここでは簡単のため $a \neq 0$, $ad - bc \neq 0$ の場合に考える．$a \neq 0$ なので，左基本変形によって

$$A \to A_1 = \begin{bmatrix} a & b \\ 0 & d - \frac{bc}{a} \end{bmatrix} \to A_2 = \begin{bmatrix} a & 0 \\ 0 & \frac{1}{a}|A| \end{bmatrix} \quad (4.24)$$

とすることができる．ここで

$$A_1 = \begin{bmatrix} \mathbf{a}_1 \\ \mathbf{a}_2' \end{bmatrix}, \quad A_2 = \begin{bmatrix} \mathbf{a}_1' \\ \mathbf{a}_2' \end{bmatrix}$$

とすれば，$\mathbf{a}_2' = \mathbf{a}_2 - \frac{c}{a}\mathbf{a}_1$, $\mathbf{a}_1' = \mathbf{a}_1 - \frac{ab}{|A|}\mathbf{a}_2'$ である．系 4.4.7 を用いれば，

$$|A| = \begin{vmatrix} \mathbf{a}_1 \\ \mathbf{a}_2 \end{vmatrix} = \begin{vmatrix} \mathbf{a}_1 \\ \mathbf{a}_2' \end{vmatrix} = \begin{vmatrix} \mathbf{a}_1' \\ \mathbf{a}_2' \end{vmatrix} = |A_2|. \quad (4.25)$$

ところで行列 A_1, A_2 に対しても平行 4 辺形を対応させることができる．行列 A から行列 A_1 に移るときを考えてみよう．

図 4.2 を見ると，底辺を $\mathbf{a}_1$ として高さを一定に保ちながら，平行 4 辺形のもう一方の頂点 ($\mathbf{a}_2$ の先端) を $\mathbf{a}_1$ と平行な方向にスライドさせ，y 軸に重なるまで

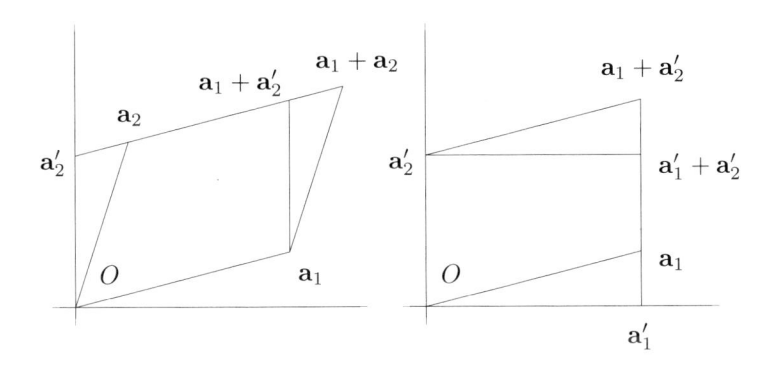

図 4.2　面積を保つ変形

動かしたものが，ちょうど

$$\mathbf{a}_2' = \mathbf{a}_2 - \frac{c}{a}\mathbf{a}_1 = [0, \frac{|A|}{a}]$$

である．A_1 から A_2 を作るには，今度はベクトル $\mathbf{a}_2'$ を底辺とみなして高さを一定に保ちながら，$\mathbf{a}_1$ の先端をスライドさせる．$\mathbf{a}_1$ の先端が x 軸に重なるまで動かしたものが，ちょうど $\mathbf{a}_1' = \mathbf{a}_1 - \frac{ab}{|A|}\mathbf{a}_2' = [a, 0]$ である．

この 2 つの操作で平行 4 辺形の面積は一定に保たれる．また，A_2 は対角行列 (4.24) だから $\Delta(A_2)$ は長方形になることを考慮すると，

$$v(A) = v(A_1) = v(A_2) = \|\mathbf{a}_1'\|\|\mathbf{a}_2'\| = |\det(A_2)| \tag{4.26}$$

ただし，$\|\mathbf{a}\|$ はベクトル $\mathbf{a}$ の長さを表す．したがって (4.25) と (4.26) により，$v(A) = |\det(A)|$ が証明された．

$ad - bc = 0$ の場合には，$\mathbf{a}_2$ は $\mathbf{a}_1$ の定数倍であるか，その逆である．したがって，平行 4 辺形は線分になる．よって，面積はゼロとなり，やはり $|\det(A)|$ に等しい．以上で，$n = 2$ の場合に定理 4.9.1 が証明できた．　□

問題 4.9.2　平面上の 3 点を $P_k = (a_k, b_k)$ $(k = 1, 2, 3)$ とする．3 角形 $P_1 P_2 P_3$ の面積を求めよ．　□

問題 4.9.3　原点を始点とする，つぎの 3 個のベクトルが張る平行 6 面体の体積を求めよ：$\mathbf{a}_1 = {}^t[1, 2, 3]$, $\mathbf{a}_2 = {}^t[4, 6, 9]$, $\mathbf{a}_3 = {}^t[10, 7, 4]$．　□

第 4 章の問題

1. つぎの行列の行列式を計算せよ．

(i) $\begin{vmatrix} 1 & -2 & 3 & -4 \\ 2 & -1 & 4 & 3 \\ 2 & 3 & -4 & -5 \\ 3 & -4 & 5 & 6 \end{vmatrix}$ (ii) $\begin{vmatrix} 4 & -1 & 2 & 6 \\ -5 & 4 & -1 & 2 \\ 2 & 3 & 1 & 1 \\ 5 & -1 & 3 & -3 \end{vmatrix}$

(iii) $\begin{vmatrix} a & b & b & b & b \\ b & a & b & b & b \\ b & b & a & b & b \\ b & b & b & a & b \\ b & b & b & b & a \end{vmatrix}$ (iv) $\begin{vmatrix} 0 & a^2 & b^2 & 1 \\ a^2 & 0 & c^2 & 1 \\ b^2 & c^2 & 0 & 1 \\ 1 & 1 & 1 & 0 \end{vmatrix}$

(v) $\begin{vmatrix} a+b+c & a+b & a & a \\ a+b & a+b+c & a & a \\ a & a & a+b+c & a+b \\ a & a & a+b & a+b+c \end{vmatrix}$

(vi) $\begin{vmatrix} 1+x^2 & x & 0 & 0 & \cdots & 0 \\ x & 1+x^2 & x & 0 & \cdots & 0 \\ 0 & x & 1+x^2 & x & \cdots & 0 \\ 0 & 0 & x & 1+x^2 & \cdots & 0 \\ \cdots & \cdots & \cdots & \cdots & \cdots & \cdots \\ 0 & \cdots & 0 & 0 & x & 1+x^2 \end{vmatrix}$

2. つぎを証明せよ．

$$\begin{vmatrix} 0 & a & b & c \\ -a & 0 & d & e \\ -b & -d & 0 & f \\ -c & -e & -f & 0 \end{vmatrix} = (af - be + cd)^2.$$

3. $a+b$ が偶数で $a<b, r_3<\cdots<r_n$ の時つぎの σ の符号 $\varepsilon(\sigma)$ を求めよ.

$$\sigma = \begin{pmatrix} 1 & 2 & 3 & \cdots & n \\ a & b & r_3 & \cdots & r_n \end{pmatrix}$$

4. a, b を複素数とする.

(i) $a+b, a-b \neq 0$ ならば $\begin{bmatrix} a & b \\ b & a \end{bmatrix}$ は正則行列であることを示せ.

(ii) $\begin{bmatrix} 1 & 1 \\ -1 & 1 \end{bmatrix} \begin{bmatrix} a & b \\ b & a \end{bmatrix} \begin{bmatrix} 1 & -1 \\ 1 & 1 \end{bmatrix}$ を計算せよ.

(iii) I_n を単位行列とする. $\begin{bmatrix} I_n & -I_n \\ I_n & I_n \end{bmatrix}$ は正則行列であることを示せ. その逆行列を求めよ.

5. A, B を n 次の正方行列, $\Delta = \begin{vmatrix} A & B \\ B & A \end{vmatrix}$ とおく. つぎを示せ.

(i) $\Delta = |A-B|\,|A+B|$.

(ii) A が対称, B が交代行列ならば, $\Delta = |A+B|^2 = |A-B|^2$.

6. 空間のつぎの 3 点の作る 3 角形を Δ とする:

$$P = (1,\ 4,\ 0),\ Q = (7,\ 15,\ 0),\ R = (-13,\ 29,\ 1).$$

つぎに, Δ を平行移動してできる, つぎの 3 点の作る 3 角形を Δ' とする:

$$P' = (3,\ 4,\ 1),\ Q' = (9,\ 15,\ 1),\ R' = (-11,\ 29,\ 2).$$

このとき, Δ を上面とし Δ' を下面とする平行 5 面体の体積を求めよ.

7. 半径 1 の円周上に, 時計周りに n 個の点 P_n が並んで, 原点を含む凸 n 辺形 $P_1 P_2 \cdots P_n P_1$ を作っている. P_k の座標を (a_k, b_k) とするとき, その n 辺形の面積を求めよ.

第 5 章
行列式の計算と応用

5.1 行列式の計算例 (1)

この節では具体的な行列式を計算してみよう.

例 5.1.1 以下の行列 A, B の行列式を計算する.

$$A := \begin{vmatrix} 1 & 3 & 1 & 1 \\ 4 & 1 & 2 & 1 \\ \frac{81}{25} & \frac{11}{5} & \frac{9}{5} & 1 \\ \frac{1}{25} & \frac{11}{5} & \frac{1}{5} & 1 \end{vmatrix} = \frac{1}{625} \begin{vmatrix} 1 & 3 & 1 & 1 \\ 4 & 1 & 2 & 1 \\ 81 & 55 & 45 & 25 \\ 1 & 55 & 5 & 25 \end{vmatrix}$$

$$= \frac{1}{625} \begin{vmatrix} 1 & 3 & 1 & 1 \\ 3 & -2 & 1 & 0 \\ 56 & -20 & 20 & 0 \\ -24 & -20 & -20 & 0 \end{vmatrix} = -\frac{1}{625} \begin{vmatrix} 3 & -2 & 1 \\ 56 & -20 & 20 \\ -24 & -20 & -20 \end{vmatrix}$$

$$= \frac{1}{625} \begin{vmatrix} 3 & -2 & 1 \\ 56 & -20 & 20 \\ 24 & 20 & 20 \end{vmatrix} = \frac{1}{625} \begin{vmatrix} 3 & -2 & 1 \\ -4 & 20 & 0 \\ -36 & 60 & 0 \end{vmatrix}$$

$$= \frac{1}{625} \begin{vmatrix} -4 & 20 \\ -36 & 60 \end{vmatrix} = \frac{480}{625} = \frac{96}{125},$$

$$
\begin{aligned}
B :&= -\begin{vmatrix} 9 & 3 & 1 & 1 \\ 1 & 1 & 2 & 1 \\ \frac{121}{25} & \frac{11}{5} & \frac{9}{5} & 1 \\ \frac{121}{25} & \frac{11}{5} & \frac{1}{5} & 1 \end{vmatrix} = -\frac{1}{625}\begin{vmatrix} 9 & 3 & 1 & 1 \\ 1 & 1 & 2 & 1 \\ 121 & 55 & 45 & 25 \\ 121 & 55 & 5 & 25 \end{vmatrix} \\
&= -\frac{1}{625}\begin{vmatrix} 9 & 3 & 1 & 1 \\ 1 & 1 & 2 & 1 \\ 121 & 55 & 45 & 25 \\ 0 & 0 & -40 & 0 \end{vmatrix} = -\frac{40}{625}\begin{vmatrix} 9 & 3 & 1 \\ 1 & 1 & 1 \\ 121 & 55 & 25 \end{vmatrix} \\
&= -\frac{40}{625}\begin{vmatrix} 8 & 2 & 0 \\ 1 & 1 & 1 \\ 96 & 30 & 0 \end{vmatrix} = \frac{8}{125}\begin{vmatrix} 8 & 2 \\ 96 & 30 \end{vmatrix} = \frac{384}{125}.
\end{aligned}
$$

∎

5.2 行列式の計算例 (2)

この節では，数式を成分に持つ行列の行列式を計算する．

例 5.2.1

$$A = \begin{bmatrix} 1 & 1 & 1 \\ x_1 & x_2 & x_3 \\ x_1^2 & x_2^2 & x_3^2 \end{bmatrix}$$

とする．

$$
\begin{aligned}
|A| &= \begin{vmatrix} 1 & 1 & 1 \\ x_1 & x_2 & x_3 \\ x_1^2 & x_2^2 & x_3^2 \end{vmatrix} = \begin{vmatrix} 1 & x_1 & x_1^2 \\ 1 & x_2 & x_2^2 \\ 1 & x_3 & x_3^2 \end{vmatrix} = \begin{vmatrix} 1 & x_1 & x_1^2 \\ 0 & x_2 - x_1 & x_2^2 - x_1^2 \\ 0 & x_3 - x_1 & x_3^2 - x_1^2 \end{vmatrix} \\
&= \begin{vmatrix} x_2 - x_1 & x_2^2 - x_1^2 \\ x_3 - x_1 & x_3^2 - x_1^2 \end{vmatrix} = (x_2 - x_1)(x_3 - x_1)\begin{vmatrix} 1 & x_2 + x_1 \\ 1 & x_3 + x_1 \end{vmatrix}
\end{aligned}
$$

$$= (x_2 - x_1)(x_3 - x_1) \begin{vmatrix} 1 & x_2 + x_1 \\ 0 & x_3 - x_2 \end{vmatrix}$$

$$= (x_2 - x_1)(x_3 - x_1)(x_3 - x_2) = \prod_{3 \geqq i > j \geqq 1} (x_i - x_j).$$

∎

例 5.2.2

$$A = \begin{bmatrix} 1 & 1 & 1 & 1 \\ x_1 & x_2 & x_3 & x_4 \\ x_1^2 & x_2^2 & x_3^2 & x_4^2 \\ x_1^3 & x_2^3 & x_3^3 & x_4^3 \end{bmatrix}$$

とする．このとき

$$|A| = \begin{vmatrix} 1 & 0 & 0 & 0 \\ x_1 & x_2 - x_1 & x_3 - x_1 & x_4 - x_1 \\ x_1^2 & x_2^2 - x_1^2 & x_3^2 - x_1^2 & x_4^2 - x_1^2 \\ x_1^3 & x_2^3 - x_1^3 & x_3^3 - x_1^3 & x_4^3 - x_1^3 \end{vmatrix}$$

$$|A| = \begin{vmatrix} & (x_2 - x_1) & (x_3 - x_1) & \cdots \\ & (x_2 - x_1)(x_2 + x_1) & (x_3 - x_1)(x_3 + x_1) & \cdots \\ & (x_2 - x_1)(x_2^2 + x_2 x_1 + x_1^2) & (x_3 - x_1)(x_3^2 + x_3 x_1 + x_1^2) & \cdots \end{vmatrix}$$

$$= (x_2 - x_1)(x_3 - x_1)(x_4 - x_1)$$

$$\times \begin{vmatrix} 1 & 1 & 1 \\ x_2 + x_1 & x_3 + x_1 & x_4 + x_1 \\ x_2^2 + x_2 x_1 + x_1^2 & x_3^2 + x_3 x_1 + x_1^2 & x_4^2 + x_4 x_1 + x_1^2 \end{vmatrix}$$

$$= (x_2 - x_1)(x_3 - x_1)(x_4 - x_1)$$

$$\times \begin{vmatrix} 1 & 0 & 0 \\ x_2 + x_1 & x_3 - x_2 & x_4 - x_2 \\ x_2^2 + x_2 x_1 + x_1^2 & (x_3 - x_2)(x_3 + x_2 + x_1) & (x_4 - x_2)(x_4 + x_2 + x_1) \end{vmatrix}$$

したがって，

$$|A| = (x_2 - x_1)(x_3 - x_1)(x_4 - x_1)(x_3 - x_2)(x_4 - x_2)$$
$$\times \begin{vmatrix} 1 & 1 \\ x_3 + x_2 + x_1 & x_4 + x_2 + x_1 \end{vmatrix}$$
$$= (x_2 - x_1)(x_3 - x_1)(x_4 - x_1)(x_3 - x_2)(x_4 - x_2)$$
$$\times \begin{vmatrix} 1 & 0 \\ x_3 + x_2 + x_1 & x_4 - x_3 \end{vmatrix}$$
$$= \prod_{4 \geq i > j \geq 1} (x_i - x_j).$$

■

例 5.2.3 つぎの行列の rank(A) を求める：
$$A = \begin{bmatrix} 1 & x & x \\ x & 1 & x \\ x & x & 1 \end{bmatrix}.$$

□

定理 4.6.6 により，$|A| \neq 0$ ならば，A は正則，したがって，rank(A) = 3 である．また，$|A| = 0$ ならば A は正則でない，したがって，rank(A) ≤ 2 である．この事実を用いて計算する．そこで，$|A|$ を計算すると，

$$|A| = \begin{vmatrix} 1+2x & 1+2x & 1+2x \\ x & 1 & x \\ x & x & 1 \end{vmatrix} = (1+2x) \begin{vmatrix} 1 & 1 & 1 \\ x & 1 & x \\ x & x & 1 \end{vmatrix}$$
$$= (1+2x) \begin{vmatrix} 1 & 1 & 1 \\ 0 & 1-x & 0 \\ 0 & 0 & 1-x \end{vmatrix} = (1+2x)(1-x)^2.$$

となる．これより，$|A| = (1+2x)(1-x)^2$．したがって，$x \neq 1, -\frac{1}{2}$ ならば，rank(A) = 3．したがって，あとは $x = 1, x = -\frac{1}{2}$ の場合に見ると，それぞれ

$$A = \begin{bmatrix} 1 & 1 & 1 \\ 1 & 1 & 1 \\ 1 & 1 & 1 \end{bmatrix}, \quad \begin{bmatrix} 1 & -\frac{1}{2} & -\frac{1}{2} \\ -\frac{1}{2} & 1 & -\frac{1}{2} \\ -\frac{1}{2} & -\frac{1}{2} & 1 \end{bmatrix}$$

となる．したがって，$x=1$ のときは，$\operatorname{rank}(A)=1$. また，$x=\frac{1}{2}$ の場合には，A はつぎの部分行列 B を持つ：

$$B = \begin{bmatrix} 1 & -\frac{1}{2} \\ -\frac{1}{2} & 1 \end{bmatrix}$$

この行列は $|B| \neq 0$ なので，$\operatorname{rank}(B)=2$，したがって，$2=\operatorname{rank}(B) \leqq \operatorname{rank}(A) \leqq 2$ より，$\operatorname{rank}(A)=2$ である．ここで紹介した方法はよく役に立つ．■

問題 5.2.4 つぎの行列の階数を，部分 3×3 行列の行列式を計算して求めよ：

(i) $A = \begin{bmatrix} 1 & x & x & x \\ x & 1 & x^2 & x \\ x & x & 1 & 1 \end{bmatrix}$ (ii) $B = \begin{bmatrix} 1 & 1 & -1 \\ 2 & a^2 & a+3 \\ 5 & 2a+2 & a \end{bmatrix}$

5.3 直線の方程式

相異なる 2 点 $(a_1, b_1), (a_2, b_2)$ を通る平面直線 l の方程式を求めてみよう．

1. 普通の方法

l の方程式を

$$l \,:\, Ax + By + C = 0$$

とおく．これは 2 点 $(a_1, b_1), (a_2, b_2)$ を通るから

$$Aa_1 + Bb_1 + C = 0,$$
$$Aa_2 + Bb_2 + C = 0$$

が成り立つ．ここで $C \neq 0$ として，簡単のために $C=1$ とおいて議論を進める．この方程式の解は

$$\begin{bmatrix} A \\ B \end{bmatrix} = \frac{1}{a_1 b_2 - a_2 b_1} \begin{bmatrix} b_1 - b_2 \\ -a_1 + a_2 \end{bmatrix}$$

である．したがって，直線の方程式は

$$(b_1 - b_2)x + (-a_1 + a_2)y + (a_1 b_2 - a_2 b_1) = 0 \tag{5.1}$$

2 点 $(a_1, b_1), (a_2, b_2)$ は異なるので，この方程式は確かに直線を定めている．

2. 行列式で書く方法

今度はつぎのように考えてみよう．いずれにせよ直線はひとつ定まるはずだから，見つけてしまえばよい．そこで

$$f(x, y) = \begin{vmatrix} x & y & 1 \\ a_1 & b_1 & 1 \\ a_2 & b_2 & 1 \end{vmatrix} = 0 \tag{5.2}$$

と定めると，行列式の性質から

$$f(a_1, b_1) = f(a_2, b_2) = 0$$

が成り立つ．$f(x, y)$ を書き下して見ると，

$$\begin{vmatrix} x & y & 1 \\ a_1 & b_1 & 1 \\ a_2 & b_2 & 1 \end{vmatrix} = (b_1 - b_2)x + (-a_1 + a_2)y + (a_1 b_2 - a_2 b_1)$$

となり，これは (5.1) と一致する．

3. 行列式で書く別の考え方

なぜ第 2 の方法がうまく行くのか，なぜ，直線の方程式が行列式で表せるのかを考えてみよう．

そこで再び，2 点 $(a_1, b_1), (a_2, b_2)$ を通る直線の方程式を

$$l \; : \; Ax + By + C = 0$$

とする．このとき，つぎは同値である：

$$(x, y) \text{ が } l \text{ 上にある} \iff \begin{cases} Ax + By + C = 0 \\ Aa_1 + Bb_1 + C = 0 \\ Aa_2 + Bb_2 + C = 0 \end{cases} \tag{5.3}$$

$$\iff \begin{bmatrix} x & y & 1 \\ a_1 & b_1 & 1 \\ a_2 & b_2 & 1 \end{bmatrix} \begin{bmatrix} A \\ B \\ C \end{bmatrix} = \begin{bmatrix} 0 \\ 0 \\ 0 \end{bmatrix} \tag{5.4}$$

2 点 $(a_1,b_1), (a_2,b_2)$ は直線 l の上にあるから，はじめから (5.3) のあとの 2 つの条件は仮定している．したがって，最初の同値は明らかである．また，2 点を通る直線 l は必ず存在するから，解 (A,B,C) は自明でない解，つまり $(A,B,C) \neq (0,0,0)$ である．したがって，連立 1 次方程式 (5.4) は自明でない解 (A,B,C) を持つ．したがって，行列

$$\begin{bmatrix} x & y & 1 \\ a_1 & b_1 & 1 \\ a_2 & b_2 & 1 \end{bmatrix}$$

は正則でないから，行列式がゼロになる．これが，直線の方程式 (5.2) を与える．

第 3 の方法は，答えの方程式が直線以外の点を含むかも知れないが，発見考察的なので，他の場合にも応用可能である．

5.4 平面の方程式

この節では，3 次元空間の中の平面の方程式を考えてみよう．

まず同一直線上にない空間の 3 点 $P_k = (a_k, b_k, c_k)$ $(k=1,2,3)$ を通る平面の方程式を求めてみよう．「同一直線上にない」という条件は，前節と同じ議論が進められるような位置に 3 点 P_1, P_2, P_3 があると考えてよい．関数

$$F(x,y,z) := \begin{vmatrix} x & a_1 & a_2 & a_3 \\ y & b_1 & b_2 & b_3 \\ z & c_1 & c_2 & c_3 \\ 1 & 1 & 1 & 1 \end{vmatrix}$$

をとり，前と同様に平面 H と点 P_k を

$$H \;:\; F(x,y,z) = 0$$

とする．平面 H は 3 点 P_k $(k=1,2,3)$ を通る．関数 F は恒等的に 0 でない限り 1 次式であって，確かに平面を定める．

そこで，恒等的に 0 でないのはいつかを調べよう．

$$F(x,y,z) = Ax + By + Cz + D$$

とおくと，

$$A = \begin{vmatrix} b_1 & b_2 & b_3 \\ c_1 & c_2 & c_3 \\ 1 & 1 & 1 \end{vmatrix}, \quad B = -\begin{vmatrix} a_1 & a_2 & a_3 \\ c_1 & c_2 & c_3 \\ 1 & 1 & 1 \end{vmatrix},$$

$$C = \begin{vmatrix} a_1 & a_2 & a_3 \\ b_1 & b_2 & b_3 \\ 1 & 1 & 1 \end{vmatrix}, \quad D = -\begin{vmatrix} a_1 & a_2 & a_3 \\ b_1 & b_2 & b_3 \\ c_1 & c_2 & c_3 \end{vmatrix}.$$

$A = B = C = D = 0$ になるのは，3 点が 1 直線上に並ぶときである．以下，それを証明する．簡単のため，$a_1 b_2 - a_2 b_1 \neq 0$ と仮定する．ベクトル $\mathbf{p}_k$ と 3×3 行列 P を

$$\mathbf{p}_k = {}^t[a_k,\ b_k,\ c_k], \quad P := [\mathbf{p}_1,\ \mathbf{p}_2,\ \mathbf{p}_3]$$

と定める．$|P| = D = 0$ だから，定理 4.6.5 により，P の階数は 2 以下．仮定 $a_1 b_2 - a_2 b_1 \neq 0$ より，3×2 行列 $[\mathbf{p}_1,\ \mathbf{p}_2]$ の階数は 2．よって，P の階数は 2 に等しい．したがって，$\mathbf{p}_3$ は 2 つのベクトル $\mathbf{p}_1, \mathbf{p}_2$ の定数倍の和として表わせる．したがって，ある定数 λ, ν が存在して

$$\mathbf{p}_3 = \lambda \mathbf{p}_1 + \nu \mathbf{p}_2 \tag{5.5}$$

となる．これを C の中に代入すれば

$$\begin{aligned} 0 = C &= \begin{vmatrix} a_1 & a_2 & \lambda a_1 + \nu a_2 \\ b_1 & b_2 & \lambda b_1 + \nu b_2 \\ 1 & 1 & 1 \end{vmatrix} \\ &= \begin{vmatrix} a_1 & a_2 & 0 \\ b_1 & b_2 & 0 \\ 1 & 1 & 1 - (\lambda + \nu) \end{vmatrix} \\ &= (1 - \lambda - \nu)(a_1 b_2 - a_2 b_1). \end{aligned}$$

したがって，$\lambda + \nu = 1$ を得る．したがって，

$$\mathbf{p}_3 = \lambda \mathbf{p}_1 + (1 - \lambda) \mathbf{p}_2 = \mathbf{p}_2 + \lambda (\mathbf{p}_1 - \mathbf{p}_2) \tag{5.6}$$

となる．$\mathbf{p}_3$ は λ とともに変化する．λ がすべての実数を動くとき，$\mathbf{p}_3$ は $\mathbf{p}_2$ と $\mathbf{p}_1$ を結ぶ直線上を動く．たとえば，$\lambda = 0$ の時は，$\mathbf{p}_3 = \mathbf{p}_2$，$\lambda = 1$ の時，$\mathbf{p}_3 = \mathbf{p}_1$ となる．したがって，3 点 P_1, P_2, P_3 は 1 直線上にある．

例 5.4.1　2点を $P_1 = [1, 0, 0]$, $P_2 = [0, 1, 0]$ とする．このとき，$P_3 := P(\lambda) = [1-\lambda, \lambda, 0]$ は P_1 と P_2 を結ぶ直線上を動く． ∎

問題 5.4.2　xyz 空間の3点 $(1,1,1), (2,5,9), (-3,0,2)$ を通る平面は，点 $(0,2,4)$ を通ることを証明せよ． □

5.5　3点を通る円の方程式

3点 (a_i, b_i) $(i=1,2,3)$ を通る円の方程式を求める．3点を通る円を
$$\pi : A(x^2 + y^2) + Bx + Cy + D = 0$$
とする．点 (a_i, b_i) を通るので
$$A(a_i^2 + b_i^2) + Ba_i + Cb_i + D = 0 \quad (i=1,2,3)$$
が成り立つ．第 5.3 節の後半 (5.3)-(5.4) の議論により，つぎが分かる．

(x,y) が円 C 上にある

$$\iff \begin{cases} A(x^2+y^2) + Bx + Cy + D = 0 \\ A(a_i^2+b_i^2) + Ba_i + Cb_i + D = 0 \quad (i=1,2,3) \end{cases}$$

$$\iff \begin{bmatrix} x^2+y^2 & x & y & 1 \\ a_1^2+b_1^2 & a_1 & b_1 & 1 \\ a_2^2+b_2^2 & a_2 & b_2 & 1 \\ a_3^2+b_3^2 & a_3 & b_3 & 1 \end{bmatrix} \begin{bmatrix} A \\ B \\ C \\ D \end{bmatrix} = 0. \tag{5.7}$$

よって

$$\begin{vmatrix} x^2+y^2 & x & y & 1 \\ a_1^2+b_1^2 & a_1 & b_1 & 1 \\ a_2^2+b_2^2 & a_2 & b_2 & 1 \\ a_3^2+b_3^2 & a_3 & b_3 & 1 \end{vmatrix} = 0. \tag{5.8}$$

(5.8) で定義される図形が点 (a_i, b_i) $(i=1,2,3)$ を通ることは，行列式の性質より明らかである．同一直線上にない相異なる3点は1つの3角形をなし，その3角形の外接円が，すなわち3点を通る円である．一方，もし相異なる3点が同

一直線上にあれば，その 3 点を通る円は存在しない．

行列式の展開により，(定数倍の差を除き)

$$A = \begin{vmatrix} a_1 & b_1 & 1 \\ a_2 & b_2 & 1 \\ a_3 & b_3 & 1 \end{vmatrix}, \quad B = -\begin{vmatrix} a_1^2 + b_1^2 & b_1 & 1 \\ a_2^2 + b_2^2 & b_2 & 1 \\ a_3^2 + b_3^2 & b_3 & 1 \end{vmatrix},$$

$$C = \begin{vmatrix} a_1^2 + b_1^2 & a_1 & 1 \\ a_2^2 + b_2^2 & a_2 & 1 \\ a_3^2 + b_3^2 & a_3 & 1 \end{vmatrix}, \quad D = -\begin{vmatrix} a_1^2 + b_1^2 & a_1 & b_1 \\ a_2^2 + b_2^2 & a_2 & b_2 \\ a_3^2 + b_3^2 & a_3 & b_3 \end{vmatrix}$$

であった．$A \neq 0$ ならば (5.8) は円を定める．$A = 0$ ならば，(5.8) は直線を定める．このときは，3 点は同一直線上にあり，その 3 点を通る円は存在しない．

5.6　4 点を通る標準 2 次曲線

A, B, P, Q, R を実数とする．

$$\pi : Ax^2 + By^2 + Px + Qy + R = 0$$

のような式で定義される曲線を総称して，ここでは，標準 (実)2 次曲線とよぶ．与えられた一般の位置にある 4 点 $(a_1, b_1), (a_2, b_2), (a_3, b_3), (a_4, b_4)$ を通るものとする．このとき，A, B, P, Q, R を行列式を用いて表すことができる．

定理 5.6.1　与えられた一般の位置にある 4 点 $(a_1, b_1), (a_2, b_2), (a_3, b_3), (a_4, b_4)$ を通る標準 (実)2 次曲線 π は，つぎの式で与えられる：

$$\begin{vmatrix} x^2 & y^2 & x & y & 1 \\ a_1^2 & b_1^2 & a_1 & b_1 & 1 \\ a_2^2 & b_2^2 & a_2 & b_2 & 1 \\ a_3^2 & b_3^2 & a_3 & b_3 & 1 \\ a_4^2 & b_4^2 & a_4 & b_4 & 1 \end{vmatrix} = 0. \tag{5.9}$$

証明．　曲線 π の定義式を

$$\pi : Ax^2 + By^2 + Px + Qy + R = 0 \tag{5.10}$$

とする．また，「4 点 (a_i, b_i) が一般の位置にある」ものと仮定する．点 (a_i, b_i) を十分一般にとっておけば，曲線 π は原点 $(0,0)$ を通らないとしてよい．したがって $R \neq 0$ である．そこで π の定義式 (5.10) を R で割って，はじめから $R = 1$ としてよい．したがって

$$Aa_i^2 + Bb_i^2 + Pa_i + Qb_i = -1 \quad (i = 1, 2, 3, 4)$$

が成立する．したがって

$$\begin{bmatrix} a_1^2 & b_1^2 & a_1 & b_1 \\ a_2^2 & b_2^2 & a_2 & b_2 \\ a_3^2 & b_3^2 & a_3 & b_3 \\ a_4^2 & b_4^2 & a_4 & b_4 \end{bmatrix} \begin{bmatrix} A \\ B \\ P \\ Q \end{bmatrix} = \begin{bmatrix} -1 \\ -1 \\ -1 \\ -1 \end{bmatrix} \tag{5.11}$$

が成り立つ．ここで

$$U = \begin{bmatrix} a_1^2 & b_1^2 & a_1 & b_1 \\ a_2^2 & b_2^2 & a_2 & b_2 \\ a_3^2 & b_3^2 & a_3 & b_3 \\ a_4^2 & b_4^2 & a_4 & b_4 \end{bmatrix}$$

とおく．以下，$|U| \neq 0$ を仮定する．定理では，「4 点 (a_i, b_i) が一般の位置にあれば」という定義のはっきりしない言い方をしたが，以後は，「4 点 (a_i, b_i) が一般の位置にある」とは，「$|U| \neq 0$」を意味するものとする．

ここで (5.11) にクラメルの公式を適用すると

$$A = \frac{1}{|U|} \begin{vmatrix} -1 & b_1^2 & a_1 & b_1 \\ -1 & b_2^2 & a_2 & b_2 \\ -1 & b_3^2 & a_3 & b_3 \\ -1 & b_4^2 & a_4 & b_4 \end{vmatrix} = \frac{1}{|U|} \begin{vmatrix} b_1^2 & a_1 & b_1 & 1 \\ b_2^2 & a_2 & b_2 & 1 \\ b_3^2 & a_3 & b_3 & 1 \\ b_4^2 & a_4 & b_4 & 1 \end{vmatrix},$$

$$B = \frac{1}{|U|} \begin{vmatrix} a_1^2 & -1 & a_1 & b_1 \\ a_2^2 & -1 & a_2 & b_2 \\ a_3^2 & -1 & a_3 & b_3 \\ a_4^2 & -1 & a_4 & b_4 \end{vmatrix} = \frac{-1}{|U|} \begin{vmatrix} a_1^2 & a_1 & b_1 & 1 \\ a_2^2 & a_2 & b_2 & 1 \\ a_3^2 & a_3 & b_3 & 1 \\ a_4^2 & a_4 & b_4 & 1 \end{vmatrix},$$

$$P = \frac{1}{|U|} \begin{vmatrix} a_1^2 & b_1^2 & -1 & b_1 \\ a_2^2 & b_2^2 & -1 & b_2 \\ a_3^2 & b_3^2 & -1 & b_3 \\ a_4^2 & b_4^2 & -1 & b_4 \end{vmatrix} = \frac{1}{|U|} \begin{vmatrix} a_1^2 & b_1^2 & b_1 & 1 \\ a_2^2 & b_2^2 & b_2 & 1 \\ a_3^2 & b_3^2 & b_3 & 1 \\ a_4^2 & b_4^2 & b_4 & 1 \end{vmatrix},$$

$$Q = \frac{1}{|U|} \begin{vmatrix} a_1^2 & b_1^2 & a_1 & -1 \\ a_2^2 & b_2^2 & a_2 & -1 \\ a_3^2 & b_3^2 & a_3 & -1 \\ a_4^2 & b_4^2 & a_4 & -1 \end{vmatrix} = \frac{-1}{|U|} \begin{vmatrix} a_1^2 & b_1^2 & a_1 & 1 \\ a_2^2 & b_2^2 & a_2 & 1 \\ a_3^2 & b_3^2 & a_3 & 1 \\ a_4^2 & b_4^2 & a_4 & 1 \end{vmatrix}.$$

この結果を (5.10) に代入すると，曲線 π の方程式が求まる．一方を，行列式 (5.9) は，行列式の展開公式 (4.8.4) によって第 1 行で展開すると，

$$|U|(Ax^2 + By^2 + Px + Qy + 1) = 0$$

となる．これで，2 つの曲線 (5.9) と (5.10) は一致することが分かった． □

例 5.6.2 4 点 $P_1 = (3,1), P_2 = (1,2), P_3 = (\frac{11}{5}, \frac{9}{5}), P_4 = (\frac{11}{5}, \frac{1}{5})$ を通る標準 2 次曲線

$$\pi \;:\; Ax^2 + By^2 + Cx + Dy + E = 0$$

を求めてみよう． □

前と同様に考えると，(x, y) が π 上にあることと，つぎの方程式が成り立つこととは同等である．

$$\begin{cases} x^2 A + y^2 B + xC + yD + E = 0, \\ 9A + B + 3C + D + E = 0, \\ A + 4B + C + 2D + E = 0, \\ \frac{121}{25}A + \frac{81}{25}B + \frac{11}{5}C + \frac{9}{5}D + E = 0, \\ \frac{121}{25}A + \frac{1}{25}B + \frac{11}{5}C + \frac{1}{5}D + E = 0. \end{cases}$$

この曲線が 4 点を通るとして，連立方程式を解いてもよい．または，つぎのようにして求めることもできる．この連立方程式は自明でない解を持つから，したがって

$$\begin{vmatrix} x^2 & y^2 & x & y & 1 \\ 9 & 1 & 3 & 1 & 1 \\ 1 & 4 & 1 & 2 & 1 \\ \frac{121}{25} & \frac{81}{25} & \frac{11}{5} & \frac{9}{5} & 1 \\ \frac{121}{25} & \frac{1}{25} & \frac{11}{5} & \frac{1}{5} & 1 \end{vmatrix} = 0.$$

これがその曲線の方程式を与える．例 5.1.1 の計算によって

$$A = \begin{vmatrix} 1 & 3 & 1 & 1 \\ 4 & 1 & 2 & 1 \\ \frac{81}{25} & \frac{11}{5} & \frac{9}{5} & 1 \\ \frac{1}{25} & \frac{11}{5} & \frac{1}{5} & 1 \end{vmatrix} = \frac{96}{125}, \quad B = - \begin{vmatrix} 9 & 3 & 1 & 1 \\ 1 & 1 & 2 & 1 \\ \frac{121}{25} & \frac{11}{5} & \frac{9}{5} & 1 \\ \frac{121}{25} & \frac{11}{5} & \frac{1}{5} & 1 \end{vmatrix} = \frac{384}{125}.$$

したがって，曲線の定義式は

$$\frac{96}{125}x^2 + \frac{384}{125}y^2 + Cx + Dy + E = 0$$

となるから，π は楕円である．定数倍して

$$\pi : x^2 + 4y^2 + C'x + D'y + E' = 0$$

としてよい．C, D, E または C', D', E' を更に計算で求めれば

$$C' = -2, \quad D' = -8, \quad E' = 1$$

となる．したがって，曲線の方程式は

$$\pi : x^2 + 4y^2 - 2x - 8y + 1 = 0.$$

整理して

$$\pi : (x-1)^2 + 4(y-1)^2 = 4$$

となる．したがって，点 $(3,1), (1,2)$ など与えられた 4 点を通ることが，逆に分かる． ∎

問題 5.6.3　例 5.6.2 の C', D', E' を計算で求めよ． □

第 5 章の問題

1. つぎの行列 A の階数を求めよ．

$$\begin{bmatrix} 1 & x & x & x & x & x \\ x & 1 & x & x & x & x \\ x & x & 1 & x & x & x \\ x & x & x & 1 & x & x \\ x & x & x & x & 1 & x \\ x & x & x & x & x & 1 \end{bmatrix}$$

2. $a_{ii}=1$, $|a_{ij}|<1/2$ $(i\ne j)$ ならば，つぎの方程式の解は $x_1=x_2=x_3=0$ に限ることを示せ．

$$\begin{cases} a_{11}x_1+a_{12}x_2+a_{13}x_3=0, \\ a_{21}x_1+a_{22}x_2+a_{23}x_3=0, \\ a_{31}x_1+a_{32}x_2+a_{33}x_3=0. \end{cases}$$

3. 平面上の曲線

$$C\ :\ x^2+Axy+By^2+Px+Qy+R=0$$

は 5 点 $(1,\ 0)$, $(0,\ 1)$, $(1,\ 1)$, $(-1,\ 2)$, $(1,\ 3)$ を通るものとする．このとき，A, B, P, Q, R を求めよ．

4. x-y 平面上に，互いに異なる 3 直線 $\ell_i\ :\ a_ix+b_iy=c_i$ $(i=1,2,3)$ が与えられている．ここで，行列 A を

$$A=\begin{bmatrix} a_1 & b_1 & c_1 \\ a_2 & b_2 & c_2 \\ a_3 & b_3 & c_3 \end{bmatrix}$$

と定義する．もし $|A|=0$ ならば，3 直線は 1 点で交わるか，または，平行となることを証明せよ．

第 6 章
行列の固有値と固有ベクトル

6.1 複素行列の対角化の問題

つぎのような問題を考える．(これを考える理由は第 7 章で明らかになる.)

問題 6.1.1 A を $n \times n$ の正方行列とする．大きな正の整数 m に対して A^m を計算せよ． □

$m = 10000$ のような数の場合，たとえば $n = 2$ であったとしてもその労力は大変なものになる．しかし，もし A が対角行列ならば，この問題も簡単である．たとえば

$$A = \begin{bmatrix} \alpha & 0 \\ 0 & \beta \end{bmatrix}$$

ならば

$$A^m = \begin{bmatrix} \alpha^m & 0 \\ 0 & \beta^m \end{bmatrix}$$

となる．
そこで，A が一般の場合にもこれと同じことができないか，と考えてみる．たとえば，ある正則行列 U があって

$$U^{-1}AU = \begin{bmatrix} \alpha & 0 \\ 0 & \beta \end{bmatrix}$$

となる場合を考える．ここで，$B = U^{-1}AU$ とおくと，
$$B^2 = (U^{-1}AU)(U^{-1}AU) = (U^{-1}A)(UU^{-1})(AU) = U^{-1}A^2U,$$
$$B^m = \underbrace{(U^{-1}AU)\cdots(U^{-1}AU)}_{m} = U^{-1}A^mU$$

したがって
$$A^m = UB^mU^{-1} = U\begin{bmatrix} \alpha^m & 0 \\ 0 & \beta^m \end{bmatrix}U^{-1}$$

となる．したがって，もし与えられた A に対して $U^{-1}AU$ が対角行列となるような U，α，β を求めることができれば，原理的には A^m をどんな大きな m に対しても計算できることになる．

それでは，A が与えられたとき，U や α，β はどうやって求めればよいだろう．そこで次の問題を考える．

問題 6.1.2 行列 A に対し，以下のような正則行列 U と α，β を求めよ：
$$U^{-1}AU = \begin{bmatrix} \alpha & 0 \\ 0 & \beta \end{bmatrix}.$$

このとき，A は U で対角化されると言う． □

そこで $U^{-1}AU = \begin{bmatrix} \alpha & 0 \\ 0 & \beta \end{bmatrix}$ と仮定すると，

$$AU = U\begin{bmatrix} \alpha & 0 \\ 0 & \beta \end{bmatrix}$$

である．このとき U を縦ベクトル (列ベクトル) を用いて
$$U = [\ \mathbf{p}_1,\ \mathbf{p}_2\ ]$$

と表せば，つぎは同値：
$$AU = U\begin{bmatrix} \alpha & 0 \\ 0 & \beta \end{bmatrix} \iff A\mathbf{p}_1 = \alpha\mathbf{p}_1,\ A\mathbf{p}_2 = \beta\mathbf{p}_2.$$

6.2 複素行列の固有値と固有ベクトル

前節の問題 6.1.2 を解くためには，つぎの問題が解ければよい．

問題 6.2.1 A を 2×2 行列とする．ある数 λ に対して
$$A\mathbf{x} = \lambda \mathbf{x} \tag{6.1}$$
となる $\mathbf{x}$ で，$\mathbf{x} \neq 0$ となる組み合わせ $(\mathbf{x}, \lambda)$ をすべて求めよ． □

$U = [\mathbf{p}_1, \mathbf{p}_2]$ だから $\mathbf{p}_1 = 0$ や $\mathbf{p}_2 = 0$ の場合は U は正則行列にならない．$\mathbf{x} \neq 0$ は，U が正則行列になるために必要である．

問題 6.2.1 は次のように書き換えることができる．

ここで，$\mathbf{x} = \begin{bmatrix} x \\ y \end{bmatrix}$ とすると，

$$A\mathbf{x} = \lambda \mathbf{x} \iff \begin{cases} a_{11}x + a_{12}y = \lambda x, \\ a_{21}x + a_{22}y = \lambda y, \end{cases}$$

$$\iff \begin{cases} (a_{11} - \lambda)x + a_{12}y = 0, \\ a_{21}x + (a_{22} - \lambda)y = 0. \end{cases}$$

$x = y = 0$ はこの方程式を満たす．$x = y = 0$ 以外の解を持つための必要十分条件は，つぎの定理で与えられる．

定理 6.2.2 以下の条件は互いに同値である：

(1) $A\mathbf{x} = \lambda \mathbf{x}$ が自明でない解を持つ．

(2) $\begin{bmatrix} a_{11} - \lambda & a_{12} \\ a_{21} & a_{22} - \lambda \end{bmatrix}$ は正則行列でない．

(3) $\begin{vmatrix} a_{11} - \lambda & a_{12} \\ a_{21} & a_{22} - \lambda \end{vmatrix} = 0.$

証明． 定理 3.3.2 により，(1) と (2) は同値である．定理 4.6.5 により，(2) と (3) は同値である． □

定理 6.2.2 (3) の多項式

$$\phi_A(t) = \begin{vmatrix} a_{11} - t & a_{12} \\ a_{21} & a_{22} - t \end{vmatrix} = \begin{vmatrix} t - a_{11} & -a_{12} \\ -a_{21} & t - a_{22} \end{vmatrix}$$

を行列 A の**固有多項式**という．また固有多項式の根，すなわち，$\phi_A(\lambda) = 0$ となる複素数 λ を行列 A の**固有値**という．固有値 λ に対して，定理 6.2.2 (1) の自明でない解ベクトル $\mathbf{x}$ のことを，**固有ベクトル**という．

定理 6.2.2 により，固有値 λ に対して，方程式 (6.1) は常に自明でない解を持つ．すなわち，λ を固有値にもつ固有ベクトルが必ず存在する．

例 6.2.3 $A = \begin{bmatrix} 1 & 2 \\ 2 & 1 \end{bmatrix}$ とする．A の固有値と固有ベクトルを求めてみよう．A の固有多項式は，定義より

$$|A - \lambda I_2| = \begin{vmatrix} 1 - \lambda & 2 \\ 2 & 1 - \lambda \end{vmatrix} = \lambda^2 - 2\lambda - 3 = (\lambda + 1)(\lambda - 3).$$

したがって A の固有値は $3, -1$ である．
(i) $\lambda = 3$ のとき，$A\mathbf{x} = 3\mathbf{x}$ は自明でない解を持つ．実際，

$$\begin{cases} x + 2y = 3x, \\ 2x + y = 3y. \end{cases}$$

したがって，$x = y$, したがって，$(x, y) = (1, 1)$ は自明でない解を与える．
(ii) $\lambda = -1$ のとき，$A\mathbf{x} = -\mathbf{x}$ から，$x = -y$ が分かる．したがって $A\mathbf{x} = -\mathbf{x}$ は自明でない解 $(x, y) = (1, -1)$ を持つ．

以上の計算より，

$$\mathbf{p}_1 = \begin{bmatrix} 1 \\ 1 \end{bmatrix}, \quad \mathbf{p}_2 = \begin{bmatrix} 1 \\ -1 \end{bmatrix}, \quad U = [\, \mathbf{p}_1, \, \mathbf{p}_2 \,]$$

とすれば，

$$AU = A[\, \mathbf{p}_1, \, \mathbf{p}_2 \,] = [\, 3\mathbf{p}_1, \, -\mathbf{p}_2 \,] = U \begin{bmatrix} 3 & 0 \\ 0 & -1 \end{bmatrix}$$

$\det(U) = -2 \neq 0$ だから，行列 U は正則である．したがって，
$$U^{-1}AU = \begin{bmatrix} 3 & 0 \\ 0 & -1 \end{bmatrix} \qquad (6.2)$$
が分かった．$\mathbf{p}_1, \mathbf{p}_2$ の順番を入れ替えてもよい．その場合には，$U^{-1}AU$ の対角成分 $3, -1$ の順番が入れ替わる．

このように，適当な正則行列 U を見つけて，$U^{-1}AU$ を対角行列にすることを，行列 A の**対角化**という． ∎

6.3 固有多項式と固有ベクトル

A を $n \times n$ 正方行列とする．このとき，2×2 の場合と同様に固有値，固有多項式，固有ベクトルを定義する．

定義 6.3.1 あるゼロでないベクトル $\mathbf{x}$ に対して，
$$A\mathbf{x} = \lambda \mathbf{x} \qquad (6.3)$$
となる複素数 λ を A の**固有値**という．また，このベクトル $\mathbf{x}$ を固有値 λ に対する A の**固有ベクトル**という． □

(6.3) が自明でない解を持つための必要十分条件は次のように与えられる．

定理 6.3.2 以下の条件は互いに同値である：

(1)　$A\mathbf{x} = \lambda \mathbf{x}$ が自明でない解を持つ．

(2)　$(\lambda I_n - A)\mathbf{x} = 0$ が自明でない解を持つ．

(3)　$\lambda I_n - A$ は正則行列でない．

(4)　$\left| \lambda I_n - A \right| = 0.$

証明． (1) と (2) は明らかに同値．定理 3.3.2 により，(2) と (3) は同値である．定理 4.6.5 により，(3) と (4) は同値である． □

定義 6.3.3　つぎの多項式を行列 A の**固有多項式**とよび，ϕ_A で表す：
$$\phi_A(t) = \left| tI_n - A \right|$$

定理 6.3.2 により，λ が $\phi_A = 0$ を満たすこと，すなわち $\phi_A = 0$ の解であることと，行列 A の固有値であることとは同値である．今後，固有多項式 ϕ_A の解を，行列 A の固有値という． □

固有値を定義 6.3.3 の意味にとると，定理 6.3.2 (1) と (4) が同値であることを言い換えれば，

定理 6.3.4　固有値 λ に対して，方程式 (6.3) は自明でない解を持つ．すなわち，λ を固有値にもつ固有ベクトルが必ず存在する． □

第 6 章の問題

1. 固有ベクトルを求め，行列を対角化せよ．

(i) $\begin{bmatrix} 7 & 0 & -3 \\ 28 & 1 & -14 \\ 10 & 0 & -4 \end{bmatrix}$
(ii) $\begin{bmatrix} -7 & -8 & 10 \\ 2 & 1 & -2 \\ -7 & -8 & 10 \end{bmatrix}$
(iii) $\begin{bmatrix} -1 & 6 & 0 \\ 0 & 2 & 0 \\ 4 & -12 & 1 \end{bmatrix}$

(iv) $\begin{bmatrix} 26 & -2 & -10 \\ 40 & -1 & -17 \\ 40 & -4 & -14 \end{bmatrix}$
(v) $\begin{bmatrix} -3 & -8 & 3 \\ 0 & -1 & 0 \\ -10 & -16 & 8 \end{bmatrix}$
(vi) $\begin{bmatrix} -34 & 6 & 3 \\ -165 & 29 & 15 \\ -66 & 12 & 5 \end{bmatrix}$

2. つぎの行列 A の固有値，固有ベクトルを求め，正則行列を用いて対角化できる場合には対角化せよ．

(i) $\begin{bmatrix} 1 & 2 & 2 \\ 0 & 2 & 1 \\ -1 & 2 & 2 \end{bmatrix}$
(ii) $\begin{bmatrix} 3 & 2 & -2 \\ -2 & -1 & 2 \\ 2 & 2 & -1 \end{bmatrix}$
(iii) $\begin{bmatrix} 1 & -3 & 2 \\ 0 & -2 & -1 \\ -1 & 1 & -3 \end{bmatrix}$

第 7 章

マルコフ連鎖

読者がレストランを開店しようと思ったとしよう．日本料理がいいか，西洋料理がよいか？ どちらで行けば経営がうまく行くか？ 迷ったときは，まずこの章の問題を解いてみることにしよう．「いや，西洋料理では大雑把過ぎる．フランス料理かイタリア料理のどちらにするかで迷っている」という向きには，第 7.3 節も読んでほしい．

和食と洋食の好みの割合を決めると，比較的短時間に，和食と洋食の需要はある一定の割合に収束する．その極限は，好みを決める行列の固有値 1 の固有ベクトルにほかならない．この章では，例を計算してそれを確かめる．

7.1 和食・洋食 (1)

問題 7.1.1 [1] ここでは話を簡単にするため，日本人は 1 人 1 日 1 食として，一様に次のような食事の傾向を持つとしよう：

(1) 和食を食べた翌日は，和食を食べる確率 $\frac{1}{2}$，洋食を食べる確率 $\frac{1}{2}$，逆に

(2) 洋食を食べた翌日は，和食を食べる確率 $\frac{2}{3}$，洋食を食べる確率 $\frac{1}{3}$ である．

(3) 1 日 1 回，和食と洋食のいずれか一方だけを必ず食べる．

さらに，日本人の $x\,\%$ が元旦に和食 (たとえば，雑煮) を，$y\,\%$ が洋食を食べたとしよう．仮定 (3) により $x+y=100$ である．

そこで次の問題を考える．

---

[1] この形での問題提示は九州大学の岩崎克則氏の発案である．

問 1-1. 1 月 2 日には和食,洋食の割合はいくらか.

問 1-2. 364 日後 大晦日にはどうなるか.

問 1-3. 無限に日数が経つとどうなるか. □

この問題は,数学の専門用語を用いれば,「マルコフ連鎖」と呼ばれるものの特別な場合である.この問題は,行列の固有値と固有ベクトルを用いて解くことができる.行列 A を

$$A = \begin{bmatrix} \frac{1}{2} & \frac{2}{3} \\ \frac{1}{2} & \frac{1}{3} \end{bmatrix}$$

とする.

問 1-1 の解答. 2 日目(1 月 2 日)の和食,洋食をそれぞれ x_2 %, y_2 % とすれば仮定 (1), (2) により

$$\begin{bmatrix} x_2 \\ y_2 \end{bmatrix} = \begin{bmatrix} \frac{1}{2}x + \frac{2}{3}y \\ \frac{1}{2}x + \frac{1}{3}y \end{bmatrix} = A \begin{bmatrix} x \\ y \end{bmatrix}.$$

問 1-2 の解答. n 日目の和食,洋食をそれぞれ x_n %, y_n % とすれば

$$\begin{bmatrix} x_{365} \\ y_{365} \end{bmatrix} = A^{364} \begin{bmatrix} x_1 \\ y_1 \end{bmatrix} = A^{364} \begin{bmatrix} x \\ y \end{bmatrix}$$

□

したがって,A^{364} や A^n ($n \to \infty$) を計算したい.そこで,第 6 章で考えたように,A を対角化する.ところで,$n \to \infty$ のとき,x_n, y_n が仮に収束したとしよう:

$$x_\infty = \lim_{n \to \infty} x_n, \quad y_\infty = \lim_{n \to \infty} y_n$$

とすると

$$\begin{bmatrix} x_\infty \\ y_\infty \end{bmatrix} = \lim_{n \to \infty} A^n \begin{bmatrix} x_1 \\ y_1 \end{bmatrix}$$

このとき

$$A \begin{bmatrix} x_\infty \\ y_\infty \end{bmatrix} = \lim_{n \to \infty} A^{n+1} \begin{bmatrix} x_1 \\ y_1 \end{bmatrix} = \begin{bmatrix} x_\infty \\ y_\infty \end{bmatrix} \tag{7.1}$$

となるであろう．とすれば A の固有値 1 の固有ベクトルを求めれば，問 1-3 が解けるはずである．

A を対角化するために，A の固有値を求める：

$$\phi_A(t) = |\, tI_2 - A \,| = \begin{vmatrix} t - \frac{1}{2} & -\frac{2}{3} \\ -\frac{1}{2} & t - \frac{1}{3} \end{vmatrix}$$
$$= t^2 - \frac{5}{6}t - \frac{1}{6} = (t-1)(t+\frac{1}{6}).$$

したがって，A の固有値は 1 と $-\frac{1}{6}$ である．

以下，これらに対応する固有ベクトルを計算しよう．

(i) 固有値 1 のとき，つぎの連立方程式を解く：

$$A \begin{bmatrix} u \\ v \end{bmatrix} = \begin{bmatrix} u \\ v \end{bmatrix}.$$

したがって，

$$\frac{1}{2}u + \frac{2}{3}v = u, \quad \frac{1}{2}u + \frac{1}{3}v = v, \quad \therefore 3u = 4v.$$

したがって，固有ベクトルは定数倍の差を除いて

$$\mathbf{p}_1 = \begin{bmatrix} 4 \\ 3 \end{bmatrix}$$

となる．

(ii) 固定値 $-\frac{1}{6}$ のとき，つぎの連立方程式を解く：

$$A \begin{bmatrix} u \\ v \end{bmatrix} = -\frac{1}{6} \begin{bmatrix} u \\ v \end{bmatrix}.$$

したがって $\frac{1}{2}u + \frac{2}{3}v = -\frac{1}{6}u$, したがって，$u = -v$. したがって，定数倍の差を除き，固有ベクトルは

$$\mathbf{p}_2 = \begin{bmatrix} -1 \\ 1 \end{bmatrix}$$

となる．

(iii) つぎに，固有ベクトルを用いて，行列 A を対角化する．

$$P = [\ \mathbf{p}_1,\ \mathbf{p}_2\ ] = \begin{bmatrix} 4 & -1 \\ 3 & 1 \end{bmatrix}$$

とすると

$$AP = [\ A\mathbf{p}_1,\ A\mathbf{p}_2\ ] = \left[\ \mathbf{p}_1,\ -\frac{1}{6}\mathbf{p}_2\ \right]$$

$$= [\ \mathbf{p}_1,\ \mathbf{p}_2\ ] \begin{bmatrix} 1 & 0 \\ 0 & -\frac{1}{6} \end{bmatrix} = P \begin{bmatrix} 1 & 0 \\ 0 & -\frac{1}{6} \end{bmatrix}.$$

よって，

$$P^{-1} = \begin{bmatrix} \frac{1}{7} & \frac{1}{7} \\ -\frac{3}{7} & \frac{4}{7} \end{bmatrix}, \quad P^{-1}AP = \begin{bmatrix} 1 & 0 \\ 0 & -\frac{1}{6} \end{bmatrix}.$$

したがって，

$$\begin{bmatrix} x_{n+1} \\ y_{n+1} \end{bmatrix} = A^n \begin{bmatrix} x \\ y \end{bmatrix} = P(P^{-1}AP)^n P^{-1} \begin{bmatrix} x \\ y \end{bmatrix}$$

$$= \begin{bmatrix} 4 & -1 \\ 3 & 1 \end{bmatrix} \begin{bmatrix} 1 & 0 \\ 0 & (-\frac{1}{6})^n \end{bmatrix} \begin{bmatrix} \frac{1}{7} & \frac{1}{7} \\ -\frac{3}{7} & \frac{4}{7} \end{bmatrix} \begin{bmatrix} x \\ y \end{bmatrix}$$

$$= \begin{bmatrix} \frac{400}{7} + (-\frac{1}{6})^n \left(\frac{3x-4y}{7}\right) \\ \frac{300}{7} - (-\frac{1}{6})^n \left(\frac{3x-4y}{7}\right) \end{bmatrix} \quad (x+y=100 \text{ より})$$

となる．

問 1-3 の解答． ここまでの計算で，問 1-3 の解答を与えることができる．たとえば，年頭に全員が和食から出発して，$x=100$，$y=0$ としても，$7 \cdot 6^{10} = 423263232 \fallingdotseq 4 \cdot 10^8$ だから 1 月 11 日にはもう

$$\frac{1}{7 \cdot 6^{10}}(3x-4y) \fallingdotseq \frac{1}{10^6}, \quad \begin{bmatrix} x_{11} \\ y_{11} \end{bmatrix} \fallingdotseq \begin{bmatrix} \frac{400}{7} \pm \frac{1}{10^6} \\ \frac{300}{7} \pm \frac{1}{10^6} \end{bmatrix}$$

となる．無限に日数が経過すれば

$$\lim_{n \to \infty} \begin{bmatrix} x_n \\ y_n \end{bmatrix} = \begin{bmatrix} \frac{400}{7} \\ \frac{300}{7} \end{bmatrix} \tag{7.2}$$

となって，両者の割合は $4:3$ に近づく．(7.1) ですでに注意したように，これは行列 A の固有値 1 の固有ベクトルである．したがって，この場合には，

> 安定状態と固有値 1 の固有ベクトルが対応する．

7.2 和食・洋食 (2)

問題 7.2.1 A を変えたらどうなるか計算せよ． □

解答．
$$A = \begin{bmatrix} a & b \\ c & d \end{bmatrix}, \quad a+c = b+d = 1$$

とおく．ここで $a, b, c, d > 0$ とする．A の固有値を求める：
$$\phi_A(t) = |tI_2 - A| = t^2 - (a+d)t + a+d-1$$
$$= (t-1)\{t-(a+d-1)\}.$$

したがって，固有値は $1, a+d-1$ である．つぎに固有ベクトルを求める．

(i) 固有値 1 のとき，
$$A \begin{bmatrix} u \\ v \end{bmatrix} = \begin{bmatrix} u \\ v \end{bmatrix}.$$

したがって，
$$au + bv = u, \quad cu + dv = v, \quad \therefore \quad cu = bv.$$

したがって，固有ベクトルは定数倍の差を除いて
$$\mathbf{p}_1 = \begin{bmatrix} b \\ c \end{bmatrix}.$$

(ii) 固有値 $a+d-1$ のとき
$$A \begin{bmatrix} u \\ v \end{bmatrix} = (a+d-1) \begin{bmatrix} u \\ v \end{bmatrix} = (a-b) \begin{bmatrix} u \\ v \end{bmatrix},$$

$$au + bv = (a-b)u, \quad u = -v.$$

よって

$$\mathbf{p}_2 = \begin{bmatrix} -1 \\ 1 \end{bmatrix}, \quad P = [\ \mathbf{p}_1,\ \mathbf{p}_2\ ] = \begin{bmatrix} b & -1 \\ c & 1 \end{bmatrix}$$

とおくと,

$$P^{-1} = \frac{1}{b+c}\begin{bmatrix} 1 & 1 \\ -c & b \end{bmatrix}, \quad P^{-1}AP = \begin{bmatrix} 1 & 0 \\ 0 & a-b \end{bmatrix}.$$

したがって,

$$A^n = P(P^{-1}AP)^n P^{-1} = P\begin{bmatrix} 1 & 0 \\ 0 & (a-b)^n \end{bmatrix}P^{-1},$$

$$A^n \begin{bmatrix} x \\ y \end{bmatrix} = P(P^{-1}AP)^n P^{-1}\begin{bmatrix} x \\ y \end{bmatrix} = \begin{bmatrix} \frac{100b}{b+c} + \frac{cx-by}{b+c}\cdot (a-b)^n \\ \frac{100c}{b+c} - \frac{cx-by}{b+c}\cdot (a-b)^n \end{bmatrix}.$$

したがって, $-1 < a-b < 1$ より

$$\lim_{n\to\infty} A^n \begin{bmatrix} x \\ y \end{bmatrix} = \begin{bmatrix} \frac{100b}{b+c} \\ \frac{100c}{b+c} \end{bmatrix}. \tag{7.3}$$

ここで次のことに注意しておこう.

(1) 行列 A の固有値を $1, \beta$ とすると $|\beta| < 1$ である.

(2) 極限 $\displaystyle\lim_{n\to\infty} A^n \begin{bmatrix} x \\ y \end{bmatrix}$ は存在する. この極限を $\begin{bmatrix} x_\infty \\ y_\infty \end{bmatrix}$ とすると, $\begin{bmatrix} x_\infty \\ y_\infty \end{bmatrix}$ は, A の固有値 1 の固有ベクトルである. すなわち

$$A\begin{bmatrix} x_\infty \\ y_\infty \end{bmatrix} = \lim_{n\to\infty} A^{n+1}\begin{bmatrix} x \\ y \end{bmatrix} = \begin{bmatrix} x_\infty \\ y_\infty \end{bmatrix}.$$

したがって, (2) を認めれば $\begin{bmatrix} x_\infty \\ y_\infty \end{bmatrix}$ は A の固有値 1 の固有ベクトルで, $x_\infty + y_\infty = 100$ を満たすものとして求めることもできる.

7.3 和食・洋食・中華

今度は和食,洋食,中華の 3 種類で同じ問題を考える.元旦に和食,洋食,中華を食べるのはそれぞれ,x %, y %, z % $(x+y+z=100)$ とし,2 日以後以下の好みにしたがって,食事を選択するものとする:

(1) 和食の翌日は,和食を a_{11}, 洋食を a_{21}, 中華を a_{31} の割合で選択する.

(2) 洋食の翌日は,和食を a_{12}, 洋食を a_{22}, 中華を a_{32} の割合で選択する.

(3) 中華の翌日は,和食を a_{13}, 洋食を a_{23}, 中華を a_{33} の割合で選択する.

ただし,
$$a_{11}+a_{21}+a_{31}=1, \quad a_{12}+a_{22}+a_{32}=1,$$
$$a_{13}+a_{23}+a_{33}=1, \quad a_{ij} \geqq 0.$$

ここで,行列 A を次のように定義する:

$$A = \begin{bmatrix} a_{11} & a_{12} & a_{13} \\ a_{21} & a_{22} & a_{23} \\ a_{31} & a_{32} & a_{33} \end{bmatrix}. \tag{7.4}$$

第一日目の割合を和食・洋食・中華の順に x %, y %, z % とし,第 n 日目の割合を同様に x_n %, y_n %, z_n % とすれば,

$$\begin{bmatrix} x_n \\ y_n \\ z_n \end{bmatrix} = A^{n-1} \begin{bmatrix} x \\ y \\ z \end{bmatrix} \tag{7.5}$$

となる.

例 7.3.1 例として,つぎの場合を考える.
$$a_{11}=a_{21}=a_{31}=\frac{1}{3}, \quad a_{12}=a_{32}=\frac{1}{4},$$
$$a_{22}=\frac{1}{2}, \quad a_{13}=a_{23}=a_{33}=\frac{1}{3}$$

にとると

$$A = \begin{bmatrix} \frac{1}{3} & \frac{1}{4} & \frac{1}{3} \\ \frac{1}{3} & \frac{1}{2} & \frac{1}{3} \\ \frac{1}{3} & \frac{1}{4} & \frac{1}{3} \end{bmatrix}.$$

このとき

$$\phi_A(t) = \mid tI_3 - A \mid$$

とすれば,

$$\phi_A(t) = \begin{vmatrix} t-\frac{1}{3} & -\frac{1}{4} & -\frac{1}{3} \\ -\frac{1}{3} & t-\frac{1}{2} & -\frac{1}{3} \\ -\frac{1}{3} & -\frac{1}{4} & t-\frac{1}{3} \end{vmatrix} = t(t-1)(t-\frac{1}{6}).$$

以上により A の固有値は $0, \frac{1}{6}, 1$ である.A の固有ベクトルを計算する.

(i) 固有値が 1 のとき,

$$A \begin{bmatrix} u \\ v \\ w \end{bmatrix} = \begin{bmatrix} u \\ v \\ w \end{bmatrix}$$

を解くと,

$$\frac{1}{3}u + \frac{1}{4}v + \frac{1}{3}w = u,$$
$$\frac{1}{3}u + \frac{1}{2}v + \frac{1}{3}w = v,$$
$$\frac{1}{3}u + \frac{1}{4}v + \frac{1}{3}w = w.$$

これより,$u = w, v = \frac{4}{3}w$ となる.したがって,固有ベクトルは定数倍の差を除き $^t[\,3,\,4,\,3\,]$ である.

(ii) 固有値が 0 のときは

$$\frac{1}{3}u + \frac{1}{4}v + \frac{1}{3}w = 0,$$
$$\frac{1}{3}u + \frac{1}{2}v + \frac{1}{3}w = 0,$$
$$\frac{1}{3}u + \frac{1}{4}v + \frac{1}{3}w = 0.$$

これより,$v = 0, u + w = 0$.したがって,固有ベクトルは定数倍の差を除き

$^t[\,1,\ 0,\ -1\,]$ である．

(iii) 最後に固有値が $\frac{1}{6}$ の場合，
$$\frac{1}{3}u + \frac{1}{4}v + \frac{1}{3}w = \frac{1}{6}u,$$
$$\frac{1}{3}u + \frac{1}{2}v + \frac{1}{3}w = \frac{1}{6}v,$$
$$\frac{1}{3}u + \frac{1}{4}v + \frac{1}{3}w = \frac{1}{6}w.$$

したがって，$u = w, v = -2w$ が分かる．よって，固有ベクトルは定数倍の差を除き $^t[\,1,\ -2,\ 1\,]$ となる．以上により

$$\mathbf{p}_1 = \begin{bmatrix} 3 \\ 4 \\ 3 \end{bmatrix},\ \mathbf{p}_2 = \begin{bmatrix} 1 \\ 0 \\ -1 \end{bmatrix},\ \mathbf{p}_3 = \begin{bmatrix} 1 \\ -2 \\ 1 \end{bmatrix},\ P = [\,\mathbf{p}_1,\ \mathbf{p}_2,\ \mathbf{p}_3\,]$$

とすれば，

$$AP = [\,A\mathbf{p}_1,\ A\mathbf{p}_2,\ A\mathbf{p}_3\,] = \left[\,\mathbf{p}_1,\ 0,\ \frac{1}{6}\mathbf{p}_3\,\right] = P \begin{bmatrix} 1 & 0 & 0 \\ 0 & 0 & 0 \\ 0 & 0 & \frac{1}{6} \end{bmatrix}.$$

したがって，

$$\lim_{n\to\infty} A^n = \lim_{n\to\infty} P \begin{bmatrix} 1 & 0 & 0 \\ 0 & 0 & 0 \\ 0 & 0 & (\frac{1}{6})^n \end{bmatrix} P^{-1} = P \begin{bmatrix} 1 & 0 & 0 \\ 0 & 0 & 0 \\ 0 & 0 & 0 \end{bmatrix} P^{-1}.$$

P^{-1} は掃き出し法によって

$$P^{-1} = \begin{bmatrix} \frac{1}{10} & \frac{1}{10} & \frac{1}{10} \\ \frac{1}{2} & 0 & -\frac{1}{2} \\ \frac{1}{5} & -\frac{3}{10} & \frac{1}{5} \end{bmatrix} \tag{7.6}$$

となる．もし 和食 $x_1 = x$ ％，洋食 $y_1 = y$ ％，中華 $z_1 = z$ ％ から始めれば $(x + y + z = 100)$

$$\lim_{n\to\infty} A^n \begin{bmatrix} x \\ y \\ z \end{bmatrix} = P \begin{bmatrix} 1 & 0 & 0 \\ 0 & 0 & 0 \\ 0 & 0 & 0 \end{bmatrix} P^{-1} \begin{bmatrix} x \\ y \\ z \end{bmatrix}$$

$$= \begin{bmatrix} 3 & 0 & 0 \\ 4 & 0 & 0 \\ 3 & 0 & 0 \end{bmatrix} \begin{bmatrix} \frac{1}{10} & \frac{1}{10} & \frac{1}{10} \\ \frac{1}{2} & 0 & -\frac{1}{2} \\ \frac{1}{5} & -\frac{3}{10} & \frac{1}{5} \end{bmatrix} \begin{bmatrix} x \\ y \\ z \end{bmatrix}$$

$$= \begin{bmatrix} \frac{3}{10} & \frac{3}{10} & \frac{3}{10} \\ \frac{4}{10} & \frac{4}{10} & \frac{4}{10} \\ \frac{3}{10} & \frac{3}{10} & \frac{3}{10} \end{bmatrix} \begin{bmatrix} x \\ y \\ z \end{bmatrix} = \begin{bmatrix} 30 \\ 40 \\ 30 \end{bmatrix}.$$

問題 7.3.2 P^{-1} が (7.6) に等しいことを確かめよ．

第 7 章の問題

1. 以下の場合に，安定状態での和・洋・中華の割合を求めよ．

(i) $A = \begin{bmatrix} \frac{1}{7} & \frac{3}{7} & \frac{3}{7} \\ \frac{3}{7} & \frac{1}{7} & \frac{3}{7} \\ \frac{3}{7} & \frac{3}{7} & \frac{1}{7} \end{bmatrix}$ (ii) $A = \begin{bmatrix} \frac{2}{7} & \frac{2}{7} & \frac{2}{7} \\ \frac{2}{7} & \frac{3}{7} & \frac{2}{7} \\ \frac{3}{7} & \frac{2}{7} & \frac{3}{7} \end{bmatrix}$

(iii) $A = \begin{bmatrix} \frac{3}{10} & \frac{1}{5} & \frac{1}{2} \\ \frac{3}{10} & \frac{3}{10} & \frac{3}{10} \\ \frac{2}{5} & \frac{1}{2} & \frac{1}{5} \end{bmatrix}$ (iv) $A = \begin{bmatrix} \frac{1}{2} & \frac{1}{3} & \frac{1}{3} \\ 0 & \frac{1}{3} & \frac{1}{3} \\ \frac{1}{2} & \frac{1}{3} & \frac{1}{3} \end{bmatrix}$

第8章
量子力学の中の固有ベクトル

　この章では，固有値と固有ベクトルを自然界のなかから探してくる．水素原子の電子の満たす波動方程式で考えると，固有ベクトルはちょうど，電子の回る軌道に対応し，その電子のエネルギーは固有値の逆数の2乗に相当する．

8.1　結晶格子の中の分子

1.　この章の目的

　この章では，量子力学の中に現われる微分方程式のいくつかが，線形代数の方法で解けることを説明する．結晶の格子で固定されているはずの分子や，水素原子の中の電子が，量子力学ではどんな方程式を通じて理解されるかを，まず復習する．解くべき方程式は波動方程式とよばれ，難しい方程式ではあるが，適当な仮定のもとで少し変数変換をすれば，典型的な線形代数の方程式になる．本章の目的は，それを線形代数を用いて解くことである．

　量子力学と聞いただけでしりごみする必要はない．筆者も専門家ではないから，物理学の議論に深く立ち入るわけではない．にもかかわらず物理学の話題を取り上げるのは，線形代数が単に数学の中だけの理論ではなく，確固たる現実の裏付けのあるものだ，ということを理解してもらいたいからである．

　この章を読むためには，線形写像や抽象的ベクトル空間の定義を知らなくても支障ない．むしろこの章を読むことによって，それがどのようなものであるか，感覚的につかめるようになるだろう．この章を読んだあとで線形写像やベクトル空間の章を読み，そのあともう一度この章を読むと，一層良く理解できるだろう．

第 8.2 節では，数学の問題として単純な形に整理するので，物理の説明が苦手な読者は，第 8.2 節まで読みとばしても差し支えない．

2. 自然の法則

もともと古典力学も量子力学も，「自然の法則はこうなっているのだろう」という推測に基づいて，近似的に方程式を立てて解いている．現象の本質的な部分を捉えた方程式を見つけて，それを解くことができればよい，という考え方である．正しいと信じられる推測は，多くの場合，原理とか法則と呼ばれる．しかし，数学のように論理だけで証明することはできないから，定理と呼ばれることはない．ニュートンの運動方程式さえも，厳密にはそのようなものである．

しかし，分子のような極微の世界では，古典力学と同じ方程式を解いたのでは正しく現象を説明できない．この難点を克服するために，古典力学からの自然な (量子力学的な) 類推によって導入された方程式，すなわち波動方程式 (シュレーディンガーの波動方程式) が，今度はニュートンの運動方程式に代わって現象を記述する．これは，分子などのふるまいを非常によく記述する，と考えられている．

3. バネと古典力学

結晶の中の粒子 (分子) は静止しているというのが古典的な描像，つまり，非専門家の常識的な考え方であるが，量子力学的にはそうではない．結晶の格子点を中心に，粒子はブルブル振動している．その振動の状態は，波動方程式を解くことによって完全に理解される．

まず，普通のバネを想像しよう．バネの先端の物体に，座標 x に比例した強さで，中心 ($x=0$) へ戻そうとする力が働くような，普通のバネである．これは，ニュートンの運動方程式

$$m\frac{d^2x}{dt^2} = -kr \quad (ただし，k > 0)$$

を満たし，古典力学的な 1 次元**調和振動子**と呼ばれる．ここで k を「バネ定数」と呼ぶ．この方程式は厳密に解くことができ，適当な定数 A, a によって

$$x = A\sin(\omega t + a) \quad (ただし，\omega = \sqrt{\frac{k}{m}})$$

と表される．

結晶の中に格子状にならんだ分子は，本来の静止位置 $x=0$ からの距離 x に比例してバネのように，もとに戻そうとする力を受ける．位置 x まで変形するのに必要なエネルギーは積分によって得られ，

$$\int_0^x kx dx = \frac{1}{2}kx^2$$

となる．これと運動エネルギー

$$\frac{1}{2}mv^2 = \frac{1}{2}m(\frac{dx}{dt})^2$$

の和がその粒子の全エネルギー E を与える：

$$E = \frac{1}{2}mv^2 + \frac{1}{2}kx^2 = \frac{1}{2m}P^2 + \frac{1}{2}kx^2. \tag{8.1}$$

ただし，m は粒子の質量，$v = \frac{dx}{dt}$ は速度，P は運動量 $P = mv$ を表す．

4. 波動方程式—量子力学による修正

結晶の中に格子状にならんだ分子の運動を理解するためには，古典力学的な考え方では不十分である．正しく理解するためには，量子力学の標準的な考え方にしたがって，(8.1) の運動エネルギーの 2 乗 P^2 を $(-\hbar^2 \frac{d^2}{dx^2})$ で置き換え，方程式 (8.1) も次の波動方程式で置き換えなければならない：

$$\frac{\hbar^2}{2m}\frac{d^2\psi}{dx^2} + (E - \frac{1}{2}kx^2)\psi = 0 \tag{8.2}$$

ここで $\hbar$ はプランク定数を表し，ψ は粒子の運動ないし分布を記述する関数である．以後，これを (量子力学的な 1 次元**調和振動子**の) 波動関数とよぶ．

ここで，(8.2) を解きやすいように単純化する．適当な変数変換をして，さらに定数を適当に正規化すれば，(8.2) は次のようになる：

$$\frac{d^2\psi}{dx^2} - x^2\psi = \alpha\,\psi. \tag{8.3}$$

ここで，α はある定数を表す．このとき，$(-\alpha)$ は粒子の全エネルギー E に相当する量で，これから考える例では離散的な値 (とびとびの値) をとる．

問題は，(8.3) を満足する関数と定数とをすべて求めることである．ここで

$$\psi(x) = e^{-x^2/2} f(x) \tag{8.4}$$

とおけば，計算により（計算結果を信じればよい）
$$\frac{d\psi}{dx} = -xe^{-x^2/2}f(x) + e^{-x^2/2}\frac{df}{dx},$$
$$\frac{d^2\psi}{dx^2} = e^{-x^2/2}(\frac{d^2f}{dx^2} - 2x\frac{df}{dx} + (x^2-1)f).$$

5. 線形代数の問題

したがって，(8.3) は次の方程式
$$\frac{d^2f}{dx^2} - 2x\frac{df}{dx} - f = \alpha f \tag{8.5}$$
と同値である．(これも信じればよい．)

無限に遠いところには粒子はない，という当然の事実を考慮すると，$f(x)$ は x の多項式であることが証明できる[1]．ひとたび多項式であることが分かれば，方程式 (8.5) は線形代数の問題として解くことができる．つぎの節では，$f(x)$ が多項式の場合に方程式 (8.5) を解く．

8.2 調和振動子の波動方程式の固有ベクトル

この節からは数学である．この節では，$f(x)$ が多項式の場合に方程式 (8.5) を解く．ここでは簡単のため，
$$V = \{\, f(x) \,;\, x\text{ の次数 2 以下の複素係数多項式}\,\}$$
として，つぎの写像 F を考える：
$$F(f) = \frac{d^2f}{dx^2} - 2x\frac{df}{dx} - f.$$
ただし，$f(x) \in V$ とする．多項式 $f(x) \in V$ は高々 2 次式だから，$F(f(x))$ もまた高々 2 次の多項式である．たとえば，$F(x^2) = -5x^2 + 2$ である．したがって，F は V を V に写す写像である．また，(8.5) は
$$F(f) = \alpha f \tag{8.6}$$
となる．(8.6) を満たす f を，F の固有値 α に対応する固有ベクトルと呼ぶ．

---

[1] 粒子は格子点 $x=0$ の近くにあって，無限に遠いところには粒子はない．つまり，$x \to \infty$ のとき $\psi(x) \to 0$ となるはずである．多項式でない $f(x)$ が (8.3) を満たすこともある．しかし，その場合には $x \to \infty$ のとき $\psi(x) \to 0$ とならない．

問題 8.2.1 F の固有ベクトル，すなわち，(8.6) を満たす $f(x) \in V$ と定数 α をすべて求めよ． □

注意 8.2.2 この F は線形微分作用素とよばれる．f を用いずに表せば，
$$F = \frac{d^2}{dx^2} - 2x\frac{d}{dx} - 1$$
となる．F 自身は $\frac{d^2}{dx^2}$ や $x\frac{d}{dx}$ を含んでいるから，関数ではないことに注意しよう．F は関数ではなくて，F は関数の集合（正確には，関数のなすベクトル空間）から関数の集合への写像である．微分作用素 F は，x の関数 f が与えられると，関数 f に作用してまた x の関数 $F(f)$ を与える．最後の (-1) はかけ算として作用し，$(-1)f = -f$ と解釈する．

線形微分作用素は線形写像のもっとも重要な例である．この章には線形写像という言葉が出て来るが，第 10 章でくわしく説明するので，ここでは説明しない．この章では，$F(f)$ の右辺の意味がわかれば十分である． □

問題 8.2.1 の解答． もっと一般に $f(x) \in V$ をとり
$$f(x) = ax^2 + bx + c \quad (a,\ b,\ c \in \mathbf{C})$$
とおく．このとき $f'(x) = 2ax + b$, $f''(x) = 2a$ だから，
$$F(ax^2 + bx + c) = 2a - 2x(2ax + b) - (ax^2 + bx + c)$$
$$= -5ax^2 - 3bx + (2a - c)$$
である．したがって，(8.6) は次と同値である：
$$-5ax^2 - 3bx + (2a - c) = \alpha\left(ax^2 + bx + c\right)$$
係数を比較すれば，これは次と同値である．
$$-5a = \alpha a, \quad -3b = \alpha b, \quad 2a - c = \alpha c.$$
したがって
$$A = \begin{bmatrix} -5 & 0 & 0 \\ 0 & -3 & 0 \\ 2 & 0 & -1 \end{bmatrix} \tag{8.7}$$
とすると，

$$A\begin{bmatrix} a \\ b \\ c \end{bmatrix} = \alpha \begin{bmatrix} a \\ b \\ c \end{bmatrix}. \tag{8.8}$$

以上の計算をまとめると，(8.6) と (8.8) は同値である．すなわち,

つぎは同値である．

(1) $F(ax^2 + bx + c) = \alpha(ax^2 + bx + c)$.

(2) $A\begin{bmatrix} a \\ b \\ c \end{bmatrix} = \alpha \begin{bmatrix} a \\ b \\ c \end{bmatrix}$.

したがって, (8.7) の行列 A の固有ベクトルを求めればよいが, 行列の形から A の固有多項式は

$$\phi_A(t) = \mid tI_3 - A \mid = (t+1)(t+3)(t+5)$$

に等しい．したがって, A の固有値 α は $-1, -3, -5$ である．固有ベクトルを求めるには, おのおのの固有値に応じて, 方程式 (8.8) を解けばよい．

(i) 固有値 $\alpha = -1$ の固有ベクトルは,

$$A\begin{bmatrix} a \\ b \\ c \end{bmatrix} = -\begin{bmatrix} a \\ b \\ c \end{bmatrix}$$

を解くと,

$$a = b = 0, \quad c \neq 0 \text{ (任意)}.$$

したがって, A の固有値 -1 の固有ベクトルは $^t[0,\ 0,\ 1]$ であり，また, $f_0(x) = 1$ が F の固有値 -1 の固有ベクトルとなる．

(ii) つぎに，固有値 α が -3 のときを考える．このとき，(8.8) は

$$A \begin{bmatrix} a \\ b \\ c \end{bmatrix} = -3 \begin{bmatrix} a \\ b \\ c \end{bmatrix}$$

となる．これを解くと，

$$-5a = -3a, \quad -3b = -3b, \quad 2a - c = -3c.$$

したがって，$a = c = 0$．よって ${}^t[0,\ 1,\ 0]$ が A の固有値 -3 の固有ベクトルであり $f_1(x) = x$ が F の固有値 -3 の固有ベクトルである．

(iii) 固有値 $\alpha = -5$ のとき，固有ベクトルの方程式 (8.6) は

$$-3b = -5b, \quad 2a - c = -5c$$

となる．したがって，$b = 0, a = -2c$，よって，${}^t[2,\ 0,\ -1]$ が A の固有ベクトルであり $f_2(x) = 2x^2 - 1$ が F の固有値 -5 の固有ベクトルである． □

以上の結果を表にまとめた．表の中のエネルギーは，粒子のエネルギーを絶対定数の倍数として表している．固有ベクトルは，安定状態に対応するものと考えられている．

固有値 α	A の固有ベクトル	F の固有ベクトル	エネルギー E
-1	${}^t[0,0,1]$	1	1
-3	${}^t[0,1,0]$	x	3
-5	${}^t[2,0,-1]$	$2x^2 - 1$	5

表 8.1　F の固有ベクトル (調和振動子の場合)

最後に，大切な次の事実を確認しておこう．

F の固有ベクトルは，粒子 (調和振動子) の安定状態を表わす．また，対応する固有値の絶対値は粒子のエネルギーを表わす．

8.3 例題

物理の問題とは関係ないが，もう少し簡単な例で考えてみよう．
$$V = \{\, ax + b \,;\, a, b \in \mathbf{C} \,\}$$
とする．$f \in V$ に対して，つぎのように定義する．
$$F(f(x)) = (5-x)f'(x) + (3x-3)f(0).$$

問題 8.3.1 F の固有ベクトルを求めよ． □

$f(x) = ax + b$ とすると
$$F(f(x)) = (5-x)a + (3x-3)b = (-a+3b)x + (5a-3b).$$
したがって，以下は同値である：

$ax + b$ が F の固有値 α の固有ベクトル

$\overset{\text{def}}{\iff}$ $F(ax+b) = \alpha(ax+b)$

$\iff$ $(5-x)a + (3x-3)b = \alpha(ax+b)$

$\iff$ $-a + 3b = \alpha a, \quad 5a - 3b = \alpha b$

$\iff$ $\begin{bmatrix} -1 & 3 \\ 5 & -3 \end{bmatrix} \begin{bmatrix} a \\ b \end{bmatrix} = \alpha \begin{bmatrix} a \\ b \end{bmatrix}$

$\iff$ $\begin{bmatrix} a \\ b \end{bmatrix}$ は $\begin{bmatrix} -1 & 3 \\ 5 & -3 \end{bmatrix}$ の固有値 α の固有ベクトル．

以上をまとめると，

つぎは同値である：

(1) $f(x) = ax + b$ が F の固有値 α の固有ベクトル．

(2) $\begin{bmatrix} a \\ b \end{bmatrix}$ が行列 $\begin{bmatrix} -1 & 3 \\ 5 & -3 \end{bmatrix}$ の固有値 α の固有ベクトル．

問題 8.3.1 に答えるには，つぎの問題 8.3.2 を解けばよい．

問題 8.3.2 行列 $A := \begin{bmatrix} -1 & 3 \\ 5 & -3 \end{bmatrix}$ の固有ベクトルを求めよ． □

解答． 行列 A の固有多項式 $\phi_A(t)$ を計算する：
$$\phi_A(t) = |\, tI_2 - A \,| = \begin{vmatrix} t+1 & -3 \\ -5 & t+3 \end{vmatrix} = (t-2)(t+6).$$

したがって，固有値は 2 と -6 である．

(i) 固有値が 2 の固有ベクトルを求める．
$$A \begin{bmatrix} a \\ b \end{bmatrix} = 2 \begin{bmatrix} a \\ b \end{bmatrix}$$

とする．したがって，$-a + 3b = 2a$, $b = a$. よって $a \cdot {}^t[1,\ 1]$ が固有ベクトル，ただし，a は定数．

(ii) つぎに，固有値が -6 の固有ベクトルを求める．
$$A \begin{bmatrix} a \\ b \end{bmatrix} = -6 \begin{bmatrix} a \\ b \end{bmatrix}$$

とする．したがって，$-a + 3b = -6a$, $3b = -5a$. よって $c \cdot {}^t[3,\ -5]$ が固有ベクトル，ただし c は定数． □

以上の結果を用いて問題 8.3.1 に答えることができる．

問題 8.3.1 の解答． 最初の言い換えによって，つぎは同値：
$$F(ax+b) = \alpha(ax+b) \iff A \begin{bmatrix} a \\ b \end{bmatrix} = \alpha \begin{bmatrix} a \\ b \end{bmatrix}.$$

したがって，F の固有ベクトルは，
$$c \cdot (x+1) \quad (c \neq 0), \quad (固有値は 2),$$
$$c \cdot (3x-5) \quad (c \neq 0), \quad (固有値は -6).$$

以上により，問題 8.3.1 が解けた． □

8.4 水素原子の波動方程式の固有ベクトル

電子が陽子の周りを回転する様子は，波動方程式を解くことで理解される．その本質的な部分が，調和振動子と同じように線形代数で理解できる．

ふたたび，問題を簡単にするために，

$$V = \{\, f(x) \,;\, x \text{ の次数 2 以下の複素係数多項式} \,\}$$

という集合 (ベクトル空間) を考える．さらに，V から V への作用素 (線形写像) F を，つぎのように定義する[2]：

$$F(f(x)) = xf''(x) + (2-x)f'(x) - f(x). \tag{8.9}$$

多項式 $f(x) \in V$ は高々 2 次式だから，$F(f(x))$ もまた高々 2 次の多項式である．したがって，F は V から V への写像 (線形写像) を与える．

なお，この F は，水素原子の中の電子の波動方程式に由来する．しかし，作用素 F の固有値は，もはや電子のエネルギー E ではない．エネルギー E と作用素 F の固有値 α の関係は，この場合，定数倍をのぞき，

$$E = -\frac{1}{\alpha^2} \tag{8.10}$$

となる．本題と離れすぎるので，これ以上これには立ち入らない．

問題 8.4.1 (8.9) によって定義される F の固有ベクトルを求めよ． □

解答． 以下，F の固有ベクトルを計算する．$f(x) = ax^2 + bx + c$ $(a, b, c \in \mathbb{C})$ とおくと，$f'(x) = 2ax + b$, $f''(x) = 2a$ だから

$$F(f(x)) = 2ax + (2-x)(2ax+b) - (ax^2 + bx + c)$$
$$= -3ax^2 + (6a - 2b)x + (2b - c).$$

作用素 (線形写像) F の固有ベクトルとは，定数 α に対して

$$F(f(x)) = \alpha f(x) \tag{8.11}$$

となる $f(x) \in V$ のことである．したがって

---

[2] 磁気量子数 $m = 0$, 方位量子数 $l = 0$ の場合を考えている．したがって，F の固有値は，主量子数 n のみである．

$$-3ax^2 + (6a - 2b)x + (2b - c) = \alpha\left(ax^2 + bx + c\right). \tag{8.12}$$

(8.11) は次と同値である：

$$-3a = \alpha a, \quad 6a - 2b = \alpha b, \quad 2b - c = \alpha c, \tag{8.13}$$

$$\begin{bmatrix} -3 & 0 & 0 \\ 6 & -2 & 0 \\ 0 & 2 & -1 \end{bmatrix} \begin{bmatrix} a \\ b \\ c \end{bmatrix} = \alpha \begin{bmatrix} a \\ b \\ c \end{bmatrix}. \tag{8.14}$$

ここで

$$A = \begin{bmatrix} -3 & 0 & 0 \\ 6 & -2 & 0 \\ 0 & 2 & -1 \end{bmatrix}$$

とおく．以上をまとめると，

つぎは同値である：

(1) $f(x) = ax^2 + bx + c$ が F の固有値 α の固有ベクトルである．

(2) ベクトル $\begin{bmatrix} a \\ b \\ c \end{bmatrix}$ が行列 A の固有値 α の固有ベクトルである．

以下，行列 A の固有ベクトルを求める．A の固有多項式 $\phi_A(t)$ は

$$\phi_A(t) = |\,tI_3 - A\,| = \begin{vmatrix} t+3 & 0 & 0 \\ -6 & t+2 & 0 \\ 0 & -2 & t+1 \end{vmatrix} = (t+1)(t+2)(t+3).$$

よって，A の固有値は $-1, -2, -3$ である．

(i) 固有値 -1 の固有ベクトルを求める．(8.14) を $\alpha = -1$ として解くと，

$$a = b = 0, \quad c \neq 0 \text{ (任意)}$$

したがって，A の固有値 -1 の固有ベクトルは，${}^t[\,0,0,1\,]$．また，$f_0(x) = 1$ が F の固有値 -1 の固有ベクトルとなる．

(ii) つぎに，固有値が -2 のときを考える．(8.14) を $\alpha = -2$ として解くと，

$$-3a = -2a, \quad 6a - 2b = -2b, \quad 2b - c = -2c.$$

したがって，$a = 0, c = -2b$．よって ${}^t[\,0,1,-2\,]$ が A の固有ベクトルであり $f_1(x) = x - 2$ が F の固有値 -2 の固有ベクトルである．

(iii) 最後に，固有値が -3 のとき，方程式 (8.14) は

$$-3a = -3a, \quad 6a - 2b = -3b, \quad 2b - c = -3c$$

となる．したがって，$b = -6a, c = 6a$．よって ${}^t[\,1,-6,6\,]$ は A の固有ベクトル，$f_2(x) = x^2 - 6x + 6$ は F の固有値 -3 の固有ベクトルである． □

以上をまとめると，F の固有ベクトルは次の表のようになる．エネルギーは，調和振動子と同様に，粒子のエネルギーを絶対定数の倍数として表している．

状態	固有値 α	A の固有ベクトル	F の固有ベクトル	エネルギー E
$1s$	-1	${}^t[0,0,1]$	1	-1
$2s$	-2	${}^t[0,1,-2]$	$x-2$	$-\frac{1}{4}$
$3s$	-3	${}^t[1,-6,6]$	$x^2 - 6x + 6$	$-\frac{1}{9}$

表 8.2　F の固有ベクトル (水素原子の場合)

最後に，大切な次の事実を確認しておこう．

> F の固有ベクトルは，水素原子の中の電子の安定軌道 (または状態) を表わす．

問題 8.4.2 この章の問題の類題が第 10 章の問題で与えられている．それらを解け． □

8.5 付録．水素原子の波動関数の意味 — 電子雲の密度

線形代数からは離れるが，波動関数の意味を簡単に述べておく．水素原子の場合，陽子を 3 次元空間の原点に固定し，電子の原点からの距離を r として，電子の運動を考えることにする．この章では，波動関数 ψ が原点からの距離 r だけに依存する関数の場合に考えた．さらにこの章ではこれまで，変数 r のかわりに x を用いた．水素原子の波動関数は多項式 $f(r)$ を用いて，

$$\psi(r) = e^{-r/2} f(r)$$

となる．ψ と多項式 f との関係は，調和振動子とは異なるので注意しよう．

量子力学では，不確定性原理により，電子の位置と運動量を同時に厳密に決定することはできない．したがって，ある時刻における電子の位置は，どの位置にどの程度の確率で分布しているかしか議論できない．その存在確率を確率密度と呼ぶ．飛び回る電子の作る電子雲の密度だと思えばよい．確率密度 $P(r)$ は，波動関数を用いて次の式 (8.15) で与えられるであろう，と考えられている．

$$P(r) = r^2 \psi(r)^2 = r^2 e^{-r} f(r)^2. \tag{8.15}$$

表 8.2 の安定状態の確率密度は，定数倍をのぞき，つぎの式で与えられる：

$$P_0(r) = r^2 e^{-r}, \quad P_1(r) = r^2(r-2)^2 e^{-r} = (r-2)^2 P_0(r),$$
$$P_2(r) = r^2(r^2 - 6r + 6)^2 e^{-r} = (r^2 - 6r + 6)^2 P_0(r).$$

しかし，実際には，電子雲の密度を写真に撮ることはできないので，この確率密度の解釈の確認方法はない．以下の図は，左から順に $P_0(r)$, $P_1(r)$, $P_2(r)$ のグラフを表す．$P_i(r)$ が最大値をとる r が電子の古典的な軌道半径である．量子力学では，これらの状態を $1s, 2s, 3s$ 状態と呼ぶ．

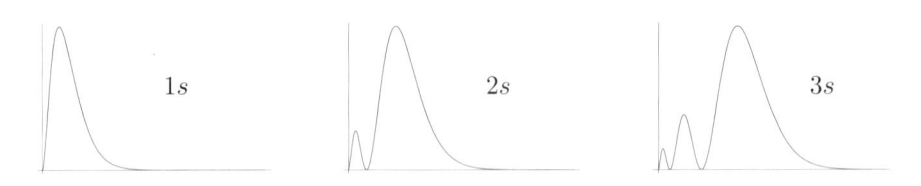

図 8.1　水素原子の電子の確率密度

第9章

ベクトル空間

9.1 ベクトル空間の例

ベクトル空間と言うとき，正確には，実数体 $\mathbf{R}$ 上のベクトル空間であるか，複素数体 $\mathbf{C}$ 上のベクトル空間であるかを明示しなければならない．より一般には，ベクトル空間は 体(たい) と呼ばれる代数的な対象をとって，その上のベクトル空間を考える．「体」とは，その中で加減乗除のすべてができる集合のことであり，その特別なものが $\mathbf{R}$ や $\mathbf{C}$ である．有理数全体も「体」の例を与えるが，整数全体は「体」にはならない．整数同士で割り算すると整数でなくなることがあるからである．本書では，第 15 章 ($\mathbf{F}_2$ 上のベクトル空間と誤り訂正符号) を除き，$\mathbf{R}$ または $\mathbf{C}$ 上のベクトル空間を考える．

例 9.1.1 もっとも簡単な $\mathbf{R}$ 上のベクトル空間の例は

$$\mathbf{R}^2 = \left\{ \begin{bmatrix} x \\ y \end{bmatrix} ; \ x, y \in \mathbf{R} \right\}, \quad \mathbf{R}^3 = \left\{ \begin{bmatrix} x \\ y \\ z \end{bmatrix} , \ x, y, z \in \mathbf{R} \right\},$$

$$\mathbf{R}^n = \left\{ \begin{bmatrix} x_1 \\ \vdots \\ x_n \end{bmatrix} ; \ x_i \in \mathbf{R}, \ i = 1, \cdots, n \right\}$$

である．$\mathbf{R}^n$ には，和と定数倍が次のように定義される：

$$v = \begin{bmatrix} x_1 \\ \vdots \\ x_n \end{bmatrix},\ v' = \begin{bmatrix} y_1 \\ \vdots \\ y_n \end{bmatrix} \text{とすれば}$$

$$v + v' = \begin{bmatrix} x_1 + y_1 \\ \vdots \\ x_n + y_n \end{bmatrix},\ \lambda v = \begin{bmatrix} \lambda x_1 \\ \vdots \\ \lambda x_n \end{bmatrix}$$

である. ∎

具体的に与えられたベクトル空間では，和や定数倍の意味は明らかなことが多い．しかし，一般にベクトル空間を定義しようとすると，和や定数倍の意味を明らかにする必要があり，初めて学ぶときには，そこが分かりにくくなる点である．

最初からすべての例を理解する必要はないが，この節では，ベクトル空間のいろいろな例を見ておこう．ベクトル空間といえば，ほぼこれらの例のどれか (または，その類似物) を指すと思って，さほど誤りではない．

ベクトル空間の一般的な定義は，第 9.2 節で与える．

定義 9.1.2 (和や定数倍の意味は，ひとまず明らかなものとして) V に和や定数倍が定義されて，つぎの条件 (i), (ii) を満たすとき，V を $\mathbf{R}$ 上の **ベクトル空間**と呼ぶ．

(i)　任意の $v, v' \in V$ に対して，$v + v' \in V$,

(ii)　任意の $\lambda \in \mathbf{R}$ と $v \in V$ に対して，$\lambda v \in V$.

さらに，(ii) において，

(ii')　任意の $\lambda \in \mathbf{C}$ と $v \in V$ に対して，$\lambda v \in V$

となるとき，V を $\mathbf{C}$ 上のベクトル空間という． □

例 9.1.3
$$V_1 = \left\{ \begin{bmatrix} x_1 \\ x_2 \\ x_3 \end{bmatrix} ;\ \begin{array}{c} 2x_1 + 3x_2 + 4x_3 = 0 \\ 9x_1 + 8x_2 + 7x_3 = 0 \\ x_1,\ x_2,\ x_3 \in \mathbf{R} \end{array} \right\}$$

とする．V_1 は 2×3 行列 A_0 を用いて，つぎのように表示される：

$$A_0 = \begin{bmatrix} 2 & 3 & 4 \\ 9 & 8 & 7 \end{bmatrix},$$

$$V_1 = \{\, \mathbf{x} \in \mathbf{R}^3 \,;\quad A_0 \mathbf{x} = 0 \,\}.$$

もう少し一般的に，$m \times n$ 行列 A をひとつとり，

$$V_2 = \{\, \mathbf{x} \in \mathbf{R}^n \,;\quad A\mathbf{x} = 0 \,\}$$

と定める．$A = A_0, n = 3$ とすれば，V_2 は V_1 に一致する．V_2 には，和と定数倍が次のように定義される：

$$v = \begin{bmatrix} x_1 \\ \vdots \\ x_n \end{bmatrix} \in V,\ v' = \begin{bmatrix} y_1 \\ \vdots \\ y_n \end{bmatrix} \in V \text{ に対して}$$

$$v + v' = \begin{bmatrix} x_1 + y_1 \\ \vdots \\ x_n + y_n \end{bmatrix},\ \lambda v = \begin{bmatrix} \lambda x_1 \\ \vdots \\ \lambda x_n \end{bmatrix}$$

である．このとき，定義 9.1.2 の条件 (i), (ii) が成り立つ．以下，これを確かめる．
$v, v' \in V_2$ とすると，$Av = Av' = 0$ である．したがって，

$$A(v + v') = Av + Av' = 0 + 0 = 0,$$

$$A(\lambda v) = \lambda (Av) = \lambda \cdot 0 = 0.$$

したがって，$v + v' \in V_2, \lambda v \in V_2$ である．こうして，V_2 は $\mathbf{R}$ 上のベクトル空間となる．したがって，V_1 も $\mathbf{R}$ 上のベクトル空間となる．∎

例 **9.1.4**

$$V = \left\{ \begin{bmatrix} x_{11} & x_{12} \\ x_{21} & x_{22} \end{bmatrix} \,;\quad x_{ij} \in \mathbf{R} \right\}$$

とする．この V も $\mathbf{R}$ 上のベクトル空間である．V の要素は 2×2 行列なので

$$v = \begin{bmatrix} x_{11} & x_{12} \\ x_{21} & x_{22} \end{bmatrix},\quad v' = \begin{bmatrix} y_{11} & y_{12} \\ y_{21} & y_{22} \end{bmatrix}$$

と表して，和と定数倍は自然に

$$v+v' = \begin{bmatrix} x_{11}+y_{11} & x_{12}+y_{12} \\ x_{21}+y_{21} & x_{22}+y_{22} \end{bmatrix}, \quad \lambda v = \begin{bmatrix} \lambda x_{11} & \lambda x_{12} \\ \lambda x_{21} & \lambda x_{22} \end{bmatrix}$$

と定義する．このとき，明らかに，どんな実数 $\lambda \in \mathbf{R}$ に対しても，

$$v+v' \in V, \quad \lambda v \in V$$

が成り立つ．この V を $M_2(\mathbf{R})$ と表す． ∎

例 9.1.5 $V = M_2(\mathbf{R})$ とし，V の部分集合 W_s, W_a を次のように定める．

$$W_s = \{ X \in V ; \quad {}^t X = X \},$$
$$W_a = \{ X \in V ; \quad {}^t X = -X \}.$$

上の定義では，V の元は 2×2 行列であることを尊重して，行列らしく大文字 X を用いたが，

$$W_s = \{ v \in V ; \quad {}^t v = v \},$$
$$W_a = \{ v \in V ; \quad {}^t v = -v \}.$$

としてもさしつかえない．

W_s や W_a も 定義 9.1.2 の条件 (i), (ii) を満足するので，それぞれ $\mathbf{R}$ 上のベクトル空間である．この事実を，定義にしたがって証明しよう．まず，$X, Y \in W_s$ とする．そのとき，定義より，${}^t X = X$, ${}^t Y = Y$. したがって，

$${}^t(X+Y) = {}^t X + {}^t Y = X+Y.$$

これより，$X+Y \in W_s$ となる．同様に ${}^t(\lambda X) = \lambda {}^t X = \lambda X$ だから，$\lambda X \in W_s$ である．以上により W_s は 定義 9.1.2 の条件 (i), (ii) を満たすので，$\mathbf{R}$ 上のベクトル空間である．同様に W_a も $\mathbf{R}$ 上のベクトル空間であることが分かる．

ここで W_s や W_a がどんな空間であるか，詳しく見てみよう．まず W_s は

$$\begin{aligned}
W_s &= \{ X \in V ; \quad {}^t X = X \} \\
&= \left\{ X = \begin{bmatrix} x_{11} & x_{12} \\ x_{21} & x_{22} \end{bmatrix} ; \quad {}^t X = X, \quad x_{ij} \in \mathbf{R} \right\} \\
&= \left\{ X = \begin{bmatrix} x_{11} & x_{12} \\ x_{21} & x_{22} \end{bmatrix} ; \quad x_{12} = x_{21}, \quad x_{ij} \in \mathbf{R} \right\}.
\end{aligned}$$

つぎに，W_a を見る：

$$W_a = \{\ X \in V\ ;\quad {}^tX = -X\ \}$$
$$= \left\{\ X = \begin{bmatrix} x_{11} & x_{12} \\ x_{21} & x_{22} \end{bmatrix}\ ;\quad {}^tX = -X,\quad x_{ij} \in \mathbf{R}\ \right\}$$
$$= \left\{\ X = \begin{bmatrix} x_{11} & x_{12} \\ x_{21} & x_{22} \end{bmatrix}\ ;\quad \begin{matrix} x_{11} = x_{22} = 0, \\ x_{12} = -x_{21}, \end{matrix}\quad x_{ij} \in \mathbf{R}\ \right\}$$
$$= \left\{\ X = \begin{bmatrix} 0 & x_{12} \\ -x_{12} & 0 \end{bmatrix}\ ;\quad x_{12} \in \mathbf{R}\ \right\}.$$

W_s の一般の元を表すために，見かけ上 4 個のパラメーター x_{ij} が必要であるが，$x_{12} = x_{21}$ だから，実際は 3 個で十分である．すなわち $X \in W_s$ とすれば

$$X = \begin{bmatrix} a & b \\ b & d \end{bmatrix}\quad (a,\ b,\ d \in \mathbf{R})$$

と表せる．同様に $X \in W_a$ とすれば，1 個のパラメーターで十分で

$$X = \begin{bmatrix} 0 & a \\ -a & 0 \end{bmatrix}\quad (a \in \mathbf{R})$$

と表せる．このパラメーターの個数は，第 9.4 節と第 9.5 節で説明する $\mathbf{R}$ 上のベクトル空間としての次元に等しい． ∎

つぎの例は，これまでとは違ったものであるが，量子力学や微分方程式など他の分野との関連を知ることのできる，基本的なベクトル空間の例である．

例 9.1.6

$$V = \{\ f(x)\ ;\ f(x)\ \text{は}\ x\ \text{の次数 2 以下の実数係数多項式}\ \}$$

とする．$f(x) \in V$ とすると，

$$f(x) = ax^2 + bx + c\ (= ax^2 + bx + cx^0)$$

と表せる．ただし，a，b，c は実数．したがって

$$V = \{\ ax^2 + bx + c\ ;\ a,\ b,\ c \in \mathbf{R}\ \}$$

と表すこともできる．この V も 定義 9.1.2 の条件 (i), (ii) を満たし，$\mathbf{R}$ 上のベクトル空間である．実際，$f(x), g(x) \in V$ とすれば，$f(x) + g(x)$ も実数係数の x の多項式で，次数も高々 2．したがって $f(x) + g(x) \in V$ である．同様に $\lambda f(x) \in V$ も示される．

ここで更に V の部分集合 W を

$$W = \{\, f(x) \in V\,;\quad f(1) = 0 \,\}$$

によって定める．このとき

$$W = \{\, ax^2 + bx + c\,;\ a + b + c = 0,\ a,\ b,\ c \in \mathbf{R} \,\}$$

と表すことができる．W も 定義 9.1.2 の条件 (i), (ii) を満たすので，$\mathbf{R}$ 上のベクトル空間である．∎

例 9.1.7

$$V = \left\{\, f(x)\,;\ \begin{array}{l} -\infty < x < \infty \text{ で無限回微分可能な} \\ \text{実数値関数で，いたるところで次を満たす：} \\ f''(x) - 3f'(x) + 2f(x) = 0 \end{array} \right\}$$

とする．これまでのものとは異なるが，これもまた $\mathbf{R}$ 上のベクトル空間である．以下，定義 9.1.2 の条件 (i), (ii) を証明する．$f, g \in V$ とすると，

$$f''(x) - 3f'(x) + 2f(x) = 0,$$
$$g''(x) - 3g'(x) + 2g(x) = 0.$$

したがって，

$$(f(x) + g(x))'' - 3(f(x) + g(x))' + 2(f(x) + g(x))$$
$$= \{f''(x) - 3f'(x) + 2f(x)\}$$
$$\quad + \{g''(x) - 3g'(x) + 2g(x)\} = 0 + 0 = 0,$$
$$(\lambda\,f(x))'' - 3(\lambda\,f(x))' + 2(\lambda\,f(x))$$
$$= \lambda\,\{f''(x) - 3f'(x) + 2f(x)\} = 0.$$

したがって，定義 9.1.2 の条件 (i), (ii) を満たし，V は $\mathbf{R}$ 上のベクトル空間である．実際には，V は簡単な空間で，

$$V = \{\ Ae^x + Be^{2x}\ ;\ A,\ B \in \mathbf{R}\ \}$$

となる. ∎

例 9.1.8　最後にもうひとつ，これまでと違うベクトル空間の例をあげる.

$$V = \left\{\ [\,a_0, a_1, \cdots, a_n, \cdots\,]\ ;\ \begin{array}{c} \text{すべての } n = 0, 1, \cdots \text{ に対し} \\ a_{n+2} - 3a_{n+1} + 2a_n = 0,\quad a_n \in \mathbf{R} \end{array}\ \right\}$$

とする. $\mathbf{a} = [\,a_0, \cdots, a_n, \cdots\,]$, $\mathbf{b} = [\,b_0, \cdots, b_n, \cdots\,]$ と $\lambda \in \mathbf{R}$ に対して，

$$\mathbf{a} + \mathbf{b} = [\,a_0 + b_0, a_1 + b_1, \cdots, a_n + b_n, \cdots\,],$$
$$\lambda \mathbf{a} = [\,\lambda a_0, \lambda a_1, \cdots, \lambda a_n, \cdots\,]$$

と定めると，これまでと同様に，$\mathbf{a}, \mathbf{b} \in V$ ならば，$\mathbf{a} + \mathbf{b} \in V$, $\lambda \mathbf{a} \in V$ が証明できる. したがって，V も $\mathbf{R}$ 上のベクトル空間である. ∎

例 9.1.9　これまでは，いつも $\mathbf{R}$ 上のベクトル空間の例をあげてきたが，ベクトルや行列の成分を複素数とすれば，すべて $\mathbf{C}$ 上のベクトル空間に変わる. 同様に，関数の空間の場合には，複素数値関数をとれば $\mathbf{C}$ 上のベクトル空間に変わる. たとえば，以下のように定義する：

$$\mathbf{C}^n = \left\{\ \begin{bmatrix} x_1 \\ \vdots \\ x_n \end{bmatrix}\ ;\ x_i \in \mathbf{C},\ i = 1, \cdots, n\ \right\},$$

$$U_2 = \{\ \mathbf{x} \in \mathbf{C}^n\ ;\quad A\mathbf{x} = 0\ \},$$

$$U = \left\{\ \begin{bmatrix} x_{11} & x_{12} \\ x_{21} & x_{22} \end{bmatrix},\quad x_{ij} \in \mathbf{C}\ \right\}\quad (\text{これは } M_2(\mathbf{C}) \text{ と表す}),$$

$$U' = \left\{\ f(x)\ ;\ \begin{array}{c} \mathbf{C} \text{ 上で } x \text{ に関して無限回微分可能な複素} \\ \text{数値関数で，いたるところで次を満たす：} \\ f''(x) - 3f'(x) + 2f(x) = 0 \end{array}\ \right\}.$$

ただし，定義 9.1.2 の条件 (ii) は (ii') に置き換えなければならない. ∎

9.2 補足 — 抽象的ベクトル空間

全く一般に，抽象的にベクトル空間 V を定義するにはどうしたらよいだろう．第 9.1 節で見たように，ベクトル空間にはいろいろなものがある．このすべてに当てはまる和や定数倍を，V を単に集合とのみ仮定して，完全に抽象的に定義するのはやさしくない．V という集合が何か分からないから，和や定数倍が何を意味するかが明らかでないからである．

そのために，和と定数倍という演算を V の 2 つの要素 v, v', 及び実数 $\lambda \in \mathbf{R}$ から新しい V の要素を作る規則とみなして，その規則が，ベクトル空間の考察 (いろいろな定理の証明) に必要な条件，つまり，以下の条件 (i) (ii) を満たすと仮定するのである．そして，その条件を満たすとき，その演算を改めて「和および定数倍」と呼ぶことにするのである．

定義 9.2.1 V を集合とする．V が以下の条件 (i), (ii) を満たすとき V を $\mathbf{R}$ 上のベクトル空間と呼ぶ．

(i) V の 2 つの要素 v, v' に対して，新たな要素（これを $v+v'$ と表す）が定まり，つぎの条件を満たす．

　(1)　$v + v' = v' + v$. (交換法則)

　(2)　$(v + v') + v'' = v + (v' + v'')$. (結合法則)

　(3)　ある特別な要素 0（ゼロベクトルと呼ばれる）が存在して，V の任意の要素 v に対し，$v + 0 = 0 + v = v$ が成り立つ．

　(4)　V の任意の要素 v に対し，$v + v' = 0$ となる V の要素 v' が，ただ 1 つ存在する．この v' を $-v$ で表わす．

(ii) V の任意の要素 v と任意の実数 λ に対して，新たな要素（これを λv で表す）が定まり，つぎの条件を満たす．

　(5)　$\lambda(v + v') = \lambda v + \lambda v'$.

　(6)　$(\lambda + \lambda')v = \lambda v + \lambda' v$.

　(7)　$(\lambda \lambda')v = \lambda(\lambda' v)$.

　(8)　$1v = v$.

このとき，V を $\mathbf{R}$ 上のベクトル空間と呼ぶ．もし $\lambda \in \mathbf{R}$ の代わりに $\lambda \in \mathbf{C}$（複素数）をとって，条件 (1) – (8) が満たされれば，V を $\mathbf{C}$ 上のベクトル空間と呼ぶ． □

例 9.1.1 から 例 9.1.9 は，定義 9.2.1 の意味でベクトル空間の例を与える．

9.3 1次独立

定義 9.3.1 V を $\mathbf{R}$ 上のベクトル空間とし，$v_1, \cdots, v_r$ を V の要素（元(げん)とも言う．これをベクトルと呼ぶこともある）とする．つぎの条件が満たされるとき，$v_1, \cdots, v_r$ は $\mathbf{R}$ 上 1 次独立と言う：
もし定数 $\lambda_1, \cdots, \lambda_r \in \mathbf{R}$ があって関係式
$$\lambda_1 v_1 + \lambda_2 v_2 + \cdots + \lambda_r v_r = 0$$
が成り立てば，定数 λ_i はすべて 0 に等しい． □

例 9.3.2 次の 3 個のベクトルは 1 次独立である：
$$v_1 = \begin{bmatrix} 1 \\ 3 \\ 2 \end{bmatrix}, v_2 = \begin{bmatrix} 2 \\ 3 \\ 8 \end{bmatrix}, v_3 = \begin{bmatrix} 3 \\ 2 \\ 1 \end{bmatrix}.$$

$\lambda_1 v_1 + \lambda_2 v_2 + \lambda_3 v_3 = 0$ を仮定すると，
$$\begin{bmatrix} 0 \\ 0 \\ 0 \end{bmatrix} = \lambda_1 v_1 + \lambda_2 v_2 + \lambda_3 v_3 = \begin{bmatrix} v_1, v_2, v_3 \end{bmatrix} \begin{bmatrix} \lambda_1 \\ \lambda_2 \\ \lambda_3 \end{bmatrix}. \tag{9.1}$$

ここで，行列 $A = \begin{bmatrix} v_1, v_2, v_3 \end{bmatrix}$ とおく．このとき，$|A| = 43$，よって，A は正則行列である．したがって，$\lambda_1 = \lambda_2 = \lambda_3 = 0$．これは，$v_1, v_2, v_3$ が 1 次独立であることを示している． ∎

定義 9.3.3 V を $\mathbf{R}$ 上のベクトル空間とし，$v_1, \cdots, v_r$ を V の要素とする．$v_1, \cdots, v_r$ は $\mathbf{R}$ 上 1 次独立でないとき，1 次従属であると言う．

言い換えれば，自明でない (つまり，どれかひとつはゼロでないような) 定数の組 $\lambda_1, \cdots, \lambda_r \in \mathbf{R}$ があって関係式

$$\lambda_1 v_1 + \lambda_2 v_2 + \cdots + \lambda_r v_r = 0$$

が成り立つ．このとき，$v_1, \cdots, v_r$ は $\mathbf{R}$ 上 1 次従属であると言う． □

例 9.3.4 次の 3 個のベクトルは 1 次独立でない：

$$v_1 = \begin{bmatrix} 1 \\ 3 \\ 2 \end{bmatrix}, \ v_2 = \begin{bmatrix} 2 \\ 8 \\ 5 \end{bmatrix}, \ v_3 = \begin{bmatrix} 3 \\ 1 \\ 2 \end{bmatrix}.$$

$\lambda_i \in \mathbf{R}$ に対して $\lambda_1 v_1 + \lambda_2 v_2 + \lambda_3 v_3 = 0$ を満たす自明でない λ_i が存在するかどうかを考える．この関係式を仮定すると，

$$\begin{bmatrix} 0 \\ 0 \\ 0 \end{bmatrix} = \lambda_1 v_1 + \lambda_2 v_2 + \lambda_3 v_3 = \begin{bmatrix} v_1, v_2, v_3 \end{bmatrix} \begin{bmatrix} \lambda_1 \\ \lambda_2 \\ \lambda_3 \end{bmatrix}. \tag{9.2}$$

ここで，行列 $A = \begin{bmatrix} v_1, v_2, v_3 \end{bmatrix}$ とおく．左基本変形によって (例 2.9.1 参照)

$$A = \begin{bmatrix} 1 & 2 & 3 \\ 3 & 8 & 1 \\ 2 & 5 & 2 \end{bmatrix} \rightarrow A' = \begin{bmatrix} 1 & 0 & 11 \\ 0 & 1 & -4 \\ 0 & 0 & 0 \end{bmatrix}.$$

とできる．(9.2) より，$\lambda_1 + 11\lambda_3 = 0, \lambda_2 - 4\lambda_3 = 0$．したがって，$v_1, v_2, v_3$ は 1 次独立ではなく，$-11v_1 + 4v_2 + v_3 = 0$ という自明でない関係がある． ■

問題 9.3.5 行列の左基本変形によって，以下のベクトルが 1 次独立かどうか判定せよ．1 次従属の場合には，自明でない関係を与えよ．

(i) $\begin{bmatrix} 1 \\ 3 \\ 1 \end{bmatrix}, \begin{bmatrix} 2 \\ -1 \\ 3 \end{bmatrix}, \begin{bmatrix} 3 \\ -5 \\ 5 \end{bmatrix}$ (ii) $\begin{bmatrix} 1 \\ 2 \\ 0 \end{bmatrix}, \begin{bmatrix} 2 \\ 9 \\ 1 \end{bmatrix}, \begin{bmatrix} -2 \\ -13 \\ 31 \end{bmatrix}, \begin{bmatrix} 7 \\ 68 \\ -22 \end{bmatrix}$

9.4 ベクトル空間の次元 (1)

ここで最初に，ベクトル空間の基底や次元とは，おおむねどういうものであるか，を説明したい．与えられたベクトル空間に属するすべてのベクトルを表すために，最低限必要なパラメーターの個数，それをベクトル空間の「次元」と呼ぶ．これは，第 9.5 節で厳密に定義する．例として，3 次元ユークリッド空間 $\mathbf{R}^3$ について考える：

$$\mathbf{R}^3 = \left\{ \begin{bmatrix} x \\ y \\ z \end{bmatrix} ; \quad x, y, z \in \mathbf{R}^3 \right\}.$$

$\mathbf{R}^3$ は，普通のベクトルの和と定数倍に関して $\mathbf{R}$ 上のベクトル空間である．3 つの座標はそれぞれ自由な値をとり得るので，$\mathbf{R}^3$ のベクトルを表すには最低 3 個のパラメーターが必要であり，$\mathbf{R}^3$ の次元は 3 に等しい．

しかし，たとえば

$$V = \left\{ \begin{bmatrix} x \\ y \\ z \end{bmatrix} \in \mathbf{R}^3 ; \quad x + y + 2z = 0 \right\}$$

を考えてみる．V のベクトルは，みかけ上は 3 個のパラメーター x, y, z で表示される．しかし，V の要素に対しては，$x = -y - 2z$ となる．したがって

$$V = \left\{ \begin{bmatrix} -y - 2z \\ y \\ z \end{bmatrix} ; \quad y, z \in \mathbf{R} \right\}$$

となり，V に属するベクトルを表すには 2 個のパラメーター y, z で十分である．しかし，パラメーターを 1 個に減らすことはできないから，2 個が最小である．したがって，V の次元は 2 である．

ベクトル空間の「次元」とは，このような量を厳密に定式化したものである．

9.5 ベクトル空間の次元 (2)

定義 9.5.1 V を $\mathbf{R}$ 上のベクトル空間とする. $v_1, \cdots, v_n$ を V の n 個の要素とする. v_i を V から自由に選ぶとき, $v_1, \cdots, v_n$ が $\mathbf{R}$ 上 1 次独立となるような最大の整数 n が存在すれば, V は**有限次元**であると言う.

もしこのような最大個数が存在しなければ, V の次元は無限であると言う. これを $\dim_{\mathbf{R}} V = \infty$ で表し, V を $\mathbf{R}$ 上**無限次元**ベクトル空間と言う. □

以下, 特に断らない限り, ベクトル空間は有限次元であるものとする.

定義 9.5.2 V を $\mathbf{R}$ 上のベクトル空間とする. V の要素 $v_1, \cdots, v_m$ について以下の 2 つの条件を考える.

(i) $v_1, \cdots, v_m$ は $\mathbf{R}$ 上 1 次独立,

(ii) V の任意の要素 v は, $v_1, \cdots, v_m$ の $\mathbf{R}$ 上の 1 次結合である. すなわち, 適当な実数の組 $\lambda_1, \cdots, \lambda_m$ を用いて

$$v = \lambda_1 v_1 + \cdots + \lambda_m v_m \tag{9.3}$$

と表すことができる.

定義の条件 (ii) が満たされるとき, $v_1, \cdots, v_m$ は V を**生成する**という. (i), (ii) の両方が成り立つとき, $v_1, \cdots, v_m$ を V の**基底**と呼ぶ. □

(9.3) のように表される v のことを, $v_1, \cdots, v_m$ の $\mathbf{R}$ 上の 1 次結合と呼ぶ. $v_1, \cdots, v_m$ の $\mathbf{R}$ 上の 1 次結合全体の集合を $\langle v_1, \cdots, v_m \rangle$ と表す. また, V が $\mathbf{C}$ 上のベクトル空間の場合には, $\lambda_i \in \mathbf{C}$ のとき, (9.3) の v を, $v_1, \cdots, v_m$ の $\mathbf{C}$ 上の 1 次結合と呼ぶ. また, $v_1, \cdots, v_m$ の $\mathbf{C}$ 上の 1 次結合全体を $\langle v_1, \cdots, v_m \rangle_{\mathbf{C}}$ と表す.

この節では, 簡単のために, 以下の定理を仮定して例を説明する. この定理は定理 9.6.3 として証明される. なお, 9.6 節では 9.5 節の結果を用いることはないので, 議論が循環することはない.

定理 9.5.3 V を $\mathbf{R}$ 上の有限次元ベクトル空間とする. もし $v_1, \cdots, v_m$ が V の基底ならば, m は「V の要素が 1 次独立となる最大個数」(定義 9.5.1 参照) に等しい. したがって, m は基底の取り方によらない. この m を V の**次元**と呼び, $m = \dim_{\mathbf{R}} V$ と表す. また, V は m 次元であると言う. □

例 9.5.4 　　$\dim_{\mathbf{R}} \mathbf{R}^3 = 3$. 　　□

証明．$V = \mathbf{R}^3$ とする．$\mathbf{e}_1, \mathbf{e}_2, \mathbf{e}_3$ は V の基底であることを示す．ただし，

$$\mathbf{e}_1 = \begin{bmatrix} 1 \\ 0 \\ 0 \end{bmatrix}, \quad \mathbf{e}_2 = \begin{bmatrix} 0 \\ 1 \\ 0 \end{bmatrix}, \quad \mathbf{e}_3 = \begin{bmatrix} 0 \\ 0 \\ 1 \end{bmatrix}.$$

定義 9.5.2 の条件 (i),(ii) が満たされることを証明する．任意の $\mathbf{x} \in V$ は

$$\mathbf{x} = \begin{bmatrix} x \\ y \\ z \end{bmatrix} = x\mathbf{e}_1 + y\mathbf{e}_2 + z\mathbf{e}_3 \tag{9.4}$$

と表せる．したがって，(ii) が示された．つぎに (i) を証明する．
$\lambda_1 \mathbf{e}_1 + \lambda_2 \mathbf{e}_2 + \lambda_3 \mathbf{e}_3 = 0$ と仮定する．(9.4) により，

$$\begin{bmatrix} 0 \\ 0 \\ 0 \end{bmatrix} = \lambda_1 \mathbf{e}_1 + \lambda_2 \mathbf{e}_2 + \lambda_3 \mathbf{e}_3 = \begin{bmatrix} \lambda_1 \\ \lambda_2 \\ \lambda_3 \end{bmatrix}.$$

したがって，$\lambda_1 = \lambda_2 = \lambda_3 = 0$．よって (i) が証明できた．したがって，$\mathbf{e}_1, \mathbf{e}_2, \mathbf{e}_3$ は V の基底であり，$\dim_{\mathbf{R}}(\mathbf{R}^3) = 3$ である．　　■

例 9.5.5 　　$\dim_{\mathbf{R}} \mathbf{R}^n = n$. 　　□

例 9.5.6 　　A を 3×5 行列として，ベクトル空間

$$V = \left\{ \mathbf{x} \in \mathbf{R}^5 \, ; \quad A\mathbf{x} = 0 \right\}$$

の次元と基底を求める．一般に，$\dim V = 5 - \mathrm{rank}(A)$ が成り立つ
ここでは簡単のため

$$A = \begin{bmatrix} 0 & 1 & 0 & 2 & -3 \\ 0 & 2 & 1 & -1 & -2 \\ 0 & 1 & 2 & -8 & 5 \end{bmatrix}$$

の場合を考える．行列 A の左基本変形によって，階段行列に移すことができる：

$$A \longrightarrow A' = \begin{bmatrix} 0 & 1 & 0 & 2 & -3 \\ 0 & 0 & 1 & -5 & 4 \\ 0 & 0 & 0 & 0 & 0 \end{bmatrix}.$$

したがって, $\mathrm{rank}(A) = 2$ である. また, このとき, 方程式 $A'\mathbf{x} = 0$ と $A\mathbf{x} = 0$ は同値である (第 2.9 節参照). ところで,

$$A'\mathbf{x} = \begin{bmatrix} x_2 + 2x_4 - 3x_5 \\ x_3 - 5x_4 + 4x_5 \\ 0 \end{bmatrix} = 0 \iff \begin{cases} x_2 + 2x_4 - 3x_5 = 0, \\ x_3 - 5x_4 + 4x_5 = 0 \end{cases}$$

だから,

$$V = \{\, \mathbf{x} \in \mathbf{R}^5 \,;\ A'\mathbf{x} = 0 \,\}$$

$$= \left\{ \begin{bmatrix} x_1 \\ x_2 \\ x_3 \\ x_4 \\ x_5 \end{bmatrix} \in \mathbf{R}^5 \,;\ \begin{array}{l} x_2 + 2x_4 - 3x_5 = 0 \\ x_3 - 5x_4 + 4x_5 = 0 \end{array} \right\}$$

$$= \left\{ \begin{bmatrix} x_1 \\ -2x_4 + 3x_5 \\ 5x_4 - 4x_5 \\ x_4 \\ x_5 \end{bmatrix} \,;\ x_1,\ x_4,\ x_5 \in \mathbf{R} \right\}.$$

したがって

$$\begin{bmatrix} x_1 \\ -2x_4 + 3x_5 \\ 5x_4 - 4x_5 \\ x_4 \\ x_5 \end{bmatrix} = x_1 \begin{bmatrix} 1 \\ 0 \\ 0 \\ 0 \\ 0 \end{bmatrix} + x_4 \begin{bmatrix} 0 \\ -2 \\ 5 \\ 1 \\ 0 \end{bmatrix} + x_5 \begin{bmatrix} 0 \\ 3 \\ -4 \\ 0 \\ 1 \end{bmatrix}. \tag{9.5}$$

したがって,

$$\mathbf{a}_1 = \begin{bmatrix} 1 \\ 0 \\ 0 \\ 0 \\ 0 \end{bmatrix}, \quad \mathbf{a}_2 = \begin{bmatrix} 0 \\ -2 \\ 5 \\ 1 \\ 0 \end{bmatrix}, \quad \mathbf{a}_3 = \begin{bmatrix} 0 \\ 3 \\ -4 \\ 0 \\ 1 \end{bmatrix}$$

とおけば，任意の $\mathbf{x} \in V$ は

$$\mathbf{x} = x_1 \mathbf{a}_1 + x_4 \mathbf{a}_2 + x_5 \mathbf{a}_3$$

と表せる．つまり，$\mathbf{a}_1, \mathbf{a}_2, \mathbf{a}_3$ は V を生成する．一方，$\mathbf{a}_1, \mathbf{a}_2, \mathbf{a}_3$ は $\mathbf{R}$ 上 1 次独立である．なぜならば，$x_1 \mathbf{a}_1 + x_4 \mathbf{a}_2 + x_5 \mathbf{a}_3 = 0$ と仮定すると，この左辺は (9.5) の左辺と一致し，これがゼロベクトルならば，$x_1 = x_4 = x_5 = 0$ である．したがって，$\mathbf{a}_1, \mathbf{a}_2, \mathbf{a}_3$ は V の基底であり，次が成り立つ：

$$\dim_{\mathbf{R}} V = 3 = \dim_{\mathbf{R}}(\mathbf{R}^5) - \mathrm{rank}(A).$$

∎

注意 9.5.7 例 9.5.6 の場合，「$\mathbf{a}_1$ は V の基底である」とは言わない．（これは比較的多い間違いなので注意すること．）$\mathbf{a}_1$ は V の基底の一部であって，基底ではない．この場合は，$\dim V = 3$ なので，「(3 つのベクトル) $\mathbf{a}_1, \mathbf{a}_2, \mathbf{a}_3$ が V の基底である」と言えば，正しい． □

定理 9.5.8 A を $m \times n$ 行列とし

$$V = \{\ \mathbf{x} \in \mathbf{R}^n\ ;\quad A\mathbf{x} = 0\ \}$$

とする．このとき $\dim V = n - \mathrm{rank}\, A$. □

この定理は，行列 A を左基本変形で階段行列に移せば，例 9.5.6 と同じように証明できる．例 9.5.6 と本質的に同じなので，それを理解すれば十分である．

例 9.5.9 $\mathbf{R}^4$ の 4 つのベクトル $\mathbf{a}_1, \mathbf{a}_2, \mathbf{a}_3, \mathbf{a}_4$ を以下のように定める．

$$\mathbf{a}_1 = \begin{bmatrix} 1 \\ 2 \\ 3 \\ 4 \end{bmatrix}, \quad \mathbf{a}_2 = \begin{bmatrix} 5 \\ 6 \\ 7 \\ 8 \end{bmatrix}, \quad \mathbf{a}_3 = \begin{bmatrix} 2 \\ 0 \\ -2 \\ -4 \end{bmatrix}, \quad \mathbf{a}_4 = \begin{bmatrix} 0 \\ 1 \\ 2 \\ 3 \end{bmatrix}$$

V を $\mathbf{a}_1, \mathbf{a}_2, \mathbf{a}_3, \mathbf{a}_4$ で $\mathbf{R}$ 上生成される $\mathbf{R}^4$ の部分空間とする：
$$V = \langle\, \mathbf{a}_1,\ \mathbf{a}_2,\ \mathbf{a}_3,\ \mathbf{a}_4\, \rangle.$$
V の基底と次元を，以下のように，右基本変形を用いて求めることができる．
$$A = [\, \mathbf{a}_1,\ \mathbf{a}_2,\ \mathbf{a}_3,\ \mathbf{a}_4\,]$$
とする．右基本変形により
$$A \longrightarrow A' = [\, \mathbf{a}_1,\ \mathbf{a}_2 - 5\mathbf{a}_1,\ \mathbf{a}_3,\ \mathbf{a}_4\,] \longrightarrow \cdots$$
$$\longrightarrow A'' = [\, \mathbf{a}_1,\ \mathbf{a}_4,\ \mathbf{a}_2 - 5\mathbf{a}_1 + 4\mathbf{a}_4,\ \mathbf{a}_3 - 2\mathbf{a}_1 + 4\mathbf{a}_4\,]$$
$$= \begin{bmatrix} 1 & 0 & 0 & 0 \\ 2 & 1 & 0 & 0 \\ 3 & 2 & 0 & 0 \\ 4 & 3 & 0 & 0 \end{bmatrix}$$
が分かる．この計算から，
$$\mathbf{a}_2 = 5\mathbf{a}_1 - 4\mathbf{a}_4, \quad \mathbf{a}_3 = 2\mathbf{a}_1 - 4\mathbf{a}_4$$
も分かる．したがって，A'' の列ベクトル（縦ベクトル）の生成するベクトル空間は V と一致し，V の基底は $\mathbf{a}_1, \mathbf{a}_4$ であり，$\dim_{\mathbf{R}} V = \mathrm{rank}(A) = 2$ である．■

問題 9.5.10 次の列ベクトルの生成するベクトル空間の基底と次元を求めよ．

(i) $\begin{bmatrix} 2 \\ 1 \\ 1 \\ 4 \end{bmatrix}, \begin{bmatrix} 3 \\ 2 \\ 1 \\ 1 \end{bmatrix}, \begin{bmatrix} 5 \\ 4 \\ 1 \\ -5 \end{bmatrix}$ (ii) $\begin{bmatrix} 1 \\ 0 \\ 2 \\ 4 \end{bmatrix}, \begin{bmatrix} 1 \\ 1 \\ 1 \\ -4 \end{bmatrix}, \begin{bmatrix} 2 \\ 0 \\ 4 \\ 1 \end{bmatrix}, \begin{bmatrix} 7 \\ 4 \\ 10 \\ 3 \end{bmatrix}$

定理 9.5.11 A, A' をともに実数係数の $m \times n$ 行列とし，互いに右基本変形で移りあうものとする．A の列ベクトルで生成される $\mathbf{R}^m$ の部分空間と，A' の列ベクトルで生成される $\mathbf{R}^m$ の部分空間とは一致する． □

証明． A の列ベクトルで生成される $\mathbf{R}^m$ の部分空間，A' の列ベクトルで生成される $\mathbf{R}^m$ の部分空間をそれぞれ V, V' とする．A' は A の右基本変形によって得られるから，ある基本行列の積 $n \times n$ 行列 P が存在して

$$A' = AP$$

となる．よって，定理の証明には，P が基本行列の場合に $V = V'$ を証明すればよい．$P = D_j(d)$，P_{ij} のときは $V = V'$ は明らか．$P = E_{ji}(c)$ の場合

$$A = [\ \mathbf{a}_1,\ \cdots,\ \mathbf{a}_i,\ \cdots,\ \mathbf{a}_j,\ \cdots,\ \mathbf{a}_n\ ],$$
$$A' = [\ \mathbf{a}_1,\ \cdots,\ \mathbf{a}_i + c\mathbf{a}_j,\ \cdots,\ \mathbf{a}_j,\ \cdots,\ \mathbf{a}_n\ ].$$

ところで，2つのベクトル $\mathbf{a}_i$ と $\mathbf{a}_j$ で生成される $\mathbf{R}^m$ の部分空間を W，$\mathbf{a}_i + c\mathbf{a}_j$ と $\mathbf{a}_j$ で生成される部分空間を W' とする．このとき $W = W'$ である．実際，$\mathbf{a}_i + c\mathbf{a}_j \in W$ だから $W' \subset W$．一方

$$\mathbf{a}_i = (\mathbf{a}_i + c\mathbf{a}_j) - c\mathbf{a}_j$$

だから $\mathbf{a}_i \in W'$．したがって $W = W'$．したがって $V = V'$．以上により，P が基本行列のときは，いつも $V = V'$ となることが証明された． □

次の定理は例 9.5.9 の一般化を与える．

定理 9.5.12 A を実数係数の $m \times n$ 行列とし，A の列ベクトルで生成される $\mathbf{R}^m$ の部分空間を V とする．このとき $\dim V = \mathrm{rank}\, A$． □

証明． 定理 9.5.11 により，A は右基本変形で変形しても V は変わらない．A の転置行列 ${}^tA$ に定理 2.5.3 を適用すれば，${}^tA$ を左基本変形で変形して階段行列にできる．その結果を転置すれば，はじめに与えられた A は右基本変形により，つぎの形に変形できることが分かる．

$$A' = [\ \mathbf{a}'_1,\ \mathbf{a}'_2,\ \cdots,\ \mathbf{a}'_n\ ] = \begin{bmatrix} 0 & 0 & 0 & 0 & 0 \\ 1 & 0 & 0 & 0 & 0 \\ * & 0 & 0 & 0 & 0 \\ 0 & 1 & 0 & 0 & 0 \\ * & * & * & 0 & 0 \\ 0 & 0 & 0 & 1 & 0 \\ * & * & * & * & 0 \end{bmatrix} \begin{matrix} \\ (p_1) \\ \\ (p_2) \\ \\ (p_r) \\ \end{matrix}.$$

このとき，$\mathbf{a}'_{r+1} = \cdots = \mathbf{a}'_n = 0$ だから，$r = \mathrm{rank}(A)$ であり，

$$V = \langle\ \mathbf{a}'_1,\ \mathbf{a}'_2,\ \cdots,\ \mathbf{a}'_n\ \rangle = \langle\ \mathbf{a}'_1,\ \mathbf{a}'_2,\ \mathbf{a}'_3,\ \cdots,\ \mathbf{a}'_r\ \rangle.$$

(例 9.5.9 の A'' を見れば明らかなように) $\mathbf{a}_1'$, $\mathbf{a}_2'$, $\mathbf{a}_3'$, $\cdots$, $\mathbf{a}_r'$ は $\mathbf{R}$ 上 1 次独立だから，これは V の基底である．よって $\dim V = r = \operatorname{rank} A$. □

9.6 ベクトル空間の基底

定理 9.6.1 V を $\mathbf{R}$ 上のベクトル空間とする．n を V の $\mathbf{R}$ 上 1 次独立な要素の最大の個数とし，V の要素 $v_1, \cdots, v_n$ は $\mathbf{R}$ 上 1 次独立とする．このとき，$v_1, \cdots, v_n$ は V の基底である． □

証明． 仮定より，整数 n は V の要素 $v_1, \cdots, v_n$ が $\mathbf{R}$ 上 1 次独立となる最大個数である．したがって，v を V の任意の要素とすると，$v, v_1, \cdots, v_n$ は $\mathbf{R}$ 上 1 次独立でない．したがって適当な定数 $c_0, c_1, \cdots, c_n \in \mathbf{R}$ の組で

$$c_0 v + c_1 v_1 + \cdots + c_n v_n = 0$$

となるものが存在する．$v, v_1, \cdots, v_n$ が $\mathbf{R}$ 上 1 次独立でないので，定数 $c_0, c_1, \cdots, c_n$ のどれかは 0 でないものがとれる．

このとき，$c_0 = 0$ と仮定して矛盾を導く．もし $c_0 = 0$ ならば，ある $i_0 > 0$ に対して $c_{i_0} \neq 0$ である．しかし，$c_0 = 0$ のときは

$$c_1 v_1 + \cdots + c_n v_n = 0.$$

一方，仮定により，$v_1, \cdots, v_n$ は $\mathbf{R}$ 上 1 次独立だから，$c_1 = c_2 = \cdots = c_n = 0$ となる．これは $c_{i_0} \neq 0$ に反する．したがって，$c_0 = 0$ と仮定したのが誤りである．したがって $c_0 \neq 0$ であり

$$v = -\frac{1}{c_0}(c_1 v_1 + \cdots + c_n v_n) \tag{9.6}$$

と表すことができる．したがって，$v_1, \cdots, v_n \in V$ は定義 9.5.2 の 2 つの条件 (i), (ii) を満たし，V の基底であることが証明された． □

定理 9.6.2 V を $\mathbf{R}$ 上のベクトル空間とし，V は $v_1, \cdots, v_n$ で生成されるものとする．V の任意の m 個の要素の組 $w_1, \cdots, w_m$ が 1 次独立ならば，$m \leqq n$ が成り立つ． □

証明. 仮定により，適当な定数 $a_{ij} \in \mathbf{R}$ をとって

$$w_j = a_{1j}v_1 + \cdots + a_{nj}v_n \quad (j = 1, \cdots, m)$$

と表すことができる．ここで $m > n$ を仮定して矛盾を導く．行列 A を

$$A = \begin{bmatrix} a_{11} & \cdots & a_{1m} \\ \vdots & & \vdots \\ a_{n1} & \cdots & a_{nm} \end{bmatrix}$$

とする．定理 3.2.1 より $\mathrm{rank}(A) \leqq \min\{\, n,\ m\,\} = n < m$.

したがって，連立方程式 $A\mathbf{x} = 0$ は自明でない解を持つ．

自明でない解を $\mathbf{x} = {}^t[\,\lambda_1, \cdots, \lambda_m\,]$ とすれば，

$$\sum_{j=1}^{m} a_{ij}\lambda_j = 0 \quad (i = 1, \cdots, n)$$

となる．したがって

$$\sum_{j=1}^{m} \lambda_j w_j = \sum_{j=1}^{m} \lambda_j(a_{1j}v_1 + \cdots + a_{nj}v_n) = \sum_{i=1}^{n} \left(\sum_{j=1}^{m} a_{ij}\lambda_j \right) v_i = 0.$$

これは，$w_1, \cdots, w_m$ が $\mathbf{R}$ 上 1 次独立であることに反し，矛盾．したがって $m > n$ という仮定は誤りである．よって $m \leqq n$. □

定理 9.6.3 V を $\mathbf{R}$ 上のベクトル空間とする．以下は同値である；

(1) V の 1 次独立な要素の最大個数が n に等しい．

(2) $\dim_{\mathbf{R}} V = n$，つまり，V の任意の基底は n 個の要素からなる．

(3) V のある基底は n 個の要素からなる． □

証明. n を V の 1 次独立な要素の最大個数とする．$w_1, \cdots, w_m$ を V の任意の基底とする．定理 9.6.1 より V の基底 $v_1, \cdots, v_n$ が存在する．したがって，$v_1, \cdots, v_n$ は V を生成する．$w_1, \cdots, w_m$ は $\mathbf{R}$ 上 1 次独立だから，定理 9.6.2 より $m \leqq n$ である．一方 $w_1, \cdots, w_m$ は V を生成するから，定理 9.6.2 より $n \leqq m$ である．ゆえに，$m = n$. よって，(1) より (2) が証明された．

(2) から (3) は明らか．定理 9.6.2 により (3) から (1) が従う． □

定理 9.6.4 V を $\mathbf{R}$ 上のベクトル空間で $\dim_{\mathbf{R}} V = n$ とする．このとき V の n 個の要素 $v_1, \cdots, v_n$ は $\mathbf{R}$ 上 1 次独立ならば，V の基底である． □

証明． $v_1, \cdots, v_n$ は $\mathbf{R}$ 上 1 次独立であるとする．$\dim_{\mathbf{R}} V = n$ だから，定理 9.6.2 により，V の $(n+1)$ 個の要素は $\mathbf{R}$ 上 1 次独立でない．したがって，v を V の任意の要素とすると，$v, v_1, \cdots, v_n$ は $\mathbf{R}$ 上 1 次独立でない．このとき，(9.6) の証明はそのまま適用できて，v は $v_1, \cdots, v_n \in V$ の 1 次結合である．したがって，$v_1, \cdots, v_n$ は定義 9.5.2 の条件 (i), (ii) を満たし，V の基底である． □

定理 9.6.5 V を $\mathbf{R}$ 上の n 次元ベクトル空間，$v_1, \cdots, v_r$ は V の要素で $\mathbf{R}$ 上 1 次独立であるものとする．このとき，適当な V の要素 $v_{r+1}, \cdots, v_n$ を選び $v_1, \cdots, v_r, v_{r+1}, \cdots, v_n$ を V の基底にすることができる． □

証明． $v_1, \cdots, v_r$ は仮定により 1 次独立である．もし，$v_1, \cdots, v_r$ が V の基底でなければ，V の要素 v で $v_1, \cdots, v_r$ の $\mathbf{R}$ 上の 1 次結合として表せないものがとれる．このとき $v, v_1, \cdots, v_r$ は 1 次独立である．なぜならば，もし $v, v_1, \cdots, v_r$ が 1 次従属ならば自明でない定数の組 $\lambda, \lambda_1, \cdots, \lambda_r$ で

$$\lambda v + \lambda_1 v_1 + \cdots + \lambda_r v_r = 0$$

となるものがとれる．自明でない定数の組，つまり，$\lambda, \lambda_1, \cdots, \lambda_r$ のどれかひとつはゼロでない．もし $\lambda = 0$ ならば，$v_1, \cdots, v_r$ が $\mathbf{R}$ 上 1 次独立であることに反する．したがって $\lambda \neq 0$．したがって

$$v = -\frac{1}{\lambda}(\lambda_1 v_1 + \cdots + \lambda_r v_r).$$

すなわち，v は $v_1, \cdots, v_r$ の $\mathbf{R}$ 上の 1 次結合である．これは v のとり方に反する．したがって，$v_1, \cdots, v_r, v$ は $\mathbf{R}$ 上 1 次独立である．$v_{r+1} = v$ とおく，このとき，まだ，$v_1, \cdots, v_{r+1}$ が V の基底でなければ，同じ議論をくり返すことができる．V の要素の組 $v_1, \cdots, v_r, v_{r+1}, \cdots, v_m$ が $\mathbf{R}$ 上 1 次独立ならば，定理 9.6.2 により $m \leqq \dim_{\mathbf{R}} V$ が成り立つ．この操作は m が V の 1 次独立な要素の最大個数 n と等しくなったところで終わる．このとき，定理 9.6.1 により，$v_1, \cdots, v_r, v_{r+1}, \cdots, v_m$ は V の基底である． □

補題 9.6.6 $v_1, \cdots, v_n$ をベクトル空間 V の基底とするとき，要素 v の，$v_1, \cdots, v_n$ の $\mathbf{R}$ 上の 1 次結合としての表示はただひと通りである．すなわち，実数 λ_i および μ_j を用いて

$$v = \lambda_1 v_1 + \cdots + \lambda_n v_n = \mu_1 v_1 + \cdots + \mu_n v_n$$

と表したとき，$\lambda_i = \mu_i\ (i = 1, \cdots, n)$ が成り立つ． □

証明． 右辺を左辺に移項すれば

$$(\lambda_1 - \mu_1)v_1 + \cdots + (\lambda_n - \mu_n)v_n = 0$$

が分かる．ベクトル $v_1, \cdots, v_n$ は $\mathbf{R}$ 上 1 次独立なので，

$$\lambda_1 - \mu_1 = \cdots = \lambda_n - \mu_n = 0.$$

これで，補題が証明された． □

定理 9.6.7 V を $\mathbf{R}$ 上のベクトル空間とし，2 つの組 $v_1, \cdots, v_n$ および $w_1, \cdots, w_n$ はともに V の基底であるとする．このとき，

$$v_j = a_{1j}w_1 + a_{2j}w_2 + \cdots + a_{nj}w_n \quad (j = 1, 2, \cdots, n) \tag{9.7}$$

とすれば，n 次正方行列 $A = [\,a_{ij}\,]$ は正則である． □

証明． $v_1, \cdots, v_n$ も V の基底なので，w_i も v_j を用いて表すことができる：

$$w_i = b_{1i}v_1 + b_{2i}v_2 + \cdots + b_{ni}v_n \quad (i = 1, \cdots, n)$$

このとき，

$$w_i = \sum_{j=1}^n b_{ji} v_j = \sum_{j=1}^n b_{ji} \left(\sum_{k=1}^n a_{kj} w_k \right) = \sum_{k=1}^n \left(\sum_{j=1}^n a_{kj} b_{ji} \right) w_k$$

となる．$w_1, \cdots, w_n$ は $\mathbf{R}$ 上 1 次独立なので，補題 9.6.6 により，

$$\sum_{j=1}^n a_{kj} b_{ji} = \begin{cases} 1 & (k = i) \\ 0 & (k \neq i) \end{cases}$$

が成り立つ．したがって，2 つの n 次正方行列を

$$A = \begin{bmatrix} a_{11} & \cdots & a_{1n} \\ & \cdots & \\ a_{n1} & \cdots & a_{nn} \end{bmatrix}, \quad B = \begin{bmatrix} b_{11} & \cdots & b_{1n} \\ & \cdots & \\ b_{n1} & \cdots & b_{nn} \end{bmatrix}$$

とすれば，$AB = I_n$ である．よって，定理 2.10.2 より A は正則行列である．□

注意 9.6.8 (9.7) を簡単のため，つぎのように表す．

$$[\, v_1,\ v_2,\ \cdots,\ v_n \,] = [\, w_1,\ w_2,\ \cdots,\ w_n \,] \begin{bmatrix} a_{11} & a_{12} & \cdots & a_{1n} \\ a_{21} & a_{22} & \cdots & a_{2n} \\ \vdots & \vdots & & \vdots \\ a_{n1} & a_{n2} & \cdots & a_{nn} \end{bmatrix}. \quad (9.8)$$

この章で証明したことを全体として見通せるように，定理 9.6.1 — 9.6.5, 9.6.7 を整理すると，以下のようになる．

定理 9.6.9 V を $\mathbf{R}$ 上の有限次元ベクトル空間で $\dim_{\mathbf{R}} V = n$ とし，v_i を V の要素とする．このとき，つぎが成り立つ．

(1) $v_1, \cdots, v_n$ が $\mathbf{R}$ 上 1 次独立ならば，V の基底である．

(2) $v_1, \cdots, v_m$ が $\mathbf{R}$ 上 1 次独立ならば，$m \leqq n$ である．

(3) $v_1, \cdots, v_m$ が V の基底ならば，$m = n$ である．

(4) $v_1, \cdots, v_m$ が $\mathbf{R}$ 上 1 次独立で $m < n$ ならば，適当な $v_{m+1}, \cdots, v_n$ を付け加えて V の基底にできる．

(5) V の 2 つの基底は正則行列で移りあう． □

定理 9.6.10 V, W は $\mathbf{R}$ 上のベクトル空間で，$W \subset V$ とする．もし $\dim_{\mathbf{R}} V = \dim_{\mathbf{R}} W$ ならば，$V = W$ である． □

証明． $\dim_{\mathbf{R}} V = n$ とする．W の基底を $w_1, \cdots, w_m$ とすると，定理 9.6.9 (4) より $n = \dim_{\mathbf{R}} V = \dim_{\mathbf{R}} W = m$．ゆえに定理 9.6.9 (2) より $w_1, \cdots, w_m$ は V の基底である．したがって，任意の $v \in V$ は $w_1, \cdots, w_n$ の 1 次結合である．したがって $v \in W$ となる．よって $V \subset W$．したがって，$V = W$．□

定理 9.6.11 $A = [\mathbf{a}_1, \cdots, \mathbf{a}_n]$ を実数係数 n 次正方行列とする．そのとき，$\mathbf{a}_1, \cdots, \mathbf{a}_n$ が $\mathbf{R}^n$ の基底であることと，A が正則であることは同値である． □

証明． $\mathbf{a}_1, \cdots, \mathbf{a}_n$ で生成される $\mathbf{R}^n$ の部分空間を V とする．A が正則ならば，定理 4.6.6 と定理 9.5.12 により，$\dim V = \operatorname{rank} A = n$．よって，$\mathbf{a}_1, \cdots, \mathbf{a}_n$ は V の基底である．一方，空間 $\dim \mathbf{R}^n = n$ だから，定理 9.6.10 により，$V = \mathbf{R}^n$，よって，$\mathbf{a}_1, \cdots, \mathbf{a}_n$ は $\mathbf{R}^n$ の基底である．つぎに，$\mathbf{a}_1, \cdots, \mathbf{a}_n$ が $\mathbf{R}^n$ の基底であると仮定する．このとき，$\mathbf{R}^n$ の標準基底 $w_1 = \mathbf{e}_1, \cdots, w_n = \mathbf{e}_n$ を順に $v_1 = \mathbf{a}_1, \cdots, v_n = \mathbf{a}_n$ に移す変換は，定理 9.6.7 により行列 A で表すことができる．このとき，同じ定理により A は正則である． □

例 9.6.12 ベクトル空間 V を
$$V = \{\, ax^2 + bx + c \,;\, a,\, b,\, c \in \mathbf{R} \,\}$$
とし，V の 3 個の要素を
$$f_1(x) = x^2, \quad f_2(x) = x + 1, \quad f_3(x) = 2x + 1 \tag{9.9}$$
とする．このとき，f_1, f_2, f_3 は V の基底である． □

以下，これを証明する．証明の前に，V におけるゼロ 0 とは，関数としてのゼロを指すことに注意する．$ax^2 + bx + c$ で $a = b = c = 0$ の場合が，V におけるゼロ 0 である．

最初に，f_1, f_2, f_3 が $\mathbf{R}$ 上 1 次独立であることを証明する．定数 λ_i に対し
$$\lambda_1 f_1(x) + \lambda_2 f_2(x) + \lambda_3 f_3(x) = 0 \tag{9.10}$$
を仮定する．よって，
$$\begin{aligned}\lambda_1 x^2 &+ \lambda_2(x+1) + \lambda_3(2x+1) \\ &= \lambda_1 x^2 + (\lambda_2 + 2\lambda_3)x + (\lambda_2 + \lambda_3) = 0.\end{aligned} \tag{9.11}$$

これは x の 2 次方程式ではなくて，左辺の関数は恒等的に値ゼロとなる関数である．高校で習った未定係数法によって，(9.11) の x^2 の係数，x の係数および定数項はすべて 0 に等しい．よって
$$\lambda_1 = 0, \quad \lambda_2 + 2\lambda_3 = 0, \quad \lambda_2 + \lambda_3 = 0.$$

これより，$\lambda_1 = \lambda_2 = \lambda_3 = 0$．したがって，$f_1$, f_2, f_3 は 1 次独立である．ま

た $x^2 = f_1(x), x = f_3(x) - f_2(x), 1 = 2f_2(x) - f_3(x)$ だから，V は f_1, f_2, f_3 によって生成される．よって $f_1(x), f_2(x), f_3(x)$ は V_2 の基底である．同様に

$$h_1(x) = x^2, \quad h_2(x) = x, \quad h_3(x) = 1 \, (= x^0)$$

も $\mathbf{R}$ 上 1 次独立で，V の基底である． ∎

例 9.6.13 ここで，例 9.1.4 のベクトル空間 V の基底と次元を計算する．

$$V = M_2(\mathbf{R}) = \left\{ \begin{bmatrix} x_{11} & x_{12} \\ x_{21} & x_{22} \end{bmatrix} ; \quad x_{ij} \in \mathbf{R} \right\}$$

である．そこで，

$$E_{11} = \begin{bmatrix} 1 & 0 \\ 0 & 0 \end{bmatrix}, E_{12} = \begin{bmatrix} 0 & 1 \\ 0 & 0 \end{bmatrix},$$

$$E_{21} = \begin{bmatrix} 0 & 0 \\ 1 & 0 \end{bmatrix}, E_{22} = \begin{bmatrix} 0 & 0 \\ 0 & 1 \end{bmatrix}$$

とする．このとき，

$$\begin{bmatrix} x_{11} & x_{12} \\ x_{21} & x_{22} \end{bmatrix} = x_{11}E_{11} + x_{12}E_{12} + x_{21}E_{21} + x_{22}E_{22}. \tag{9.12}$$

これより E_{ij} は V を生成する．(9.12) により 1 次独立であることも分かる． ∎

例 9.6.14 例 9.1.6 のベクトル空間 W の基底と次元を計算する．

$$W = \{ ax^2 + bx + c \, ; \, a + b + c = 0, \, a, \, b, \, c \in \mathbf{R} \},$$

$$f_1(x) = x^2 - 1, \quad f_2(x) = x - 1$$

とする．$f_1 \in W, f_2 \in W$ に注意する．もし $ax^2 + bx + c \in W$ ならば，

$$ax^2 + bx + c = ax^2 + bx - (a+b) = af_1(x) + bf_2(x) \tag{9.13}$$

なので，W は f_1, f_2 により生成される．また，$f_1(x), f_2(x)$ は 1 次独立である．なぜならば，$af_1(x) + bf_2(x) = 0$ とすると，(9.13) と未定係数法により，$a = b = -(a+b) = 0$．よって，$f_1(x), f_2(x)$ は W の基底である． ∎

9.7 部分空間の直和

定義 9.7.1 V を $\mathbf{R}$ 上のベクトル空間, W を V の部分集合とする. W が V の和と定数倍に関してベクトル空間となるとき, W を V の**部分ベクトル空間** (今後は単に, **部分空間**) と呼ぶ. たとえば, 例 9.1.3 の V_2 は $\mathbf{R}^n$ の部分空間である. また, 例 9.1.5 の W_s, W_a は $M_2(\mathbf{R})$ の部分空間である. □

定理 9.7.2 V を $\mathbf{R}$ 上のベクトル空間, V_1, V_2 を V の部分空間とし

$$V_1 + V_2 = \{\, v_1 + v_2 \ ;\ v_1 \in V_1, v_2 \in V_2 \,\},$$

$$V_1 \cap V_2 = \{\, v \ ;\ v \in V_1, v \in V_2 \,\}$$

と定める. このとき $V_1 + V_2$, $V_1 \cap V_2$ は V の部分空間で, 次が成り立つ:

$$\dim(V_1 + V_2) = \dim V_1 + \dim V_2 - \dim(V_1 \cap V_2). \tag{9.14}$$

証明. $V_1 + V_2$ がベクトル空間であることを証明する. そのためには, $v_1, v_1' \in V_1$, $v_2, v_2' \in V_2$, $\lambda \in \mathbf{R}$ とするとき

$$(v_1 + v_2) + (v_1' + v_2') = (v_1 + v_1') + (v_2 + v_2') \in V_1 + V_2,$$

$$\lambda(v_1 + v_2) = \lambda v_1 + \lambda v_2 \in V_1 + V_2$$

を証明すれば十分である. しかし, これは $v_1 + v_1' \in V_1$, $v_2 + v_2' \in V_2$, $\lambda v_1 \in V_1$, $\lambda v_2 \in V_2$ より明らかである. $V_1 \cap V_2$ がベクトル空間であることは明らか.

つぎに, 次元の間の関係式 (9.14) を証明する. $V_1 \cap V_2$ の基底を $u_1, \cdots, u_r$ とする. つぎに, 定理 9.6.5 によりこれを V_1 および V_2 の基底に拡張する. まず, $u_1, \cdots, u_r, w_1, \cdots, w_m$ が V_1 の基底となるように適当な $w_1, \cdots, w_m \in V_1$ を選ぶ. つぎに $u_1, \cdots, u_r, w_1', \cdots, w_n'$ が V_2 の基底となるように, 適当な $w_1', \cdots, w_n' \in V_2$ を選ぶ.

このとき $u_1, \cdots, u_r, w_1, \cdots, w_m, w_1', \cdots, w_n'$ は $V_1 + V_2$ の基底となることを証明する. まず, $V_1 + V_2$ の任意の元 v をとると, $v = v_1 + v_2$ ($v_1 \in V_1, v_2 \in V_2$) と表すことができる. 一方 $u_1, \cdots, u_r, w_1, \cdots, w_m$ は V_1 の基底だから, 適当な $a_i, b_j \in \mathbf{R}$ をとり

$$v_1 = a_1 u_1 + \cdots + a_r u_r + b_1 w_1 + \cdots + b_m w_m$$

と表すことができる. また $u_1, \cdots, u_r, w_1', \cdots, w_n'$ は V_2 の基底だから, 適

当な c_i, $d_j \in \mathbf{R}$ をとり

$$v_2 = c_1 u_1 + \cdots + c_r u_r + d_1 w'_1 + \cdots + d_n w'_n$$

と表すことができる．したがって

$$v = v_1 + v_2 = (a_1 + c_1)u_1 + \cdots + (a_r + c_r)u_r$$
$$+ b_1 w_1 + \cdots + b_m w_m + d_1 w'_1 + \cdots + d_n w'_n$$

と表すことができる．ゆえに，v は $u_1, \cdots, u_r, w_1, \cdots, w_m, w'_1, \cdots, w'_n$ の 1 次結合として表すことができる．

最後に $u_1, \cdots, u_r, w_1, \cdots, w_m, w'_1, \cdots, w'_n$ は $\mathbf{R}$ 上 1 次独立であることを証明する．そこで

$$a_1 u_1 + \cdots + a_r u_r + b_1 w_1 + \cdots + b_m w_m + d_1 w'_1 + \cdots + d_n w'_n = 0$$

と仮定する．したがって

$$a_1 u_1 + \cdots + a_r u_r + b_1 w_1 + \cdots + b_m w_m = (-d_1)w'_1 + \cdots + (-d_n)w'_n$$

となる．この元を w とする．右辺の形から $w \in V_2$ である．一方，左辺の形から $w \in V_1$ である．したがって $w \in V_1 \cap V_2$ であるが，$u_1, \cdots, u_r$ は $V_1 \cap V_2$ の基底だから，w は $u_1, \cdots, u_r$ の 1 次結合として表すことができる．したがって適当な定数 $c_j \in \mathbf{R}$ をとり

$$w = c_1 u_1 + c_2 u_2 + \cdots + c_r u_r$$

と表すことができる．したがって

$$w = c_1 u_1 + c_2 u_2 + \cdots + c_r u_r = (-d_1)w'_1 + \cdots + (-d_n)w'_n,$$
$$c_1 u_1 + \cdots + c_r u_r + d_1 w'_1 + \cdots + d_n w'_n = 0.$$

しかし，$u_1, \cdots, u_r, w'_1, \cdots, w'_n$ は V_2 の基底だから，$\mathbf{R}$ 上 1 次独立であり

$$c_1 = \cdots = c_r = d_1 = \cdots = d_n = 0$$

となる．特に $w = 0$ である．したがって

$$a_1 u_1 + \cdots + a_r u_r + b_1 w_1 + \cdots + b_m w_m = 0.$$

つぎに $u_1, \cdots, u_r, w_1, \cdots, w_m$ は V_1 の基底であることを用いると

$$a_1 = \cdots = a_r = b_1 = \cdots = b_m = 0$$

となる．以上により $a_i = b_j = d_k = 0$ ($\forall i, j, k$)．つまり，すべての i, j, k 対して $a_i = b_j = d_k = 0 = 0$ が成り立つ[1]．したがって，$u_1, \cdots, u_r, w_1, \cdots, w_m, w'_1, \cdots, w'_n$ は $\mathbf{R}$ 上 1 次独立であり，したがって，$V_1 + V_2$ の基底であることが証明できた．したがって

$$\dim(V_1 + V_2) = r + m + n = (r+m) + (r+n) - r$$
$$= \dim V_1 + \dim V_2 - \dim(V_1 \cap V_2).$$

以上で，(9.14) は証明された． □

定理 9.7.3 V を $\mathbf{R}$ 上のベクトル空間，V_1 および V_2 を V の部分空間とし，$V = V_1 + V_2$ であるものとする．このとき，つぎは同値．

(1) 任意の要素 $v \in V$ は V_1 の要素 v_1 と V_2 の要素 v_2 によってただひと通りに $v = v_1 + v_2$ と表される．

(2) $V_1 \cap V_2 = \{0\}$.

$V = V_1 + V_2$ に対して，これらの条件が成り立つ時，$V = V_1 \oplus V_2$ と表し，V は V_1 と V_2 の**直和**であるという． □

証明． (2) を仮定して (1) を証明する．$v_1, v'_1 \in V_1$, $v_2, v'_2 \in V_2$ によって

$$v = v_1 + v_2 = v'_1 + v'_2$$

と表せると仮定して $v_1 = v'_1$, $v_2 = v'_2$ を証明する．そのために

$$w = v_1 - v'_1 = v'_2 - v_2 \tag{9.15}$$

とおく．(9.15) の第 2 式の形から $w \in V_1$, 同様に (9.15) の第 3 式の形から $w \in V_2$ が分かる．したがって仮定より $w \in V_1 \cap V_2 = \{0\}$. よって $w = 0$ である．したがって $v_1 = v'_1$, $v_2 = v'_2$. これで (1) は証明された．

逆に，(1) から (2) を証明する．任意の要素 $v \in V_1 \cap V_2$ をとる．$v = v + 0 = 0 + v$ は，v を V_1 の要素と V_2 の要素の和として表している．(1) より，2 つの表示は一致する．したがって，$v = 0$. よって (2) が証明された． □

---

[1] $\forall i$ は，「すべての i に対し」という意味である．

第 9 章の問題

1. つぎのベクトル空間の基底を求めよ．ただし，$M_n(\mathbf{R})$ は実数係数 n 次正方行列全体のなすベクトル空間を表す．

   (i)　　$V_1 = \{\, f(x)\,;\, x \text{ の次数 } 3 \text{ 以下の実数係数多項式},\, f(1) = f'(2) = 0 \,\}$.

   (ii)　　$V_2 = \{\, A \in M_2(\mathbf{R})\,;\, \mathrm{tr}\,(A) = 0 \,\}$.

   (iii)　　$V_3 = \{\, A \in M_3(\mathbf{R})\,;\, {}^tA = -A \,\}$.

   (iv)　　$V_4 = \left\{\, f(x)\,;\, \begin{matrix} x \text{ の次数 } 3 \text{ 以下の実数係数多項式} \\ f(1) = 0,\ f''(0) = f(0) \end{matrix} \,\right\}$.

2. つぎのベクトル空間の基底を求めよ．

   (i)　　$V = \{\, \mathbf{x} \in \mathbf{R}^4\,;\, x_1 + x_2 = x_3 + x_4,\ x_1 = 2x_3 - x_4 \,\}$.

   (ii)　　$V = \langle\, \mathbf{a}_1,\, \mathbf{a}_2,\, \mathbf{a}_3,\, \mathbf{a}_4 \,\rangle : \mathbf{a}_1,\, \cdots,\, \mathbf{a}_4$ で張られるベクトル空間．

   ただし，$\mathbf{a}_1 = {}^t[\,1,1,5\,]$, $\mathbf{a}_2 = {}^t[\,5,1,13\,]$, $\mathbf{a}_3 = {}^t[\,4,3,17\,]$, $\mathbf{a}_4 = {}^t[\,1,2,8\,]$ とする．

3. つぎの 2 つの空間の共通部分 $V \cap W$ の次元を求めよ．ただし
   $V = {}^t[\,1,2,3,4\,]$, ${}^t[\,1,5,2,-1\,]$ の張るベクトル空間，
   $W = {}^t[\,2,4,5,-3\,]$, ${}^t[\,3,3,7,-16\,]$ の張るベクトル空間．

第10章
線形写像

V, W を集合とする.V のどんな要素 v に対しても,その像 $f(v)$ が W の要素となるとき,f を V から W への写像といい,$f: V \to W$ で表す.この章では,線形写像という,その写像の中でももっとも単純なものを考察する.

10.1 線形写像

定義 10.1.1 V, W を $\mathbf{R}$ 上のベクトル空間とする.写像 $f: V \to W$ が以下の条件を満たすとき,$\mathbf{R}$ 上の**線形写像**という:

(i) 任意の要素 $v, v' \in V$ に対し,$f(v+v') = f(v) + f(v')$,

(ii) 任意の要素 $v \in V$ と任意の $\lambda \in \mathbf{R}$ に対し $f(\lambda v) = \lambda f(v)$.

V, W が $\mathbf{C}$ 上のベクトル空間のとき,条件 (i) および

(ii') 任意の $\lambda \in \mathbf{C}$ に対し $f(\lambda v) = \lambda f(v)$

が成り立つとき,f を $\mathbf{C}$ 上の線形写像という. □

例 10.1.2 $V = \mathbf{R}^n$, $W = \mathbf{R}^m$ とし,A を実数係数 $m \times n$ 行列とする.$f(\mathbf{x}) = A\mathbf{x}$ とすれば,f は $\mathbf{R}$ 上の線形写像である.例 10.2.2 を参照のこと. ■

例 10.1.3
$$W = \{\, f(x) \ : \ x \text{ の次数 2 以下の実数係数多項式} \,\}$$

とし，写像 $F: W \to W$ を
$$F(f(x)) = f''(x) - 2xf'(x) - f(x)$$
で定義する．以下，証明するように，F は W から W への線形写像である．

以下，$f(x), g(x) \in W$ を f, g と記す．$\lambda \in \mathbf{R}$, $f, g \in W$ に対して
$$\begin{aligned} F(f+g) &= (f+g)'' - 2x(f+g)' - (f+g) \\ &= (f'' - 2xf' - f) + (g'' - 2xg' - g) = F(f) + F(g), \end{aligned}$$
$$F(\lambda f) = (\lambda f)'' - 2x(\lambda f)' - \lambda f = \lambda (f'' - 2xf' - f) = \lambda F(f).$$

したがって，定義 10.1.1 の条件 (i)(ii) が成り立つ． ∎

10.2 線形写像の行列表示

V, W を $\mathbf{R}$ 上のベクトル空間とし，$f: V \to W$ を $\mathbf{R}$ 上の線形写像として，f を行列を用いて表すことを考える．そのためには，V の基底と W の基底をそれぞれ 1 組ずつ選ばなければならない．そこで，$\mathbf{a}_1, \cdots, \mathbf{a}_n$ を V の基底，$\mathbf{b}_1, \cdots, \mathbf{b}_m$ を W の基底とする．

V の要素 v は基底 $\mathbf{a}_1, \cdots, \mathbf{a}_n$ を用いて
$$v = x_1 \mathbf{a}_1 + x_2 \mathbf{a}_2 + \cdots + x_n \mathbf{a}_n \tag{10.1}$$
と表すことができる．一方，v の像 $f(v)$ は W の要素だから，適当な y_j を選び，W の基底 $\mathbf{b}_1, \cdots, \mathbf{b}_m$ を用いて，
$$f(v) = y_1 \mathbf{b}_1 + y_2 \mathbf{b}_2 + \cdots + y_m \mathbf{b}_m \tag{10.2}$$
と表すことができる．ここで，係数 x_j のベクトルと係数 y_i のベクトルを
$$\mathbf{x} = \begin{bmatrix} x_1 \\ x_2 \\ \vdots \\ x_n \end{bmatrix}, \quad \mathbf{y} = \begin{bmatrix} y_1 \\ y_2 \\ \vdots \\ y_m \end{bmatrix} \tag{10.3}$$
とする．簡単のために，以下のように表す：
$$\begin{aligned} v(\mathbf{x}) &= x_1 \mathbf{a}_1 + x_2 \mathbf{a}_2 + \cdots + x_n \mathbf{a}_n, \\ w(\mathbf{y}) &= y_1 \mathbf{b}_1 + y_2 \mathbf{b}_2 + \cdots + y_m \mathbf{b}_m. \end{aligned} \tag{10.4}$$

すると，関係式 (10.2) は

$$w(\mathbf{y}) = f(v(\mathbf{x})) \tag{10.5}$$

となる．このとき，$\mathbf{y}$ は $\mathbf{x}$ でどのように表せるだろうか？

それには，つぎにようにすればよい．$\mathbf{a}_j$ の像 $f(\mathbf{a}_j)$ は W の要素だから，適当な $a_{ij} \in \mathbf{R}$ を選び，W の基底 $\mathbf{b}_1, \cdots, \mathbf{b}_m$ を用いて，

$$f(\mathbf{a}_j) = a_{1j}\mathbf{b}_1 + a_{2j}\mathbf{b}_2 + \cdots + a_{mj}\mathbf{b}_m \tag{10.6}$$

と表すことができる．この係数を集めた行列を

$$A = \begin{bmatrix} a_{11} & a_{12} & \cdots & a_{1n} \\ \cdots & \cdots & \cdots & \cdots \\ a_{m1} & a_{m2} & \cdots & a_{mn} \end{bmatrix} \tag{10.7}$$

とする．このとき，次の定理が成り立つ．

定理 10.2.1 (10.2) と (10.7) によって行列 A を定めると，(10.8) と (10.9) は同値である：

$$w(\mathbf{y}) = f(v(\mathbf{x})), \tag{10.8}$$

$$\mathbf{y} = A\mathbf{x}. \tag{10.9}$$

(10.3), (10.4), (10.8), (10.9) をすべてあわせて，線形写像 f の「V の基底 $\mathbf{a}_1, \cdots, \mathbf{a}_n$ と W の基底 $\mathbf{b}_1, \cdots, \mathbf{b}_m$ に関する行列表示」と呼ぶ．

証明． 簡単のため，$m=3, n=2$ の場合に，定理 10.2.1 を証明する．

すでに見たように，A の定義より

$$[\,f(\mathbf{a}_1),\ f(\mathbf{a}_2)\,] = [\,\mathbf{b}_1,\ \mathbf{b}_2,\ \mathbf{b}_3\,] \begin{bmatrix} a_{11} & a_{12} \\ a_{21} & a_{22} \\ a_{31} & a_{32} \end{bmatrix}. \tag{10.10}$$

線形写像の性質 $f(v+v') = f(v) + f(v')$, $f(cv) = cf(v)$ を用いると，

$$f(v(\mathbf{x})) = f(x_1\mathbf{a}_1 + x_2\mathbf{a}_2) = x_1 f(\mathbf{a}_1) + x_2 f(\mathbf{a}_2)$$

$$= x_1(a_{11}\mathbf{b}_1 + a_{21}\mathbf{b}_2 + a_{31}\mathbf{b}_3) + x_2(a_{12}\mathbf{b}_1 + a_{22}\mathbf{b}_2 + a_{32}\mathbf{b}_3)$$

$$= (a_{11}x_1 + a_{12}x_2)\mathbf{b}_1 + (a_{21}x_1 + a_{22}x_2)\mathbf{b}_2 + (a_{31}x_1 + a_{32}x_2)\mathbf{b}_3.$$

したがって，関係式 $f(v(\mathbf{x})) = w(\mathbf{y})$ は，つぎと同値である：

$(a_{11}x_1 + a_{12}x_2)\mathbf{b}_1 + \cdots + (a_{31}x_1 + a_{32}x_2)\mathbf{b}_3 = y_1\mathbf{b}_1 + y_2\mathbf{b}_2 + y_3\mathbf{b}_3.$

$\mathbf{b}_i$ は W の基底だから，これは $y_i = a_{i1}x_1 + a_{i2}x_2$ $(i=1,2,3)$ と同値である．すなわち，

$$\begin{bmatrix} y_1 \\ y_2 \\ y_3 \end{bmatrix} = \begin{bmatrix} a_{11} & a_{12} \\ a_{21} & a_{22} \\ a_{31} & a_{32} \end{bmatrix} \begin{bmatrix} x_1 \\ x_2 \end{bmatrix} \tag{10.11}$$

である．これは (10.9) にほかならない．これで，定理 10.2.1 が証明された．□

例 10.2.2　　$V = \mathbf{R}^2, W = \mathbf{R}^3, f : V \to W$ を $\mathbf{R}$ 上の線形写像とする．V, W の標準的な基底 $\mathbf{e}'_j$ $(j = 1, 2)$ および $\mathbf{e}''_k$ $(k = 1, 2, 3)$ をとる：

$$\mathbf{e}'_1 = \begin{bmatrix} 1 \\ 0 \end{bmatrix}, \ \mathbf{e}'_2 = \begin{bmatrix} 0 \\ 1 \end{bmatrix},$$

$$\mathbf{e}''_1 = \begin{bmatrix} 1 \\ 0 \\ 0 \end{bmatrix}, \ \mathbf{e}''_2 = \begin{bmatrix} 0 \\ 1 \\ 0 \end{bmatrix}, \ \mathbf{e}''_3 = \begin{bmatrix} 0 \\ 0 \\ 1 \end{bmatrix}.$$

この基底に関して f を行列表示しよう．

$$f(\mathbf{e}'_j) = \begin{bmatrix} a_{1j} \\ a_{2j} \\ a_{3j} \end{bmatrix} \ (j=1,2), \quad A = \begin{bmatrix} a_{11} & a_{12} \\ a_{21} & a_{22} \\ a_{31} & a_{32} \end{bmatrix},$$

$$\mathbf{x} = \begin{bmatrix} x_1 \\ x_2 \end{bmatrix}, \quad f(\mathbf{x}) = y_1\mathbf{e}''_1 + y_2\mathbf{e}''_2 + y_3\mathbf{e}''_3 = \mathbf{y} = \begin{bmatrix} y_1 \\ y_2 \\ y_3 \end{bmatrix}$$

とする．$[f(\mathbf{e}'_1), f(\mathbf{e}'_2)] = [\mathbf{e}''_1, \mathbf{e}''_2, \mathbf{e}''_3]A$ だから，定理 10.2.1 により，

$$\mathbf{y} = f(\mathbf{x}) = A\mathbf{x}$$

となり，線形写像 f は例 10.1.2 の線形写像にほかならない．一般の m, n に対しても同様である．■

例 **10.2.3**
$$V = W = \{f(x) : x \text{ の次数 1 以下の複素係数多項式 }\}$$
とする．例 9.6.12 によって，$V = W$ の要素 $x, 1 \, (= x^0)$ は $V = W$ の基底である．V から W への写像を
$$F(f(x)) = (5-x)f'(x) + (3x-3)f(0) \quad (f(x) \in V)$$
と定義すると，例 10.1.3 と同様にして F は $\mathbf{C}$ 上の線形写像であることが確かめられる．$V = W$ の同じ基底 $x, 1$ に関して F を行列表示することを考える．言い換えれば，$f(x) = ax + b \quad (a, b \in \mathbf{C})$ に対して
$$F(f(x)) = px + q \quad (p, q \in \mathbf{C})$$
とする．計算により，
$$\begin{aligned} px + q &= F(ax + b) = aF(x) + bF(1) \\ &= (5-x)a + (3x-3)b = (-a+3b)x + (5a-3b). \end{aligned} \tag{10.12}$$

未定係数法により $p = -a + 3b,\ q = 5a - 3b$ となる．ゆえに，
$$\begin{bmatrix} p \\ q \end{bmatrix} = \begin{bmatrix} -a+3b \\ 5a-3b \end{bmatrix} = \begin{bmatrix} -1 & 3 \\ 5 & -3 \end{bmatrix} \begin{bmatrix} a \\ b \end{bmatrix} \tag{10.13}$$

となる．これが「基底 $x, 1$ に関する線形写像 F の行列表示」である． ∎

10.3　線形写像の行列表示の変化

線形写像の行列表示は基底のとり方によって変化する．その変化の様子を調べる．

前節と同じ線形写像 $f : V \to W$ を考える．V の第 2 の基底を $\mathbf{a}'_1, \cdots, \mathbf{a}'_n$，$W$ の第 2 の基底を $\mathbf{b}'_1, \cdots, \mathbf{b}'_m$ とする．定理 9.6.9 (5) により，第 2 の基底は最初の基底から正則行列の変換で得られる．(9.8) の記法を用いると，$m \times m$ 正則行列 P と $n \times n$ 正則行列 Q で
$$[\, \mathbf{a}'_1, \cdots, \mathbf{a}'_n \,] = [\, \mathbf{a}_1, \cdots, \mathbf{a}_n \,] Q$$
$$[\, \mathbf{b}'_1, \cdots, \mathbf{b}'_m \,] = [\, \mathbf{b}_1, \cdots, \mathbf{b}_m \,] P$$
となるものがとれる．したがって，

$$[\,f(\mathbf{a}_1'),\,\cdots,\,f(\mathbf{a}_n')\,] = [\,f(\mathbf{a}_1),\,\cdots,\,f(\mathbf{a}_n)\,]\,Q.$$

一方，線形写像 $f: V \to W$ の行列表示を定理 10.2.1 により

$$[\,f(\mathbf{a}_1),\,\cdots,\,f(\mathbf{a}_n)\,] = [\,\mathbf{b}_1,\,\cdots,\,\mathbf{b}_m\,]\,A,$$

$$[\,f(\mathbf{a}_1'),\,\cdots,\,f(\mathbf{a}_n')\,] = [\,\mathbf{b}_1',\,\cdots,\,\mathbf{b}_m'\,]\,B$$

とすると，

$$\begin{aligned}
[\,f(\mathbf{a}_1'),\,\cdots,\,f(\mathbf{a}_n')\,] &= [\,f(\mathbf{a}_1),\,\cdots,\,f(\mathbf{a}_n)\,]\,Q \\
&= [\,\mathbf{b}_1,\,\cdots,\,\mathbf{b}_m\,]\,AQ \\
&= [\,\mathbf{b}_1',\,\cdots,\,\mathbf{b}_m'\,]\,P^{-1}AQ
\end{aligned}$$

したがって，定理 10.2.1(または，補題 9.6.6) により，次を得る：

$$B = P^{-1}AQ. \tag{10.14}$$

この変換公式の中で，もっとも大切なのは，$V = W$, $P = Q$ の場合である．その具体例を注意 10.3.2 および例 10.3.3 で与えた．与えられた行列 A を $P^{-1}AP$ という変換で単純な形に変形する問題は，特に大切である．

例 10.3.1 例 10.2.3 の線形写像 F を $V, W\,(= V)$ の別の基底に関して行列表示してみよう．とくに大切なのは，固有ベクトルに関する行列表示である．

ところで，第 8.3 節によれば，F の固有ベクトルは定数倍を除き，

$$f_1 = x + 1 \quad (\text{固有値 } 2)$$

$$f_2 = 3x - 5 \quad (\text{固有値 } -6)$$

であった．f_1, f_2 は V, W の基底であり，

$$F(f_1) = 2f_1, \quad F(f_2) = -6f_2$$

となる．「線形写像 F を f_1, f_2 に関して行列表示する」ために

$$rf_1 + sf_2 = F(cf_1 + df_2) = 2cf_1 - 6df_2$$

とすれば，$r = 2c, s = -6d$．したがって，「行列表示」は以下で与えられる：

$$\begin{bmatrix} r \\ s \end{bmatrix} = \begin{bmatrix} 2 & 0 \\ 0 & -6 \end{bmatrix} \begin{bmatrix} c \\ d \end{bmatrix}.$$

注意 10.3.2 例 10.3.1 と例 10.2.3 との関係を説明する．線形写像 F の基底 $x, 1$ に関する行列表示 A と，f_1, f_2 に関する行列表示 B はどのような関係にあるか，定理 10.2.1 を用いて考える．定理 10.2.1，例 10.2.3 と例 10.3.1 により，

$$[\,F(x),\ F(1)\,] = [\,x,\ 1\,]A, \quad [\,F(f_1),\ F(f_2)\,] = [\,f_1,\ f_2\,]B,$$

$$A = \begin{bmatrix} -1 & 3 \\ 5 & -3 \end{bmatrix}, \quad B = \begin{bmatrix} 2 & 0 \\ 0 & -6 \end{bmatrix}$$

である．ここで，$P = \begin{bmatrix} 1 & 3 \\ 1 & -5 \end{bmatrix}$ とすれば，

$$[\,f_1,\ f_2\,] = [\,x+1,\ 3x-5\,] = [\,x,\ 1\,]P,$$

$$[\,F(f_1),\ F(f_2)\,] = [\,F(x)+F(1),\ 3F(x)-5F(1)\,] = [\,F(x),\ F(1)\,]P$$

$$= [\,x,\ 1\,]AP = [\,f_1,\ f_2\,]P^{-1}AP.$$

よって，定理 10.2.1 により，次が分かる：

$$B = P^{-1}AP. \qquad \square$$

例 10.3.3 $V = W = \mathbf{R}^2$ とし，線形写像 $f: V \to W$ を

$$f(\mathbf{x}) = A\mathbf{x}, \quad \text{ただし} \quad A = [\,\mathbf{a}_1,\ \mathbf{a}_2\,] = \begin{bmatrix} 1 & 2 \\ 2 & 1 \end{bmatrix}$$

と定める．例 6.2.3 により，行列 A の固有ベクトルは

$$\mathbf{p}_1 = \begin{bmatrix} 1 \\ 1 \end{bmatrix} \text{ (固有値 3)}, \quad \mathbf{p}_2 = \begin{bmatrix} 1 \\ -1 \end{bmatrix} \text{ (固有値 } -1)$$

であり，これらは $V = W = \mathbf{R}^2$ の基底である．V, W の基底 $\mathbf{p}_1, \mathbf{p}_2$ に関する f の行列表示 B を求めてみよう．すなわち，

$$f(z_1\mathbf{p}_1 + z_2\mathbf{p}_2) = w_1\mathbf{p}_1 + w_2\mathbf{p}_2$$

として，ベクトル ${}^t[w_1, w_2]$ をベクトル ${}^t[z_1, z_2]$ で表してみよう．これは，

$$f(z_1\mathbf{p}_1 + z_2\mathbf{p}_2) = z_1 f(\mathbf{p}_1) + z_2 f(\mathbf{p}_2) = 3z_1\mathbf{p}_1 - z_2\mathbf{p}_2$$

より，すぐ分かり

$$\begin{bmatrix} w_1 \\ w_2 \end{bmatrix} = \begin{bmatrix} 3 & 0 \\ 0 & -1 \end{bmatrix} \begin{bmatrix} z_1 \\ z_2 \end{bmatrix}, \quad B = \begin{bmatrix} 3 & 0 \\ 0 & -1 \end{bmatrix}$$

となる．最初の行列 A との関係は (10.14) によって分かる．言い換えれば，2×2 行列 P を $P = [\mathbf{p}_1, \mathbf{p}_2]$ と定めると，

$$[f(\mathbf{p}_1), f(\mathbf{p}_2)] = [A\mathbf{p}_1, A\mathbf{p}_2] = [3\mathbf{p}_1, -\mathbf{p}_2]$$
$$= [\mathbf{p}_1, \mathbf{p}_2] \begin{bmatrix} 3 & 0 \\ 0 & -1 \end{bmatrix} = PB,$$

$$[f(\mathbf{p}_1), f(\mathbf{p}_2)] = [f(\mathbf{e}_1), f(\mathbf{e}_2)]P = [\mathbf{a}_1, \mathbf{a}_2]P = AP.$$

ただし，$\mathbf{e}_1 = {}^t[1,0], \mathbf{e}_2 = {}^t[0,1]$ を表す．したがって，

$$PB = AP, \quad B = P^{-1}AP$$

である．これは，$P = Q$ の場合の (10.14) にほかならない． ∎

問題 10.3.4 第 8.4 節の線形写像 (8.9)

$$F(f) = xf'' + (2-x)f' - f$$

を基底 $f_1 = 1, f_2 = x - 2, f_3 = x^2 - 6x + 6$ について行列表示せよ． □

10.4 線形写像の核と像

$\mathbf{R}$ 上の線形写像 $f : V \to W$ が与えられたとき，2 つの新しいベクトル空間が自然に生ずる．この節では，それについて説明する．

定義 10.4.1 線形写像 f の核 $\mathrm{Ker}(f)$ および像 $\mathrm{Im}(f)$ を

$$\mathrm{Ker}(f) = \{\, v \in V \,;\, f(v) = 0 \,\}, \quad \mathrm{Im}(f) = \{\, f(v) \,;\, v \in V \,\}.$$

と定義する． □

例 10.4.2 A および $\mathbf{a}_i$ ($i = 1, 2, 3$) を

$$A = \begin{bmatrix} 1 & 1 & -3 \\ 3 & 4 & 2 \\ 5 & 6 & -4 \\ 2 & 1 & -17 \end{bmatrix}, \quad \mathbf{a}_1 = \begin{bmatrix} 1 \\ 3 \\ 5 \\ 2 \end{bmatrix}, \quad \mathbf{a}_2 = \begin{bmatrix} 1 \\ 4 \\ 6 \\ 1 \end{bmatrix}, \quad \mathbf{a}_3 = \begin{bmatrix} -3 \\ 2 \\ -4 \\ -17 \end{bmatrix}$$

とし，線形写像 $f : \mathbf{R}^3 \to \mathbf{R}^4$ を

$$f(\mathbf{x}) = A\mathbf{x}$$

によって定義する．このとき $\mathrm{Im}(f)$ と $\mathrm{Ker}(f)$ を求めてみよう．定義により，

$$\mathrm{Im}(f) = \langle\, \mathbf{a}_1,\, \mathbf{a}_2,\, \mathbf{a}_3\, \rangle.$$

定理 9.5.11 により，$\mathrm{Im}(f)$ は A を右基本変形しても変わらない．

行列 A に右基本変形をくり返し施すと，つぎが分かる．

$$A \xrightarrow{\text{右}} \begin{bmatrix} 1 & 0 & 0 \\ 3 & 1 & 11 \\ 5 & 1 & 11 \\ 2 & -1 & -11 \end{bmatrix} \xrightarrow{\text{右}} \begin{bmatrix} 1 & 0 & 0 \\ 3 & 1 & 0 \\ 5 & 1 & 0 \\ 2 & -1 & 0 \end{bmatrix},$$

$$\mathrm{Im}(f) = \langle\, \mathbf{a}_1,\, \mathbf{a}_2 - \mathbf{a}_1\, \rangle = \langle\, \mathbf{a}_1,\, \mathbf{a}_2\, \rangle.$$

$\mathrm{rank}(A) = 2$ だから，$\mathbf{a}_1$ と $\mathbf{a}_2$ が $\mathrm{Im}(f)$ の基底である．

つぎに，$\mathrm{Ker}(f)$ を求めよう．今度は A を左基本変形しても，$\mathrm{Ker}(f)$ は変わらない (例 9.5.6 を参照) から，A を左基本変形により

$$A \xrightarrow{\text{左}} \begin{bmatrix} 1 & 1 & -3 \\ 0 & 1 & 11 \\ 0 & 1 & 11 \\ 0 & 1 & -11 \end{bmatrix} \xrightarrow{\text{左}} \begin{bmatrix} 1 & 0 & -14 \\ 0 & 1 & 11 \\ 0 & 0 & 0 \\ 0 & 0 & 0 \end{bmatrix}$$

と変形する．したがって

$$\mathrm{Ker}(f) = \left\{ \begin{bmatrix} x_1 \\ x_2 \\ x_3 \end{bmatrix} \in \mathbf{R}^3\,;\, \begin{matrix} x_1 - 14x_3 = 0 \\ x_2 + 11x_3 = 0 \end{matrix} \right\} = \left\{ \begin{bmatrix} 14x_3 \\ -11x_3 \\ x_3 \end{bmatrix}\,;\, x_3 \in \mathbf{R} \right\}.$$

以上により，$\mathrm{Ker}(f)$ の基底は ${}^t[\,14, -11, 1\,]$ である．

上の計算を，次元について整理すると
$$\dim \mathrm{Im}(f) = \mathrm{rank}(A) = 2, \quad \dim \mathrm{Ker}(f) = 3 - \mathrm{rank}(A) = 1,$$
$$\dim(\mathbf{R}^3) = 3 = \dim \mathrm{Im}(f) + \dim \mathrm{Ker}(f)$$

となる．これは 定理 10.4.3 の特別な場合である． ∎

定理 10.4.3 V, W をベクトル空間，$f : V \to W$ を線形写像とする．

(1) $\mathrm{Ker}(f)$ 及び $\mathrm{Im}(f)$ はベクトル空間である．

(2) $\dim \mathrm{Ker}(f) + \dim \mathrm{Im}(f) = \dim V$. □

証明． (1) を証明する．最初に $\mathrm{Ker}(f)$ がベクトル空間であることを証明する．$v, v' \in \mathrm{Ker}(f)$ とし，λ を任意の実数とする．このとき，f は線形写像だから，
$$f(v + v') = f(v) + f(v') = 0 + 0 = 0, \; f(\lambda v) = \lambda f(v) = \lambda \cdot 0 = 0$$

が分かる．したがって，$v + v' \in \mathrm{Ker}(f), \; \lambda v \in \mathrm{Ker}(f)$．

したがって，$\mathrm{Ker}(f)$ は ベクトル空間である．

つぎに，$\mathrm{Im}(f)$ がベクトル空間であることを証明する．$\mathrm{Ker}(f)$ のときと同様に，$w, w' \in \mathrm{Im}(f), \lambda \in \mathbf{R}$ をとる．$w, w' \in \mathrm{Im}(f)$ だから，ある $v, v' \in V$ によって $w = f(v), \quad w' = f(v')$ と表される．したがって，再び f が線形写像であることを用いると，
$$w + w' = f(v) + f(v') = f(v + v'), \; \lambda w = \lambda f(v) = f(\lambda v).$$

したがって，$w + w', \lambda w$ はともに $\mathrm{Im}(f)$ に属する．

したがって，$\mathrm{Im}(f)$ は ベクトル空間である．以上で (1) が証明できた．

つぎに，(2) を証明する．そのために $\mathrm{Im}(f)$ の $\mathbf{R}$ 上の基底 $w_1, \cdots, w_r$ をとる．ここで $r = \dim \mathrm{Im}(f)$ である．このとき，$w_i \in \mathrm{Im}(f)$ より，ある $v_i \in V$ により $w_i = f(v_i)$ と表すことができる．つぎに $\mathrm{Ker}(f)$ の基底を $v_{r+1}, \cdots, v_{r+s}$ とする．ここで，$s = \dim \mathrm{Ker}(f)$ である．このとき，$v_1, \cdots, v_r, v_{r+1}, \cdots, v_{r+s}$ は V の基底となる．以下，これを証明する．

任意の $v \in V$ をとると，$f(v) \in \mathrm{Im}(f)$ だから，適当な $\lambda_1, \cdots, \lambda_r \in \mathbf{R}$ を選んで，
$$f(v) = \lambda_1 w_1 + \lambda_2 w_2 + \cdots + \lambda_r w_r$$

と表すことができる．これは，$w_1, \cdots, w_r$ が $\mathrm{Im}(f)$ の基底であることから従う．ここで $w_i = f(v_i)$ と表せることを用いると，

$$f(v) = \lambda_1 f(v_1) + \cdots + \lambda_r f(v_r) = f(\lambda_1 v_1 + \cdots + \lambda_r v_r),$$
$$f(v - (\lambda_1 v_1 + \cdots + \lambda_r v_r)) = 0.$$

これより $v - (\lambda_1 v_1 + \cdots + \lambda_r v_r) \in \mathrm{Ker}(f)$. 一方，$v_{r+1}, \cdots, v_{r+s}$ は $\mathrm{Ker}(f)$ の基底だから，適当な $\lambda_{r+1}, \cdots, \lambda_{r+s} \in \mathbf{R}$ を選んで

$$v - (\lambda_1 v_1 + \cdots + \lambda_r v_r) = \lambda_{r+1} v_{r+1} + \cdots + \lambda_{r+s} v_{r+s}$$

と表すことができる．したがって

$$V = \langle\, v_1, \cdots, v_r, v_{r+1}, \cdots, v_{r+s} \,\rangle.$$

したがって $v_1, \cdots, v_{r+s}$ が V の基底であることを証明するには，それらが $\mathbf{R}$ 上 1 次独立であることを証明すればよい．そのために，

$$\lambda_1 v_1 + \cdots + \lambda_r v_r + \lambda_{r+1} v_{r+1} + \cdots + \lambda_{r+s} v_{r+s} = 0$$

と仮定する．f の像をとれば

$$0 = f(\lambda_1 v_1 + \cdots + \lambda_r v_r + \lambda_{r+1} v_{r+1} + \cdots + \lambda_{r+s} v_{r+s})$$
$$= \lambda_1 f(v_1) + \cdots + \lambda_r f(v_r) + \lambda_{r+1} f(v_{r+1}) + \cdots + \lambda_{r+s} f(v_{r+s})$$
$$= \lambda_1 w_1 + \cdots + \lambda_r w_r.$$

$w_1, \cdots, w_r$ は $\mathbf{R}$ 上 1 次独立だから，$\lambda_1 = \cdots = \lambda_r = 0$. したがって

$$\lambda_{r+1} v_{r+1} + \cdots + \lambda_{r+s} v_{r+s} = 0.$$

$v_{r+1}, \cdots, v_{r+s}$ は $\mathrm{Ker}(f)$ の基底だから $\mathbf{R}$ 上 1 次独立なので，$\lambda_{r+1} = \cdots = \lambda_{r+s} = 0$. 以上により，$\lambda_1 = \cdots = \lambda_r = \lambda_{r+1} = \cdots = \lambda_{r+s} = 0$ が証明された．したがって，$v_1, \cdots, v_{r+s}$ は $\mathbf{R}$ 上 1 次独立であり，V の基底である．よって $\dim V = \dim \mathrm{Ker}(f) + \dim \mathrm{Im}(f)$, (2) が証明できた． □

第 10 章の問題

1. ベクトル空間 V を
$$V = \{\mathbf{x} \in \mathbf{R}^4 \,;\, x_1 + x_2 = x_3 + x_4,\ x_1 = 2x_3 - x_4\}$$
とする．このとき，以下の問いに答えよ．

   (i) V の基底を求めよ．

   (ii) $\mathbf{R}^4$ の次の線形写像 T は V を V に写像することを証明せよ．
   $$T\left(\begin{bmatrix} x_1 \\ x_2 \\ x_3 \\ x_4 \end{bmatrix}\right) = \begin{bmatrix} 15x_3 + 6x_4 \\ -12x_3 - 3x_4 \\ 5x_1 + 4x_2 \\ -2x_1 - x_2 \end{bmatrix}.$$

   (iii) (i) で求めた V の基底に関して線形写像 T を行列表示せよ．

   (iv) T の固有ベクトルを求めよ．

2. 線形写像 $f : \mathbf{R}^4 \to \mathbf{R}^3$ を $f(\mathbf{x}) = A\mathbf{x}$ で定義する．ただし，
$$A = \begin{bmatrix} 1 & -1 & 1 & -2 \\ 3 & 0 & 6 & 3 \\ 2 & 5 & 9 & 17 \end{bmatrix}$$
とする．$\mathrm{Ker}(f)$ 及び $\mathrm{Im}(f)$ の基底と次元を求めよ．

3. 線形写像 $f : \mathbf{R}^4 \to \mathbf{R}^4$ を
$$f\left(\begin{bmatrix} x_1 \\ x_2 \\ x_3 \\ x_4 \end{bmatrix}\right) = \begin{bmatrix} 1 & 2 & 1 & -3 \\ 3 & 6 & 4 & 2 \\ 5 & 10 & 6 & -4 \\ 2 & 4 & 1 & -17 \end{bmatrix} \begin{bmatrix} x_1 \\ x_2 \\ x_3 \\ x_4 \end{bmatrix}$$
と定義する．このとき，$\mathrm{Ker}(f)$ 及び $\mathrm{Im}(f)$ の基底を求めよ．

4. $V = \{\,f(x)\,;\,x$ の次数 2 以下の複素数係数の多項式 $\}$ と定め，V から V への線形写像 T を $T(f(x)) = f'(x+1) - 2f(3x)$ と定める．T を V の基底 $1, x, x^2$ に関して行列表示せよ．また，T の固有ベクトルを求めよ．

5. $V = \{\, f(x)\,;\, x$ の次数 2 以下の複素数係数の多項式 $\}$ と定め,V から V への線形写像 T を $T(f(x)) = f'(2x+1) - 2f(3x) + f''(0)x^2$ と定める.T の固有ベクトルを求めよ.

6. $V = \{\, f(x)\,;\, x$ の次数 2 以下の複素数係数の多項式 $\}$ と定め,V から V への線形写像 T を $T(f(x)) = 2f(x+2) + 3xf'(x) + xf(0)$ と定める.T の固有ベクトルを求めよ.

7. $V = \{\, f(x)\,;\, x$ の次数 2 以下の複素数係数の多項式 $\}$ と定め,V から V への線形写像 T を $T(f(x)) = f(1-x) + f'(x)$ と定める.T の固有ベクトルを求めよ.

8. $V = \{[a_0, a_1, a_2, \cdots] \in \mathbf{C}^\infty ; a_{n+2} - 4a_{n+1} + 3a_n = 0 \ (n = 0, 1, 2, \cdots)\}$ とする.V から V への線形写像 S, T を次のように定義する:

$$S([a_0, a_1, a_2, \cdots]) = [a_1, a_2, a_3, \cdots],$$
$$T([a_0, a_1, a_2, \cdots]) = [a_3, a_4, a_5, \cdots].$$

S の固有値と固有ベクトルを求めよ.線形写像 T を S を用いて表せ.また,T の固有値と固有ベクトルを求めよ.

9. $V = M_2(\mathbf{C})$ とし,$X \in V$ に対して線形写像 T を

$$T(X) = AX - XA, \quad A = \begin{bmatrix} 1 & 1 \\ 1 & 1 \end{bmatrix}$$

で定義する.V の基底 $E_{11}, E_{22}, E_{12}, E_{21}$ に関して行列表示せよ.T の固有値と固有ベクトルを求めよ.ただし,E_{ij} は以下のように定める:

$$E_{11} = \begin{bmatrix} 1 & 0 \\ 0 & 0 \end{bmatrix},\ E_{22} = \begin{bmatrix} 0 & 0 \\ 0 & 1 \end{bmatrix},\ E_{12} = \begin{bmatrix} 0 & 1 \\ 0 & 0 \end{bmatrix},\ E_{21} = \begin{bmatrix} 0 & 0 \\ 1 & 0 \end{bmatrix}.$$

第 11 章
行列の三角化とケイリー・ハミルトンの定理

この章では，行列はすべて複素数 **C** で考える．

11.1 この章の目標

この章では，ケイリー・ハミルトンの定理を証明する．

3 つの行列を以下のように定める (注意 10.3.2 を参照のこと)：

$$A = \begin{bmatrix} -1 & 3 \\ 5 & -3 \end{bmatrix}, \quad B = \begin{bmatrix} 2 & 0 \\ 0 & -6 \end{bmatrix}, \quad P = \begin{bmatrix} 1 & 3 \\ 1 & -5 \end{bmatrix}.$$

このとき，つぎの関係がある：

$$A = PBP^{-1}, \quad B = P^{-1}AP.$$

したがって，2 つの行列の固有多項式 $\phi_A(t), \phi_B(t)$ は一致する：

$$\phi_A(t) = \phi_B(t) = t^2 + 4t - 12 = (t-2)(t+6).$$

つぎの式をケイリー・ハミルトンの関係式という：

$$\phi_A(A) = 0, \quad \phi_B(B) = 0.$$

この関係式は行列の関係式であることに注意したい．この章の最初の目標は，この定理を一般の場合に証明することである (定理 11.3.1)．上の場合には簡単なので，直接計算で確かめてみよう．

$$\phi_B(B) = B^2 + 4B - 12I_2$$

$$= \begin{bmatrix} 2^2 & 0 \\ 0 & (-6)^2 \end{bmatrix} + 4 \begin{bmatrix} 2 & 0 \\ 0 & -6 \end{bmatrix} - \begin{bmatrix} 12 & 0 \\ 0 & 12 \end{bmatrix}$$

$$= \begin{bmatrix} 2^2 + 4 \cdot 2 - 12 & 0 \\ 0 & (-6)^2 + 4 \cdot (-6) - 12 \end{bmatrix}$$

$$= \begin{bmatrix} \phi_B(2) & 0 \\ 0 & \phi_B(-6) \end{bmatrix} = \begin{bmatrix} 0 & 0 \\ 0 & 0 \end{bmatrix}$$

ここで，$\phi_B(2) = \phi_B(-6) = 0$ だから $\phi_B(B) = 0$ となることに注意しよう．これより，$\phi_A(A) = 0$ も以下のようにして分かる：

$$\phi_A(A) = A^2 + 4A - 12I_2 = P(B^2 + 4B - 12I_2)P^{-1} = 0.$$

なお，つぎの議論は誤りなので注意すること．

$$\phi_A(A) = \mid tI_2 - A \mid_{t=A \text{ を代入}} = \mid AI_2 - A \mid = \mid 0 \mid = 0.$$

なぜ誤りかと言うと，$\phi_A(A) = A^2 + 4A - 12I_2$ は 2×2 行列であるのに対し，$\mid AI_2 - A \mid$ は行列式だから，1つの実数（スカラー）としての 0 である．サイズの異なる 2 つの行列が等しくなることはない．したがって，この議論は正しくない．ケイリー・ハミルトンの定理の成り立つ理由は，もう少し複雑である．

11.2 複素行列の三角化

定理 11.2.1 任意の n 次正方行列 A は適当な正則行列 P により上 3 角化可能である．すなわち，

$$P^{-1}AP = \begin{bmatrix} \alpha_1 & * & * \\ & \ddots & * \\ 0 & & \alpha_n \end{bmatrix} \quad (\text{上 3 角})$$

とすることができる．ただし，$\alpha_1, \alpha_2, \cdots, \alpha_n$ は A の固有値である． □

証明． n に関する帰納法で証明する．$n = 1$ のときは明らかなので，$n \geqq 2$ とする．A の固有値 α_1 に対する固有ベクトルを $\mathbf{p}_1$ とする．よって，

$$A\mathbf{p}_1 = \alpha_1 \mathbf{p}_1 \tag{11.1}$$

である．ここで，定理 9.6.5 を使う．第 9.6 節の定理はすべて，$\mathbf{C}$ 上のベクトル空間に対しても正しい．証明は $\mathbf{R}$ 上のベクトル空間の場合と同様である．そこで，定理 9.6.5 の $\mathbf{C}$ 上の場合の定理により，$\mathbf{p}_1$ を含む $\mathbf{C}^n$ の基底を選んで $\mathbf{p}_1, \mathbf{p}_2, \cdots, \mathbf{p}_n$ とし，

$$P_1 = [\, \mathbf{p}_1, \, \mathbf{p}_2, \, \cdots, \, \mathbf{p}_n \,] = [\, \mathbf{p}_1, \, B_1 \,]$$

とする．ただし $B_1 = [\, \mathbf{p}_2, \cdots, \mathbf{p}_n \,]$ は $n \times (n-1)$ 行列を表す．$\mathbf{p}_1, \cdots, \mathbf{p}_n$ は $\mathbf{C}^n$ の基底なので，定理 9.6.11 により，P_1 は正則行列である．$\mathbf{e}_1 = {}^t[\,1, 0, \cdots, 0\,]$ とすれば，$P_1 \mathbf{e}_1 = \mathbf{p}_1$, $P_1^{-1} \mathbf{p}_1 = \mathbf{e}_1$. したがって，(11.1) により，

$$(P_1^{-1} A P_1)(\mathbf{e}_1) = P_1^{-1} A (P_1 \mathbf{e}_1) = P_1^{-1} A \mathbf{p}_1 = \alpha_1 P_1^{-1} \mathbf{p}_1 = \alpha_1 \mathbf{e}_1$$

となる．一般に n 次正方行列 B に対して，$B\mathbf{e}_1$ は B の第 1 列ベクトルに等しいから，$(P_1^{-1} A P_1)$ の第 1 列は $\alpha_1 \mathbf{e}_1$ に等しい．したがって

$$P_1^{-1} A P_1 = [\, \alpha_1 \mathbf{e}_1, \, B_2 \,] = \begin{bmatrix} \alpha_1 & \mathbf{b} \\ 0 & C_2 \end{bmatrix} \tag{11.2}$$

という形である．また，A の固有多項式 $\phi_A(t)$ は

$$\phi_A(t) = \left|\, tI_n - A \,\right| = \left|\, tI_n - P_1^{-1} A P_1 \,\right|$$
$$= \left|\begin{array}{cc} t - \alpha_1 & -\mathbf{b} \\ 0 & tI_{n-1} - C_2 \end{array}\right| = (t - \alpha_1)\, \phi_{C_2}(t).$$

したがって，C_2 の固有値は $\alpha_2, \cdots, \alpha_n$ である．帰納法の仮定により，適当な $(n-1)$ 次正則行列 Q_2 によって，上 3 角行列

$$Q_2^{-1} C_2 Q_2 = \begin{bmatrix} \alpha_2 & * & * \\ & \ddots & * \\ 0 & & \alpha_n \end{bmatrix}$$

にすることができる．そこで n 次正方行列 P_2 と P を

$$P_2 = \begin{bmatrix} 1 & 0 \\ 0 & Q_2 \end{bmatrix}, \quad P = P_1 P_2$$

によって定めれば,

$$P^{-1}AP = P_2^{-1}(P_1^{-1}AP_1)P_2 = \begin{bmatrix} 1 & 0 \\ 0 & Q_2^{-1} \end{bmatrix} \begin{bmatrix} \alpha_1 & \mathbf{b} \\ 0 & C_2 \end{bmatrix} \begin{bmatrix} 1 & 0 \\ 0 & Q_2 \end{bmatrix}$$

$$= \begin{bmatrix} \alpha_1 & \mathbf{b}Q_2 \\ 0 & Q_2^{-1}C_2Q_2 \end{bmatrix} = \begin{bmatrix} \alpha_1 & * & * & * \\ & \alpha_2 & * & * \\ & & \ddots & * \\ 0 & 0 & & \alpha_n \end{bmatrix} \quad (\text{上 3 角})$$

となる.これで定理は証明された. □

補題 11.2.2　　上 3 角行列の固有値は対角成分に等しい. □

証明.　簡単のため,A を 3×3 上 3 角行列とする:

$$A = \begin{bmatrix} a_{11} & * & * \\ 0 & a_{22} & * \\ 0 & 0 & a_{33} \end{bmatrix}.$$

このとき,A の固有多項式はつぎのように計算される:

$$\phi_A(t) = \begin{vmatrix} t-a_{11} & * & * \\ 0 & t-a_{22} & * \\ 0 & 0 & t-a_{33} \end{vmatrix} = (t-a_{11})(t-a_{22})(t-a_{33}).$$

したがって,A の固有値は対角成分 a_{11}, a_{22}, a_{33} に等しい.
一般の場合も同様に証明できる. □

A を n 次正方行列とする.t の多項式

$$q(t) = a_0 t^m + a_1 t^{m-1} + \cdots + a_m$$

に対して,

$$g(A) = a_0 A^m + a_1 A^{m-1} + \cdots + a_{m-1}A + a_m I_n$$

と定義する.$g(A)$ も n 次正方行列なので,固有値を考えることができる.

定理 11.2.3　(フロベニウスの定理)　n 次正方行列 A の固有値を $\alpha_1, \cdots, \alpha_n$ とすれば,$g(A)$ の固有値は $g(\alpha_1), g(\alpha_2), \cdots, g(\alpha_n)$ に等しい. □

証明． 簡単のため，$n=3$ とする．定理 11.2.1 により適当な正則行列 P を選んで，A を上 3 角化し，それを B とする．よって，

$$B := P^{-1}AP = \begin{bmatrix} \alpha_1 & * & * \\ 0 & \alpha_2 & * \\ 0 & 0 & \alpha_3 \end{bmatrix},$$

$$g(B) = g(P^{-1}AP) = P^{-1}g(A)P$$

となる．したがって，$g(B)$ と $g(A)$ は同じ固有値を持つ．一方

$$B^2 = \begin{bmatrix} \alpha_1^2 & * & * \\ 0 & \alpha_2^2 & * \\ 0 & 0 & \alpha_3^2 \end{bmatrix}, \quad \cdots, \quad B^m = \begin{bmatrix} \alpha_1^m & * & * \\ 0 & \alpha_2^m & * \\ 0 & 0 & \alpha_3^m \end{bmatrix}$$

となるので

$$g(B) = \begin{bmatrix} g(\alpha_1) & * & * \\ 0 & g(\alpha_2) & * \\ 0 & 0 & g(\alpha_3) \end{bmatrix}$$

となる．ゆえに，$g(B)$ の固有値は $g(\alpha_1)$, $g(\alpha_2)$, $g(\alpha_3)$ に等しい．
一般の場合も同様に証明できる． □

注意 11.2.4 一般に，$g(t) = h(t)k(t)$ が多項式 $h(t), k(t)$ の積であれば，任意の n 次正方行列 A に対して，$g(A) = h(A)k(A)$ が成り立つ．

たとえば $g(t) = (t-1)(t-2)$ とする．任意の n 次正方行列 A に対して，

$$(A - I_n)(A - 2I_n) = A^2 - I_n A - 2AI_n + 2I_n = A^2 - 3A + 2I_n$$

となる．一方，$g(t) = t^2 - 3t + 2$ だから，定義により $g(A) = A^2 - 3A + 2I_n$ となる．つまり，$g(t) = (t-1)(t-2)$ の右辺，左辺どちらに $t = A$ を代入しても同じ答えになる． □

11.3 ケイリー・ハミルトンの定理

定理 11.3.1（ケイリー・ハミルトンの定理） A を n 次正方行列，$\phi_A(t)$ を A の固有多項式とする．このとき，$\phi_A(A) = 0$（ゼロ行列）となる． □

証明. 簡単のため，$n=3$ とする．定理 11.2.1 により，A を正則行列 P で上 3 角化し，それを B とする：

$$B = P^{-1}AP = \begin{bmatrix} \alpha_1 & * & * \\ 0 & \alpha_2 & * \\ 0 & 0 & \alpha_3 \end{bmatrix}.$$

このとき，t の多項式 $g(t)$ に対して，$g(B) = P^{-1}g(A)P$．したがって特に $g(t) = \phi_A(t)$ にとれば，$\phi_A(B) = P^{-1}\phi_A(A)P$ となる．一方，

$$\phi_A(t) = \phi_B(t) = (t-\alpha_1)(t-\alpha_2)(t-\alpha_3),$$

$$\phi_A(B) = \phi_B(B) = (B-\alpha_1 I_3)(B-\alpha_2 I_3)(B-\alpha_3 I_3).$$

したがって，

$$\phi_B(B) = \begin{bmatrix} 0 & b_{12} & b_{13} \\ 0 & \alpha_2-\alpha_1 & b_{23} \\ 0 & 0 & \alpha_3-\alpha_1 \end{bmatrix}$$

$$\times \begin{bmatrix} \alpha_1-\alpha_2 & b_{12} & b_{13} \\ 0 & 0 & b_{23} \\ 0 & 0 & \alpha_3-\alpha_2 \end{bmatrix} \begin{bmatrix} \alpha_1-\alpha_3 & b_{12} & b_{13} \\ 0 & \alpha_2-\alpha_3 & b_{23} \\ 0 & 0 & 0 \end{bmatrix}$$

$$= \begin{bmatrix} 0 & b_{12} & b_{13} \\ 0 & \alpha_2-\alpha_1 & b_{23} \\ 0 & 0 & \alpha_3-\alpha_1 \end{bmatrix} \begin{bmatrix} * & * & * \\ 0 & 0 & 0 \\ 0 & 0 & 0 \end{bmatrix} = \begin{bmatrix} 0 & 0 & 0 \\ 0 & 0 & 0 \\ 0 & 0 & 0 \end{bmatrix}.$$

$n > 3$ の場合も同じように，積

$$(B - \alpha_1 I_n) \cdots (B - \alpha_n I_n)$$

がゼロ行列になることが証明できる．これで定理の証明が終わる． □

例 11.3.2 $A = \begin{bmatrix} -1 & 3 \\ 5 & -3 \end{bmatrix}$ に対して，A^3 を計算してみよう．

ケイリー・ハミルトンの定理により，

$$A^2 + 4A - 12I_2 = 0$$

が成り立つ．ところで，多項式レベルでつぎの関係式が成り立つ:
$$x^3 = (x-4)(x^2+4x-12) + (28x-48).$$

したがって，$A^3 = 28A - 48I_2 = \begin{bmatrix} -76 & 84 \\ 140 & -132 \end{bmatrix}$ となる． ∎

問題 11.3.3 上と同じ A に対して，A^4 を計算せよ． □

11.4 固有空間の次元と対角化可能性

定理 11.4.1 n 次正方行列 A の固有値がすべて異なるならば，A は適当な正則行列 P により対角化可能である．すなわち

$$P^{-1}AP = \begin{bmatrix} \alpha_1 & & 0 \\ & \ddots & \\ 0 & & \alpha_n \end{bmatrix}$$

とすることができる． □

証明． 簡単のため，$n=3$ とする．A の固有値を α_1, α_2, α_3 とする．定理 6.3.4 により各 α_i に対し，固有ベクトル $\mathbf{p}_i\ (\in \mathbf{C}^3)$ が存在する．したがって

$$A\mathbf{p}_i = \alpha_i \mathbf{p}_i \quad (i=1,\ 2,\ 3)$$

が成り立つ．この定理の仮定のもとでは，3 個のベクトル $\mathbf{p}_1$, $\mathbf{p}_2$, $\mathbf{p}_3$ は $\mathbf{C}$ 上 1 次独立である．以下，これを証明する．

まず，$\mathbf{p}_1$, $\mathbf{p}_2$ が $\mathbf{C}$ 上 1 次独立であることを証明する．そこで，
$$c_1 \mathbf{p}_1 + c_2 \mathbf{p}_2 = 0 \tag{11.3}$$
と仮定する．(11.3) に A をかけると，
$$0 = A(c_1\mathbf{p}_1 + c_2\mathbf{p}_2) = c_1 \alpha_1 \mathbf{p}_1 + c_2 \alpha_2 \mathbf{p}_2.$$

よって，(11.3) の α_2 倍との差をとると，
$$(c_1 \alpha_1 \mathbf{p}_1 + c_2 \alpha_2 \mathbf{p}_2) - \alpha_2(c_1 \mathbf{p}_1 + c_2 \mathbf{p}_2) = 0.$$

したがって，$(\alpha_1 - \alpha_2)c_1 \mathbf{p}_1 = 0$ となる．$\alpha_1 - \alpha_2 \neq 0$ だから，$c_1 = 0$．した

がって，$\mathbf{p}_1$, $\mathbf{p}_2$ は $\mathbf{C}$ 上 1 次独立である．

次に $\mathbf{p}_1$, $\mathbf{p}_2$, $\mathbf{p}_3$ が $\mathbf{C}$ 上 1 次独立であることを証明する．そこで，
$$c_1\mathbf{p}_1 + c_2\mathbf{p}_2 + c_3\mathbf{p}_3 = 0 \tag{11.4}$$
と仮定する．これに A をかけると，
$$0 = A(c_1\mathbf{p}_1 + c_2\mathbf{p}_2 + +c_3\mathbf{p}_3) = c_1\alpha_1\mathbf{p}_1 + c_2\alpha_2\mathbf{p}_2 + c_3\alpha_3\mathbf{p}_3. \tag{11.5}$$
前と同様に (11.4) を α_3 倍して (11.5) との差を見れば，
$$0 = c_1(\alpha_1 - \alpha_3)\mathbf{p}_1 + c_2(\alpha_2 - \alpha_3)\mathbf{p}_2.$$
$\mathbf{p}_1$, $\mathbf{p}_2$ は $\mathbf{C}$ 上 1 次独立だから，$c_1(\alpha_1 - \alpha_3) = c_2(\alpha_2 - \alpha_3) = 0$. $\alpha_i - \alpha_3 \neq 0$ $(i = 1, 2)$ だから，$c_1 = c_2 = 0$. したがって，$c_3\mathbf{p}_3 = 0$. ゆえに，$c_3 = 0$. したがって $\mathbf{p}_1$, $\mathbf{p}_2$, $\mathbf{p}_3$ は 1 次独立．そこで $P := [\ \mathbf{p}_1,\ \mathbf{p}_2,\ \mathbf{p}_3\ ]$ と定義すると，$\mathbf{C}$ 上の定理 9.6.11 により，P は正則行列である．さらに，
$$AP = [\ A\mathbf{p}_1,\ A\mathbf{p}_2,\ A\mathbf{p}_3\ ] = [\ \alpha_1\mathbf{p}_1,\ \alpha_2\mathbf{p}_2,\ \alpha_3\mathbf{p}_3\ ]$$
$$= [\ \mathbf{p}_1,\ \mathbf{p}_2,\ \mathbf{p}_3\ ] \begin{bmatrix} \alpha_1 & 0 & 0 \\ 0 & \alpha_2 & 0 \\ 0 & 0 & \alpha_3 \end{bmatrix} = P \begin{bmatrix} \alpha_1 & 0 & 0 \\ 0 & \alpha_2 & 0 \\ 0 & 0 & \alpha_3 \end{bmatrix}.$$

したがって $P^{-1}AP$ は対角行列となる． □

定理 11.4.1 のように，固有値がたがいに異なっていなくても，以下の定理のように対角化可能となる場合がある．

定理 11.4.2 $V = \mathbf{C}^n$ とし，A を n 次正方行列，A の相異なる，すべての固有値を $\alpha_1, \cdots, \alpha_r$ とする．固有値 α_i に対して，V の部分空間をそれぞれ
$$V_i = \{\ v \in V\ ;\ Av = \alpha_i v\ \}, \quad n_i = \dim_{\mathbf{C}} V_i$$
とする．このとき，$n_1 + n_2 + \cdots + n_r \leqq n$. また，以下の条件は同値である：

(1) A が正則行列で対角化可能である．

(2) $V = V_1 + \cdots + V_r$.

(3) $n_1 + \cdots + n_r = n$. □

証明. 定理を $r=2$, $1 \leqq n_1 \leqq n_2$, $n=3$ の場合に証明する．最初に，$V_1 \cap V_2 = \{0\}$ に注意する．実際，$v \in V_1 \cap V_2$ とすると，$v \in V_i$ だから，$Av = \alpha_i v$．よって，$\alpha_1 v = \alpha_2 v$. $\alpha_1 \neq \alpha_2$ なので，$v=0$．よって，$V_1 \cap V_2 = \{0\}$．

$W = V_1 + V_2$ とおくと，定理 9.7.2 により，$\dim W = \dim V_1 + \dim V_2 - \dim(V_1 \cap V_2) = n_1 + n_2$．$W$ は V の部分空間だから，$\dim W \leqq \dim V = 3$．よって，$n_1 + n_2 \leqq 3$．これで定理の前半が証明できた．

次に定理の後半を証明する．最初に (1) から (2) を証明する．(1) より

$$P^{-1}AP = \begin{bmatrix} \alpha_1 & 0 & 0 \\ 0 & \alpha_2 & 0 \\ 0 & 0 & \alpha_3 \end{bmatrix}, \quad P = [\,\mathbf{p}_1,\ \mathbf{p}_2,\ \mathbf{p}_3\,]$$

とする．したがって，$\mathbf{p}_i$ は A の固有ベクトルだから，ある V_j に属している．仮定 $r=2$ より，$\mathbf{p}_i \in V_1$ または $\mathbf{p}_i \in V_2$．したがって，$\mathbf{p}_i \in W$．また，P は正則行列だから，$\mathbf{C}$ 上の定理 9.6.11 により，$\mathbf{p}_1, \mathbf{p}_2, \mathbf{p}_3$ は $V = \mathbf{C}^3$ の基底である．よって，

$$V = \langle \mathbf{p}_1,\ \mathbf{p}_2,\ \mathbf{p}_3 \rangle_{\mathbf{C}} \subset W \subset V.$$

したがって，$V = W = V_1 + V_2$, (2) が証明できた．

次に (2) から (1) を証明する．$V = V_1 + V_2$, $V_1 \cap V_2 = \{0\}$ だから，$n_1 = 1$, $n_2 = 2$ で V_1 の基底 $\mathbf{p}_1$, V_2 の基底 $\mathbf{q}_1, \mathbf{q}_2$ をとると，$\mathbf{p}_1, \mathbf{q}_1, \mathbf{q}_2$ は V の基底となる．$\mathbf{C}$ 上の定理 9.6.11 により，$P = [\,\mathbf{p}_1,\ \mathbf{q}_1,\ \mathbf{q}_2\,]$ は 3 次正則行列である．基底の取り方から，

$$AP = [\,A\mathbf{p}_1,\ A\mathbf{q}_1,\ A\mathbf{q}_2\,]$$

$$= [\,\alpha_1 \mathbf{p}_1,\ \alpha_2 \mathbf{q}_1,\ \alpha_2 \mathbf{q}_2\,] = P \begin{bmatrix} \alpha_1 & 0 & 0 \\ 0 & \alpha_2 & 0 \\ 0 & 0 & \alpha_2 \end{bmatrix}$$

となる．したがって，$P^{-1}AP$ は対角行列である．これで，(1) が証明できた．

次に (2) から (3) を証明する．$V = V_1 + V_2 = W$ だから，$3 = \dim V = \dim W = n_1 + n_2$．したがって，(3) が証明できた．最後に (3) から (2) を証明する．(3) より $\dim W = n_1 + n_2 = 3 = \dim V$．定理 9.6.10 により，$V = W$．よって，$V = V_1 + V_2$, (2) が証明できた． □

11.5 ジョルダン標準形

この節では，与えられた行列 A が対角化できない場合を考える．この場合にもジョルダン標準形という単純な標準形に変えることができる．

定理 11.5.1 A を 2×2 行列とする．このとき，適当な正則行列 P によって，$P^{-1}AP$ はつぎの形になる：

$$\begin{bmatrix} \alpha_1 & 0 \\ 0 & \alpha_2 \end{bmatrix} \quad (\alpha_1 \neq \alpha_2), \quad \begin{bmatrix} \alpha & 0 \\ 0 & \alpha \end{bmatrix}, \quad \begin{bmatrix} \alpha & 1 \\ 0 & \alpha \end{bmatrix}. \tag{11.6}$$

証明． A の固有値を α_1, α_2 とする．$\alpha_1 \neq \alpha_2$ ならば，定理 11.4.1 により，正則行列によって対角化される．これは，(11.6) の最初の場合である．

つぎに，$\alpha_1 = \alpha_2 = \alpha$ の時を考える．まず，定理 11.2.1 によれば，正則行列 Q によって，$B = Q^{-1}AQ$ を上 3 角行列にすることができる．

そこで，B を上 3 角行列

$$B = \begin{bmatrix} \alpha & c \\ 0 & \alpha \end{bmatrix} \tag{11.7}$$

とする．$c = 0$ ならば，(11.6) の第 2 の場合である．

そこで，$c \neq 0$ とする．このとき，

$$P = [\, \mathbf{p}_1, \, \mathbf{p}_2 \,], \quad \mathbf{p}_1 = c\mathbf{e}_1 = {}^t[c, \, 0], \quad \mathbf{p}_2 = \mathbf{e}_2 = {}^t[0, \, 1]$$

とすれば，P は正則で，$B\mathbf{p}_1 = \alpha \mathbf{p}_1$, $\quad B\mathbf{p}_2 = \alpha \mathbf{p}_2 + \mathbf{p}_1$ だから，

$$BP = [\, B\mathbf{p}_1, \, B\mathbf{p}_2 \,] = [\, \alpha \mathbf{p}_1, \, \alpha \mathbf{p}_2 + \mathbf{p}_1 \,] = P \begin{bmatrix} \alpha & 1 \\ 0 & \alpha \end{bmatrix}.$$

よって，$P^{-1}BP = (QP)^{-1}A(QP)$ は，(11.6) の第 3 の場合である． □

定理 11.5.2 n 次正方行列 A は適当な（複素係数の）正則行列 P により

$$P^{-1}AP = \begin{bmatrix} J_1 & & & 0 \\ & J_2 & & \\ & & \ddots & \\ 0 & & & J_m \end{bmatrix}$$

という形にすることができる．これを，A のジョルダン標準形とよぶ．ただし，m は n 以下のある正の整数，各 i に対して J_i は

$$J_i = \begin{bmatrix} \alpha_i & 1 & & 0 \\ & \ddots & \ddots & \\ & & \ddots & 1 \\ 0 & & & \alpha_i \end{bmatrix}$$

という形の正方行列を表す．各 J_i をジョルダン・ブロックとよぶ． □

簡単のため，$P^{-1}AP = J_1 \oplus \cdots \oplus J_m$ と略記する．A が対角化可能な場合には，J_i はすべて 1×1 行列である．定理 11.5.2 の証明は複雑なので，本書では与えない．その代わり，例を詳しく説明する．以下，つぎの記号を用いる：

$$J_3(\alpha) = \begin{bmatrix} \alpha & 1 & 0 \\ 0 & \alpha & 1 \\ 0 & 0 & \alpha \end{bmatrix}, \quad J_2(\alpha) = \begin{bmatrix} \alpha & 1 \\ 0 & \alpha \end{bmatrix}.$$

命題 11.5.3 3×3 行列 A の固有値は 3 個とも一致して，α, α, α とする．また，$T = A - \alpha I_3$ とする．このとき，次は同値である：

(1)　ある正則行列 P により $P^{-1}AP = J_3(\alpha)$ となる．

(2)　部分空間を $W_k = \{\mathbf{x} \in \mathbf{C}^3; \ T^k\mathbf{x} = 0\}$ と定めると，$W_2 \neq W_3$． □

証明． 定義より $W_k \subset W_{k+1}$ に注意する．(1) から (2) を示す．(1) を仮定する．$P = [\mathbf{p}_1, \mathbf{p}_2, \mathbf{p}_3]$ とすると，$AP = PJ_3(\alpha)$ だから

$$A\mathbf{p}_1 = \alpha\mathbf{p}_1, \quad A\mathbf{p}_2 = \alpha\mathbf{p}_2 + \mathbf{p}_1, \quad A\mathbf{p}_3 = \alpha\mathbf{p}_3 + \mathbf{p}_2$$

となる．言い換えれば，$T\mathbf{p}_1 = 0, T\mathbf{p}_2 = \mathbf{p}_1, T\mathbf{p}_3 = \mathbf{p}_2$ となる．

したがって，$T^3\mathbf{p}_3 = 0$ だから，$\mathbf{p}_3 \in W_3$．一方，P は正則だから，$T^2\mathbf{p}_3 = \mathbf{p}_1 \neq 0$．よって，$\mathbf{p}_3 \notin W_2$．これで (2) が証明できた．

逆に (2) から (1) を証明する．(2) により，W_3 の要素 $\mathbf{p}_3$ で，W_2 に入らないものが存在する．そこで，$\mathbf{p}_2 = T\mathbf{p}_3, \mathbf{p}_1 = T^2\mathbf{p}_3$ と定める．このとき，

$$\mathbf{p}_1 = T\mathbf{p}_2 = T^2\mathbf{p}_3, \quad T\mathbf{p}_1 = T^2\mathbf{p}_2 = T^3\mathbf{p}_3 = 0 \tag{11.8}$$

である．さらに，$\mathbf{p}_1, \mathbf{p}_2, \mathbf{p}_3$ は $\mathbf{C}^3$ の基底である．これを証明するには，1 次独立であることを示せばよい (定理 9.6.9 (2))．そこで，$c_1\mathbf{p}_1 + c_2\mathbf{p}_2 + c_3\mathbf{p}_3 = 0$ とする．$\mathbf{p}_3 \notin W_2$ だから，$\mathbf{p}_1 = T^2\mathbf{p}_3 \neq 0$ である．$T\mathbf{p}_1 = T^2\mathbf{p}_2 = 0$ より，

$$c_3\mathbf{p}_1 = T^2(c_3\mathbf{p}_3) = T^2(c_1\mathbf{p}_1 + c_2\mathbf{p}_2 + c_3\mathbf{p}_3) = 0.$$

したがって，$c_3 = 0$．よって，$c_1\mathbf{p}_1 + c_2\mathbf{p}_2 = 0$．同様にして，$c_2\mathbf{p}_1 = T(c_1\mathbf{p}_1 + c_2\mathbf{p}_2) = 0$．よって，$c_2 = 0$．したがって，$c_1 = 0$．よって，$\mathbf{p}_1, \mathbf{p}_2, \mathbf{p}_3$ は 1 次独立，したがって，$\mathbf{C}$ 上の定理 9.6.11 により，$P = [\mathbf{p}_1, \mathbf{p}_2, \mathbf{p}_3]$ は正則行列である．(11.8) から，

$$AP = (\alpha I_3 + T)[\mathbf{p}_1, \mathbf{p}_2, \mathbf{p}_3] = [\alpha\mathbf{p}_1, \alpha\mathbf{p}_2 + \mathbf{p}_1, \alpha\mathbf{p}_3 + \mathbf{p}_2]$$
$$= [\mathbf{p}_1, \mathbf{p}_2, \mathbf{p}_3]J_3(\alpha).$$

よって，$P^{-1}AP = J_3(\alpha)$．これで (1) が証明できた． □

注意 11.5.4 ここで簡単のため，$\mathbf{a} = \mathbf{p}_3$ とすると，上の証明から，

$$W_1 = \langle T^2\mathbf{a}\rangle_\mathbf{C}, \quad W_2 = \langle T^2\mathbf{a}, T\mathbf{a}\rangle_\mathbf{C}, \quad W_3 = \langle T^2\mathbf{a}, T\mathbf{a}, \mathbf{a}\rangle_\mathbf{C},$$

$$W_1 \subset W_2 \subset W_3 = \mathbf{C}^3, \quad \dim W_1 = 1, \quad \dim W_2 = 2, \quad \dim W_3 = 3$$

となる．図示すると，図 11.1 のように，3 階建て「アパート」になる．

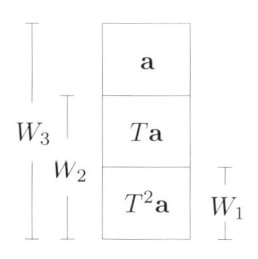

図 11.1　W_k の「アパート」

例 11.5.5 5×5 行列 A の固有値は 5 個とも一致して，すべて α とする．ここで，$T = A - \alpha I_5$, $W_k = \{\mathbf{x} \in \mathbf{C}^5; \ T^k\mathbf{x} = 0\}$ とする．したがって，$W_1 \subset W_2 \subset W_3$ であるが，さらに，$\dim W_1 = 2, \dim W_2 = 4, \dim W_3 = 5$ と仮定す

る．部分空間 W_k の様子を図示すると，図 11.2 のようになる．図 11.2 は，$\mathbf{a} \in W_3, \mathbf{b} \in W_2$ を適当に選ぶと，

$$W_1 = \langle T^2\mathbf{a}, T\mathbf{b}\rangle_{\mathbf{C}}, \quad W_2 = \langle T\mathbf{a}, T^2\mathbf{a}, \mathbf{b}, T\mathbf{b}\rangle_{\mathbf{C}},$$
$$W_3 = \langle \mathbf{a}, T\mathbf{a}, T^2\mathbf{a}, \mathbf{b}, T\mathbf{b}\rangle_{\mathbf{C}}$$

となることを示している．「アパート」は左から 3 階建て，2 階建てである．

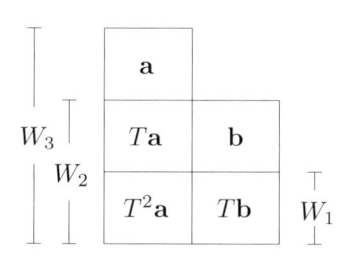

図 11.2　W_k の「アパート」

したがって，

$$P = [\,T^2\mathbf{a},\ T\mathbf{a},\ \mathbf{a},\ T\mathbf{b},\ \mathbf{b}\,]$$

とすれば，定理 9.6.11 により，P は正則行列である．$T^3\mathbf{a} = 0$, $T^2\mathbf{b} = 0$ より

$$TP = T[\,T^2\mathbf{a},\ T\mathbf{a},\ \mathbf{a},\ T\mathbf{b},\ \mathbf{b}\,]$$
$$= [\,0,\ T^2\mathbf{a},\ T\mathbf{a},\ 0,\ T\mathbf{b}\,]$$
$$= [\,T^2\mathbf{a},\ T\mathbf{a},\ \mathbf{a},\ T\mathbf{b},\ \mathbf{b}\,]\begin{bmatrix} J_3(0) & 0 \\ 0 & J_2(0) \end{bmatrix},$$
$$AP = (\alpha I_5 + T)P = P \begin{bmatrix} J_3(\alpha) & 0 \\ 0 & J_2(\alpha) \end{bmatrix}$$

となる．$P^{-1}AP = J_3(\alpha) \oplus J_2(\alpha)$ が，A のジョルダン標準形である．　∎

以上で，固有値が一定のとき，どのようにジョルダン・ブロックができるかを説明した．つぎに，固有値が異なる場合は，どうなるのかを例で説明する．

例 11.5.6　　$V = \mathbf{C}^3$，A を 3 次正方行列として，その固有値は $\alpha_1, \alpha_1, \alpha_2$

$(\alpha_1 \neq \alpha_2)$ とする．したがって，A の固有多項式は $\phi_A(t) = (t-\alpha_1)^2(t-\alpha_2)$ である．ここで，$V(\alpha_i) = \{\, \mathbf{x} \in \mathbf{C}^3 \,;\, \phi_i(A)\mathbf{x} = 0 \,\}$ とすると，
$$V = V(\alpha_1) \oplus V(\alpha_2)$$
が成り立つ．以下，これを証明する．そこで
$$\phi_1(t) = (t-\alpha_1)^2, \quad \phi_2(t) = t - \alpha_2,$$
$$\psi_1(t) = \phi_A(t)/\phi_1(t), \quad \psi_2(t) = \phi_A(t)/\phi_2(t)$$
とおく．このとき，
$$f_1(t) = -\frac{1}{(\alpha_1-\alpha_2)^2}(t - 2\alpha_1 + \alpha_2), \quad f_2(t) = \frac{1}{(\alpha_1-\alpha_2)^2}$$
とすれば，$f_1(t)\psi_1(t) + f_2(t)\psi_2(t) = 1$ である．実際，
$$f_1\psi_1 + f_2\psi_2 = \frac{1}{(\alpha_1-\alpha_2)^2}\{-(t-2\alpha_1+\alpha_2)(t-\alpha_2) + (t-\alpha_1)^2\} = 1.$$
よって，$f_1(A)\psi_1(A) + f_2(A)\psi_2(A) = I_3$ が成り立つ．

したがって，任意の $v \in V$ に対して，
$$v = I_3(v) = f_1(A)\psi_1(A)(v) + f_2(A)\psi_2(A)(v)$$
となる．よって，$v_i = f_i(A)\psi_i(A)(v)$ とおくと，$v = v_1 + v_2$ である．一方，ケイリー・ハミルトンの定理 (定理 11.3.1) により，
$$\phi_A(A) = (A - \alpha_1 I_3)^2(A - \alpha_2 I_3) = 0,$$
$$\phi_i(A)(v_i) = f_i(A)\phi_i(A)\psi_i(A)(v) = f_i(A)\phi_A(A)(v) = 0$$
が成り立つ．したがって，$v_i \in V(\alpha_i)$，したがって，$V = V(\alpha_1) + V(\alpha_2)$ である．

つぎに，$V(\alpha_1) \cap V(\alpha_2) = \{0\}$ を証明する．

そこで，$v_1 + v_2 = 0, v_i \in V(\alpha_i)$ と仮定する．このとき，
$$\psi_2(A)v_1 = \phi_1(A)v_1 = 0, \quad \psi_1(A)v_2 = \phi_2(A)v_2 = 0.$$
したがって，$v_1 = -v_2$ を考慮すると，
$$v_1 = f_1(A)\psi_1(A)(v_1) + f_2(A)\psi_2(A)(v_1)$$
$$= f_1(A)\psi_1(A)(v_1) = -f_1(A)\psi_1(A)(v_2) = 0.$$

したがって, $v_1 = 0$. したがって, $v_2 = 0$. したがって, $V(\alpha_1) \cap V(\alpha_2) = \{0\}$. 定理 9.7.3 により, $V = V(\alpha_1) \oplus V(\alpha_2)$.

A は $V(\alpha_i)$ の線形写像 $F_i(v) = Av$ $(v \in V(\alpha_i))$ を引き起こす. $V(\alpha_i)$ の線形写像 F_i は, 一定の固有値 α_i を持つ. したがって, A をジョルダン標準形にするには, F_i を行列表示し, 定理 11.5.1, 例 11.5.4, 例 11.5.5 で選んだような $V(\alpha_i)$ の基底を見つけて, F_i をジョルダン標準形にすればよい. ∎

問題 11.5.7 $n \times n$ 行列 A の固有値は n 個とも一致して, すべて α とする. ここで, $T = A - \alpha I_n$, $W_k = \{\mathbf{x} \in \mathbf{C}^n;\ \ T^k \mathbf{x} = 0\}$ とし, W_k の「アパート」は, 図 11.3 のようになるものと仮定する. すなわち,「アパート」は左から 3 階建て, 3 階建て, 1 階建てである. このとき, n を求め, A のジョルダン標準形を求めよ. □

	$\mathbf{a}$	$\mathbf{b}$	
	$T\mathbf{a}$	$T\mathbf{b}$	
	$T^2\mathbf{a}$	$T^2\mathbf{b}$	$\mathbf{c}$

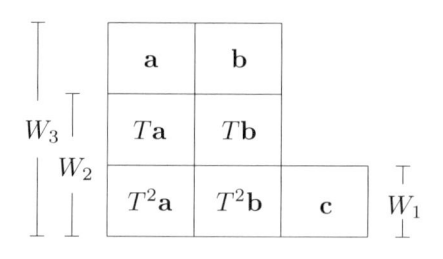

図 11.3　W_k の「アパート」

11.6　付録. 行列の指数関数 e^A

ここで, 行列の対角化・ジョルダン標準形の応用をひとつ与える. ただし, 簡単のため, 以下, 行列 A は 2 次正方行列とする.

関数 e^x の $x = 0$ におけるテイラー展開はよく知られているように

$$e^x = 1 + \frac{x}{1!} + \frac{x^2}{2!} + \cdots + \frac{x^n}{n!} + \cdots$$

で与えられる. そこでこのテイラー展開を利用して, e^A を形式的に

$$e^A = I_2 + \frac{A}{1!} + \frac{A^2}{2!} + \cdots + \frac{A^n}{n!} + \cdots \tag{11.9}$$

と定義する．右辺の無限和は収束して，2×2 行列を定める．同様に，任意の複素数 t 対して，e^{tA} も収束する．この付録の目的は e^{tA} の t による微分を計算することである．これは第 16 章で微分方程式を考える時役に立つ．

ある正則行列 P により，A は対角化されるものとする．すなわち，A の固有値を α, β として

$$B := P^{-1}AP = \begin{bmatrix} \alpha & 0 \\ 0 & \beta \end{bmatrix}$$

と仮定する．このとき

$$e^B = \sum_{n=0}^{\infty} \frac{1}{n!} \begin{bmatrix} \alpha^n & 0 \\ 0 & \beta^n \end{bmatrix} = \begin{bmatrix} e^\alpha & 0 \\ 0 & e^\beta \end{bmatrix}$$

が成り立つ．$A^n = PB^nP^{-1}$ だから，e^A はつぎのように計算される．

$$e^A = \sum_{n=0}^{\infty} \frac{1}{n!} A^n = P \left(\sum_{n=0}^{\infty} \frac{1}{n!} B^n \right) P^{-1} = Pe^B P^{-1}.$$

また，A に tA を代入すれば，e^{tA} も計算できる：

$$e^{tA} = Pe^{tB}P^{-1} = P \begin{bmatrix} e^{t\alpha} & 0 \\ 0 & e^{t\beta} \end{bmatrix} P^{-1}.$$

A が対角化できない場合は，2 つの固有値 α, β は一致する．定理 11.5.1 により適当な正則行列 P を選べば

$$P^{-1}AP = \begin{bmatrix} \alpha & 1 \\ 0 & \alpha \end{bmatrix}$$

とできる．前と同様に次が示される：

$$e^{tA} = Pe^{tB}P^{-1}.$$

以下，e^{tB} を計算する．帰納法で

$$B^2 = \begin{bmatrix} \alpha^2 & 2\alpha \\ 0 & \alpha^2 \end{bmatrix}, \quad B^3 = \begin{bmatrix} \alpha^3 & 3\alpha^2 \\ 0 & \alpha^3 \end{bmatrix}$$

$$B^n = \begin{bmatrix} \alpha^n & n\alpha^{n-1} \\ 0 & \alpha^n \end{bmatrix} \quad (n = 1, 2, 3, \cdots)$$

が証明される．e^{tB} の右辺の $(1, 2)$ 成分を計算すると

$$(1, 2) \text{ 成分} = 0 + t + t^2\alpha + \frac{1}{2!}t^3\alpha^2 + \frac{1}{3!}t^4\alpha^3 + \cdots = te^{t\alpha},$$

$$e^{tB} = \begin{bmatrix} e^{t\alpha} & te^{t\alpha} \\ 0 & e^{t\alpha} \end{bmatrix}, \quad e^B = \begin{bmatrix} e^\alpha & e^\alpha \\ 0 & e^\alpha \end{bmatrix}$$

となる．したがって，e^{tA} はつぎのように計算できる．

$$e^{tA} = Pe^{tB}P^{-1} = P\begin{bmatrix} e^{t\alpha} & te^{t\alpha} \\ 0 & e^{t\alpha} \end{bmatrix}P^{-1}.$$

行列 e^{tA} は t の関数を成分とする 2×2 行列である．e^{tA} を (行列の成分ごとに) t で微分してみよう．

定理 11.6.1 A を n 次正方行列とする．そのとき，つぎが成り立つ：

$$\frac{d}{dt}(e^{tA}) = Ae^{tA}. \tag{11.10}$$

証明． この定理は，一般の n でも正しい．ここでは，$n = 2$ の場合を考える．まず，A が対角化できる場合は

$$\frac{d}{dt}(e^{tA}) = P\begin{bmatrix} \frac{d}{dt}e^{t\alpha} & 0 \\ 0 & \frac{d}{dt}e^{t\beta} \end{bmatrix}P^{-1} = P\begin{bmatrix} \alpha e^{t\alpha} & 0 \\ 0 & \beta e^{t\beta} \end{bmatrix}P^{-1}$$

$$= P\begin{bmatrix} \alpha & 0 \\ 0 & \beta \end{bmatrix}P^{-1}P\begin{bmatrix} e^{t\alpha} & 0 \\ 0 & e^{t\beta} \end{bmatrix}P^{-1} = Ae^{tA}$$

となる．対角化できない場合も，同様に計算すると，

$$\frac{d}{dt}(e^{tA}) = P\begin{bmatrix} \frac{d}{dt}e^{t\alpha} & \frac{d}{dt}(te^{t\alpha}) \\ 0 & \frac{d}{dt}(e^{t\alpha}) \end{bmatrix}P^{-1} = P\begin{bmatrix} \alpha e^{t\alpha} & (\alpha t + 1)e^{t\alpha} \\ 0 & \alpha e^{t\alpha} \end{bmatrix}P^{-1}$$

$$= P\begin{bmatrix} \alpha & 1 \\ 0 & \alpha \end{bmatrix}P^{-1}P\begin{bmatrix} e^{t\alpha} & te^{t\alpha} \\ 0 & e^{t\alpha} \end{bmatrix}P^{-1} = Ae^{tA}$$

となる．いずれの場合も (11.10) が証明できた．定理 11.5.2 を認めれば，e^{tA} とその微分の計算は，$n > 2$ でも上と同じようにできる． □

第 11 章の問題

1. 行列 $A = \begin{bmatrix} 1 & 2 \\ -2 & 1 \end{bmatrix}$ に対して, $A^4 + A, A^5 - 2A^4$ を計算せよ.

2. 行列 A と B を以下のように定める.
$$A = \begin{bmatrix} 1 & -3 & 2 \\ 0 & -2 & -1 \\ -1 & 1 & -3 \end{bmatrix}, \quad B = \begin{bmatrix} 3 & 2 & -2 \\ -2 & -1 & 2 \\ 2 & 2 & -1 \end{bmatrix}.$$

   (i) $A^5 + 3A^4$ を計算せよ.

   (ii) $B^9 + 4B^8 - 16B^6 + 64B^4 + 63B^3$ を計算せよ.

   (iii) $B^5 - B^4 - 13B^3 - 8B^2 + 2B$ を計算せよ.

3. 行列 $A = \begin{bmatrix} \alpha & 1 & 0 \\ 0 & \alpha & 1 \\ 0 & 0 & \alpha \end{bmatrix}$ に対して, e^A を求めよ.

4. 行列 $A = \begin{bmatrix} \alpha & 1 & 1 \\ 0 & \alpha & 1 \\ 0 & 0 & \alpha \end{bmatrix}$ のジョルダン標準形を求めよ.

5. 行列 $A = \begin{bmatrix} \alpha & 5 & 4 & 3 \\ 0 & \alpha & 0 & 2 \\ 0 & 0 & \alpha & 1 \\ 0 & 0 & 0 & \alpha \end{bmatrix}$ のジョルダン標準形を求めよ.

6. 7×7 行列 A の固有値は 7 個とも一致して, すべて α とする. ここで, $T = A - \alpha I_7$, $W_k = \{\mathbf{x} \in \mathbf{C}^7;\ T^k \mathbf{x} = 0\}$ とし, $\dim W_1 = 3$, $\dim W_2 = 5, \dim W_3 = 6, \dim W_4 = 7$ と仮定する. このとき, W_k の「アパート」を図示し, A のジョルダン標準形を求めよ.

第 12 章
ベクトル空間の内積

この章では,内積を考える.内積によって,ベクトルの長さや 2 つのベクトルのなす角度を測ることができる.

12.1 内積とノルム(長さ)

定義 12.1.1 $\mathbf{R}^n$ の任意のベクトル $\mathbf{a}, \mathbf{b}$ に対し,実数 $(\mathbf{a}, \mathbf{b})$ が定義されて,$(\mathbf{a}, \mathbf{b})$ に関して以下の条件 (i) – (iv) が成り立つとき,$(\mathbf{a}, \mathbf{b})$ を $\mathbf{a}$ と $\mathbf{b}$ の**内積**と呼ぶ.

(i) $(\mathbf{a}, \mathbf{b}) = (\mathbf{b}, \mathbf{a})$.

(ii) $(\mathbf{a} + \mathbf{b}, \mathbf{c}) = (\mathbf{a}, \mathbf{c}) + (\mathbf{b}, \mathbf{c}), \quad \mathbf{c} \in \mathbf{R}^n$.

(iii) $(\lambda \mathbf{a}, \mathbf{b}) = \lambda (\mathbf{a}, \mathbf{b}), \quad \lambda \in \mathbf{R}$.

(iv) $(\mathbf{a}, \mathbf{a}) \geqq 0$. ただし,等号は $\mathbf{a} = \mathbf{0}$ の場合に限る.   □

内積の定義されたベクトル空間 $\mathbf{R}^n$ を**実内積空間**(または**実計量ベクトル空間**)という.一般の $\mathbf{R}$ 上の抽象的ベクトル空間にも内積の概念は定義される.その例を例 12.2.6 と第 12.4 節で与える.また複素ベクトル空間の場合の内積(複素内積)は第 12.5 節で述べる.

定義 12.1.2　実内積空間においては，任意のベクトル $\mathbf{a}\ (\neq 0)$ に対して，$(\mathbf{a},\ \mathbf{a})$ は正の実数である．

$$\sqrt{(\mathbf{a},\ \mathbf{a})}$$

を $\mathbf{a}$ の**ノルム**（または**長さ**）といい，$\|\mathbf{a}\|$ で表す．　□

定義 12.1.1 条件 (i)-(iv) を満たす内積は無数にある．しかし，最も大切な内積はつぎの標準内積である．この章では，特に断らない限り標準内積のみを考える．

定義 12.1.3　つぎの内積を $\mathbf{R}^n$ の**標準内積**という．

$$(\mathbf{a},\ \mathbf{b}) = a_1 b_1 + a_2 b_2 + \cdots + a_n b_n$$

ただし，$\mathbf{a} = {}^t[\,a_1,\,\cdots,\,a_n\,]$，$\mathbf{b} = {}^t[\,b_1,\,\cdots,\,b_n\,]$ とする．

これは定義 12.1.1 (i)-(iv) の条件を満たし，ひとつの内積を定める．

また，標準内積によって定まるノルムを**標準ノルム**という．この章では，簡単のため，標準内積および標準ノルムを，それぞれ内積，ノルムと呼ぶ．　□

定理 12.1.4　(ノルムの性質)

(1)　$\|\mathbf{a}\| \geqq 0$．　ただし，等号は $\mathbf{a} = 0$ の場合に限る．

(2)　$\|\lambda \mathbf{a}\| = |\lambda|\|\mathbf{a}\|$　$(\lambda \in \mathbf{R})$．

(3)　$|(\mathbf{a},\ \mathbf{b})| \leqq \|\mathbf{a}\|\|\mathbf{b}\|$．（シュワルツの不等式）

(4)　$\|\mathbf{a} + \mathbf{b}\| \leqq \|\mathbf{a}\| + \|\mathbf{b}\|$．（三角不等式）　□

証明　(1), (2) は内積の性質とノルムの定義より従う．次に (3) を証明する．$\mathbf{a} = 0$ の時には，(3) は明らかだから，$\mathbf{a} \neq 0$ の時に証明すれば十分である．このときは，$(\mathbf{a},\ \mathbf{a}) > 0$ である．任意の実数 x に対して，定義 12.1.1 (iv) により，

$$(x\mathbf{a} + \mathbf{b},\ x\mathbf{a} + \mathbf{b}) \geqq 0.$$

一方，内積の条件 (i), (ii), (iii) により，

$$(x\mathbf{a} + \mathbf{b},\ x\mathbf{a} + \mathbf{b}) = (x\mathbf{a},\ x\mathbf{a}) + (x\mathbf{a},\ \mathbf{b}) + (\mathbf{b},\ x\mathbf{a}) + (\mathbf{a},\ \mathbf{a})$$
$$= x^2(\mathbf{a},\ \mathbf{a}) + 2x(\mathbf{a},\ \mathbf{b}) + (\mathbf{b},\ \mathbf{b})$$

となる．したがって，任意の実数 x に対して
$$x^2(\mathbf{a},\ \mathbf{a}) + 2x(\mathbf{a},\ \mathbf{b}) + (\mathbf{b},\ \mathbf{b}) \geqq 0 \tag{12.1}$$
が成り立つ．A を正の数，B，C を実数とするとき，任意の実数 x に対して
$$Ax^2 + 2Bx + C \geqq 0$$
が成り立てば，$B^2 - AC \leqq 0$ である．これを不等式 (12.1) に適用すれば，
$$(\mathbf{a},\ \mathbf{b})^2 \leqq (\mathbf{a},\ \mathbf{a})(\mathbf{b},\ \mathbf{b}).$$
したがって
$$|(\mathbf{a},\ \mathbf{b})| \leqq \sqrt{(\mathbf{a},\ \mathbf{a})}\sqrt{(\mathbf{b},\ \mathbf{b})} = \|\mathbf{a}\|\|\mathbf{b}\|.$$
これで (3) が証明された．

つぎに (4) を証明する．(3) を用いると
$$\|\mathbf{a}+\mathbf{b}\|^2 = (\mathbf{a}+\mathbf{b},\ \mathbf{a}+\mathbf{b}) = (\mathbf{a},\ \mathbf{a}) + 2(\mathbf{a},\ \mathbf{b}) + (\mathbf{b},\ \mathbf{b})$$
$$\leqq \|\mathbf{a}\|^2 + 2\|\mathbf{a}\|\|\mathbf{b}\| + \|\mathbf{b}\|^2 = (\|\mathbf{a}\| + \|\mathbf{b}\|)^2$$
となる．したがって $\|\mathbf{a}+\mathbf{b}\| \leqq \|\mathbf{a}\| + \|\mathbf{b}\|$ となり，(4) が証明された． □

$\mathbf{R}^n$ の（原点を出発する）2 つのベクトル $\mathbf{a}$，$\mathbf{b}$ が与えられたとき，もし 2 つのベクトルが 1 次独立ならば，1 つの平面を張る．つまり，集合
$$H = \{\ s\mathbf{a} + t\mathbf{b}\ ;\ \ s, t \in \mathbf{R}\ \}$$
は原点を通る平面である．この平面上で共通の点 O から出発する 2 つのベクトルを $\mathbf{a} = \overrightarrow{OA}$，$\mathbf{b} = \overrightarrow{OB}$ とする．図 12.1 のように，2 つのベクトルのなす角度を θ とする．このとき $\cos\theta$ はつぎの余弦定理によって計算可能である．

定理 12.1.5 0 でない $\mathbf{R}^n$ の 2 つのベクトル $\mathbf{a}$, $\mathbf{b}$ の間の角を θ とすると，つぎが成り立つ：
$$\|\mathbf{a}\|\|\mathbf{b}\|\cos\theta = (\mathbf{a},\ \mathbf{b}).$$

証明． まず，2 つのベクトルは 1 次独立であると仮定して，定理 12.1.5 を証明する．三角形 OAB に対する余弦定理は
$$a^2 + b^2 - 2ab\cos\theta = c^2$$

である．ただし，図 12.1 の記号は $a = \overline{OA}, b = \overline{OB}, c = \overline{AB}, \angle AOB = \theta$ である．

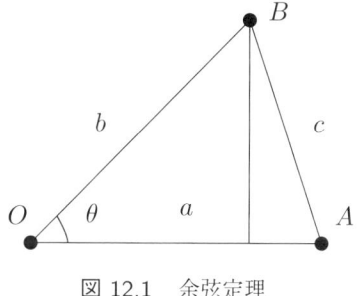

図 12.1　余弦定理

$\mathbf{a} = \overrightarrow{OA}, \mathbf{b} = \overrightarrow{OB}$ とすれば，ベクトルとして $\overrightarrow{AB} = \mathbf{b} - \mathbf{a}$．したがって
$$a = \|\mathbf{a}\|, \quad b = \|\mathbf{b}\|, \quad c = \|\mathbf{a} - \mathbf{b}\|,$$
$$c^2 = (\mathbf{a} - \mathbf{b}, \mathbf{a} - \mathbf{b}) = (\mathbf{a}, \mathbf{a}) - 2(\mathbf{a}, \mathbf{b}) + (\mathbf{b}, \mathbf{b}),$$
$$2ab\cos\theta = a^2 + b^2 - c^2 = \|\mathbf{a}\|^2 + \|\mathbf{b}\|^2 - \|\mathbf{a} - \mathbf{b}\|^2 = 2(\mathbf{a}, \mathbf{b}).$$

以上により，$\mathbf{a}, \mathbf{b}$ が 1 次独立の場合には定理 12.1.5 は証明された．

$\mathbf{a}, \mathbf{b}$ が 1 次独立でない場合は，$\mathbf{b} = \lambda \mathbf{a}$（$\lambda$：実数）となる．この場合には，$\theta = 0$（$\lambda > 0$ のとき），または π（$\lambda < 0$ のとき）となり，$\cos\theta = \pm 1$ であるが，一方
$$\|\mathbf{a}\|\|\mathbf{b}\|\cos\theta = |\lambda|\|\mathbf{a}\|^2 \cos\theta, \quad (\mathbf{a}, \mathbf{b}) = \lambda\|\mathbf{a}\|^2.$$

よって，この場合も定理 12.1.5 は正しい．これで定理の証明は終わった．　□

定義 12.1.6　2 つのベクトル $\mathbf{a}, \mathbf{b} \in \mathbf{R}^n$ に対して，$(\mathbf{a}, \mathbf{b}) = 0$ が成り立つとき，$\mathbf{a}$ と $\mathbf{b}$ は互いに**直交する**という．　□

$\mathbf{a} = 0$ または $\mathbf{b} = 0$ の場合は角度 θ を定理 12.1.5 を用いて定義することはできないが，$(\mathbf{a}, \mathbf{b}) = 0$ となるので，この場合も $\mathbf{a}, \mathbf{b}$ は直交するという．$\mathbf{a}$ と $\mathbf{b}$ が直交するとき，$\mathbf{a} \perp \mathbf{b}$ と表すことがある．

定義 12.1.7　ベクトル $\mathbf{a}_1, \cdots, \mathbf{a}_m \in \mathbf{R}^n$ はつぎの条件を満たすとき**正規直交系**をなすという：

$$(\mathbf{a}_i, \mathbf{a}_j) = \delta_{ij} = \begin{cases} 1 & (i = j) \\ 0 & (i \neq j) \end{cases}$$

ただし，$i, j = 1, 2, \cdots, m$. □

定理 12.1.8　正規直交系をなすベクトルは 1 次独立である． □

証明．　$\mathbf{a}_1, \cdots, \mathbf{a}_m$ を正規直交系とする．定数 $\lambda_1, \cdots, \lambda_m \in \mathbf{R}$ に対して，

$$\lambda_1 \mathbf{a}_1 + \cdots + \lambda_m \mathbf{a}_m = 0$$

と仮定する．この左辺のベクトルと $\mathbf{a}_i$ の内積をとると，

$$\lambda_1(\mathbf{a}_1, \mathbf{a}_i) + \lambda_2(\mathbf{a}_2, \mathbf{a}_i) + \cdots + \lambda_m(\mathbf{a}_m, \mathbf{a}_i) = 0 \qquad (12.2)$$

となる．$(\mathbf{a}_i, \mathbf{a}_j) = 0 \ (i \neq j), (\mathbf{a}_i, \mathbf{a}_i) = 1$ だから，(12.2) の左辺 $= \lambda_i$. よって，$\lambda_i = 0 \ (i = 1, \cdots, m)$. したがって，$\mathbf{a}_1, \cdots, \mathbf{a}_m$ は 1 次独立である． □

例 12.1.9　$\mathbf{R}^n$ のベクトル

$$\mathbf{e}_i = {}^t[\, 0, \cdots, 0, \overset{i}{1}, 0, \cdots, 0 \,] \quad (i = 1, \cdots, n)$$

は正規直交系をなす． ■

12.2　正規直交基底とグラム・シュミットの直交化法

この節の目標は，$\mathbf{R}^n$ の部分ベクトル空間の基底から出発して，正規直交基底を構成することである．

定義 12.2.1　$W \, (\neq \{\, 0 \,\})$ を $\mathbf{R}^n$ の任意の部分ベクトル空間とする．W の基底 $\mathbf{a}_1, \cdots, \mathbf{a}_m$ が $\mathbf{R}^n$ の正規直交系をなすとき，すなわち，$(\mathbf{a}_i, \mathbf{a}_j) = \delta_{ij}$ のとき，$\mathbf{a}_1, \cdots, \mathbf{a}_m$ を W の**正規直交基底**であるという． □

たとえば，例 12.1.9 における $\mathbf{e}_1, \cdots, \mathbf{e}_n$ は，$\mathbf{R}^n$ の正規直交基底である．つぎの命題の示すように，正規直交基底は計算に便利な基底である．

命題 12.2.2 $\mathbf{a}_1, \cdots, \mathbf{a}_m$ を正規直交基底とする．任意のベクトル $\mathbf{x}$ を，以下のように $\mathbf{a}_1, \cdots, \mathbf{a}_m$ の 1 次結合として表すことができる：

$$\mathbf{x} = \lambda_1 \mathbf{a}_1 + \cdots + \lambda_m \mathbf{a}_m, \quad \lambda_j = (\mathbf{x}, \mathbf{a}_j).$$

証明． $\mathbf{a}_1, \cdots, \mathbf{a}_m$ は基底だから，$\mathbf{x} = \lambda_1 \mathbf{a}_1 + \cdots + \lambda_m \mathbf{a}_m$ と表すことができる．したがって，$(\mathbf{x}, \mathbf{a}_j) = \lambda_1 (\mathbf{a}_1, \mathbf{a}_j) + \cdots + \lambda_m (\mathbf{a}_m, \mathbf{a}_j) = \lambda_j$ となる． □

定理 12.2.3 $W\ (\neq \{\,0\,\})$ を $\mathbf{R}^n$ の任意の部分ベクトル空間とする．このとき，W は正規直交基底を持つ． □

証明． 簡単のため，$\dim W = 3$ とする．定理 9.6.1 により W は基底 $\mathbf{a}_1, \mathbf{a}_2, \mathbf{a}_3$ を持つ．この $\mathbf{a}_i$ をもとに，互いに直交する 3 個のベクトルを構成する．

まず $\mathbf{b}_1 = \mathbf{a}_1$ と定義する．次に $\mathbf{b}_2 = \mathbf{a}_2 + \lambda \mathbf{b}_1$ とおき，$0 = (\mathbf{b}_2, \mathbf{b}_1)$ となるように λ を定める．そのために，方程式

$$0 = (\mathbf{b}_2, \mathbf{b}_1) = (\mathbf{a}_2 + \lambda \mathbf{b}_1, \mathbf{b}_1) = (\mathbf{a}_2, \mathbf{b}_1) + \lambda (\mathbf{b}_1, \mathbf{b}_1)$$

を解く．$\mathbf{b}_1 \neq 0$ なので，$(\mathbf{b}_1, \mathbf{b}_1) > 0$．したがって

$$\lambda = -\frac{(\mathbf{a}_2, \mathbf{b}_1)}{(\mathbf{b}_1, \mathbf{b}_1)}, \quad \mathbf{b}_2 = \mathbf{a}_2 - \frac{(\mathbf{a}_2, \mathbf{b}_1)}{(\mathbf{b}_1, \mathbf{b}_1)} \mathbf{b}_1$$

となる．このとき，$\mathbf{b}_2 \neq 0$ である．なぜなら，もし $\mathbf{b}_2 = 0$ ならば，$\mathbf{a}_2$ と $\mathbf{a}_1$ は $\mathbf{R}$ 上 1 次従属となり，$\mathbf{a}_1, \mathbf{a}_2$ が 1 次独立であることに矛盾する．

次に $\mathbf{b}_3 = \mathbf{a}_3 + \mu_1 \mathbf{b}_1 + \mu_2 \mathbf{b}_2$ とおき，$(\mathbf{b}_3, \mathbf{b}_1) = (\mathbf{b}_3, \mathbf{b}_2) = 0$ となるように μ_1, μ_2 を定める．そのために，方程式

$$0 = (\mathbf{b}_3, \mathbf{b}_1) = (\mathbf{a}_3, \mathbf{b}_1) + \mu_1 (\mathbf{b}_1, \mathbf{b}_1) + \mu_2 (\mathbf{b}_1, \mathbf{b}_2),$$
$$0 = (\mathbf{b}_3, \mathbf{b}_2) = (\mathbf{a}_3, \mathbf{b}_2) + \mu_1 (\mathbf{b}_2, \mathbf{b}_1) + \mu_2 (\mathbf{b}_2, \mathbf{b}_2)$$

を解く．$(\mathbf{b}_1, \mathbf{b}_2) = (\mathbf{b}_2, \mathbf{b}_1) = 0$ により，

$$\mu_1 = -\frac{(\mathbf{a}_3, \mathbf{b}_1)}{(\mathbf{b}_1, \mathbf{b}_1)}, \quad \mu_2 = -\frac{(\mathbf{a}_3, \mathbf{b}_2)}{(\mathbf{b}_2, \mathbf{b}_2)},$$
$$\mathbf{b}_3 = \mathbf{a}_3 - \frac{(\mathbf{a}_3, \mathbf{b}_1)}{(\mathbf{b}_1, \mathbf{b}_1)} \mathbf{b}_1 - \frac{(\mathbf{a}_3, \mathbf{b}_2)}{(\mathbf{b}_2, \mathbf{b}_2)} \mathbf{b}_2.$$

前と同じ議論で，$\mathbf{b}_3 \neq 0$ も証明できる．以上により，$\mathbf{b}_1, \mathbf{b}_2, \mathbf{b}_3 \in W$ は互いに直交する．すなわち，$(\mathbf{b}_i, \mathbf{b}_j) = 0 \ (1 \leqq i < j \leqq 3)$ が成り立つ．そこで

$\mathbf{c}_j = \mathbf{b}_j / \|\mathbf{b}_j\|$ とすれば，$\mathbf{c}_1, \mathbf{c}_2, \mathbf{c}_3$ は W の正規直交基底である．(このように正規直交基底を構成する方法を，**グラム・シュミットの直交化法**という．) □

例 12.2.4 $\mathbf{R}^3$ の基底として
$$\mathbf{a}_1 = {}^t[1,\ 2,\ 3],\quad \mathbf{a}_2 = {}^t[4,\ 5,\ 6],\quad \mathbf{a}_3 = {}^t[0,\ 0,\ 1]$$
をとる．このときグラム・シュミットの直交化法により正規直交基底を構成する．

定理 12.2.3 と同じ記号をもちいる．まず，$\mathbf{b}_i$ ($i = 1, 2, 3$) を
$$\mathbf{b}_1 = \mathbf{a}_1,\quad \mathbf{b}_2 = \mathbf{a}_2 - \frac{(\mathbf{a}_2,\ \mathbf{b}_1)}{(\mathbf{b}_1,\ \mathbf{b}_1)}\mathbf{b}_1,\quad \mathbf{b}_3 = \mathbf{a}_3 - \frac{(\mathbf{a}_3,\ \mathbf{b}_1)}{(\mathbf{b}_1,\ \mathbf{b}_1)}\mathbf{b}_1 - \frac{(\mathbf{a}_3,\ \mathbf{b}_2)}{(\mathbf{b}_2,\ \mathbf{b}_2)}\mathbf{b}_2$$
とする．ここで，$(\mathbf{a}_2, \mathbf{b}_1) = 32$, $(\mathbf{b}_1, \mathbf{b}_1) = 14$ だから
$$\mathbf{b}_2 = \mathbf{a}_2 - \frac{32}{14}\mathbf{b}_1 = \frac{3}{7}{}^t[4,\ 1,\ -2]$$
である．また，$(\mathbf{a}_3, \mathbf{b}_1) = 3$, $(\mathbf{a}_3, \mathbf{b}_2) = -6/7$, $(\mathbf{b}_2, \mathbf{b}_2) = 27/7$ だから
$$\mathbf{b}_3 = \mathbf{a}_3 - \frac{3}{14}\mathbf{b}_1 + \frac{2}{9}\mathbf{b}_2 = \frac{1}{6}{}^t[1,\ -2,\ 1]$$
である．したがって，
$$\mathbf{b}'_1 = \mathbf{b}_1,\quad \mathbf{b}'_2 = {}^t[4,\ 1,\ -2],\quad \mathbf{b}'_3 = {}^t[1,\ -2,\ 1]$$
とおけば，$\mathbf{c}_j = \mathbf{b}_j/\|\mathbf{b}_j\| = \mathbf{b}'_j/\|\mathbf{b}'_j\|$ である．したがって
$$\mathbf{c}_1 = \frac{1}{\sqrt{14}}{}^t[1,\ 2,\ 3],\quad \mathbf{c}_2 = \frac{1}{\sqrt{21}}{}^t[4,\ 1,\ -2],\quad \mathbf{c}_3 = \frac{1}{\sqrt{6}}{}^t[1,\ -2,\ 1]$$
が求める正規直交基底である． ■

問題 12.2.5 $\mathbf{R}^3$ の基底として
$$\mathbf{a}_1 = {}^t[1,\ 0,\ 1],\quad \mathbf{a}_2 = {}^t[2,\ 3,\ -1],\quad \mathbf{a}_3 = {}^t[0,\ 1,\ 0]$$
をとる．グラム・シュミットの直交化法により，正規直交基底を構成せよ． □

例 12.2.6 $V = \{\,f(x)\,;\,x$ の次数 1 以下の実数係数多項式 $\}$ とし，内積を
$$(f(x),\ g(x)) = \int_0^1 f(x)g(x)dx$$

とする．$\mathbf{a}_1 = 1, \mathbf{a}_2 = x$ のとき，グラム・シュミットの方法で正規直交基底を作ろう．まず，$(\mathbf{a}_1, \mathbf{a}_1)$ を計算する．

$$(\mathbf{a}_1, \mathbf{a}_1) = \int_0^1 1\, dx = 1.$$

したがって，$\mathbf{c}_1 := \mathbf{a}_1/\|\mathbf{a}_1\| = 1$. つぎに，$\mathbf{b}_2 := \mathbf{a}_2 - (\mathbf{a}_2, \mathbf{c}_1)\mathbf{c}_1$ を計算すると

$$(\mathbf{a}_2,\ \mathbf{c}_1) = \int_0^1 x\, dx = \frac{1}{2}$$

だから，$\mathbf{b}_2 = x - (1/2)$ となる．このとき

$$(\mathbf{b}_2, \mathbf{b}_2) = \int_0^1 (x - (1/2))^2\, dx = \frac{1}{12}$$

だから，$\mathbf{c}_2 := \mathbf{b}_2/\|\mathbf{b}_2\| = \sqrt{3}\,(2x - 1)$ となる．したがって，正規直交基底は，

$$\mathbf{c}_1 = 1, \quad \mathbf{c}_2 = \sqrt{3}\,(2x - 1). \qquad \blacksquare$$

問題 12.2.7 $V = \{\, f(x)\,;\, x \text{ の次数 } 1 \text{ 以下の実数係数多項式} \,\}$ とし，内積を

$$(f(x),\ g(x)) = \int_0^1 f(x)g(x)dx$$

とする．$\mathbf{a}_1 = x, \mathbf{a}_2 = 1$ の時，グラム・シュミットの方法で正規直交基底を作れ．

12.3 直交補空間と直交射影

定義 12.3.1 $\mathbf{R}^n$ を実内積ベクトル空間，W をその部分空間とする．W の直交補空間 $W^\perp$ をつぎのように定義する：

$$W^\perp = \{\, \mathbf{a} \in \mathbf{R}^n\,;\quad (\mathbf{a},\ \mathbf{b}) = 0 \quad (\forall \mathbf{b} \in W)\,\}.$$

命題 12.3.2 $W^\perp$ は $\mathbf{R}^n$ 上の部分ベクトル空間である． $\qquad \square$

証明． $\mathbf{a}, \mathbf{a}' \in W^\perp, \lambda \in \mathbf{R}$ に対して $\mathbf{a} + \mathbf{a}' \in W^\perp$，$\lambda \mathbf{a} \in W^\perp$ を証明すればよい．ところで，$W^\perp$ の定義より，任意の $\mathbf{b} \in W$ に対して

$$(\mathbf{a} + \mathbf{a}',\ \mathbf{b}) = (\mathbf{a},\ \mathbf{b}) + (\mathbf{a}',\ \mathbf{b}) = 0 + 0 = 0,$$

$$(\lambda \mathbf{a},\ \mathbf{b}) = \lambda(\mathbf{a},\ \mathbf{b}) = 0.$$

したがって, $W^\perp$ の定義より, $\mathbf{a} + \mathbf{a}' \in W^\perp$, $\lambda \mathbf{a} \in W^\perp$ である. これで命題は証明された. □

例 12.3.3 W をベクトル $\mathbf{a} = {}^t[1,\ 2,\ 3]$ で生成される $\mathbf{R}^3$ の部分空間とする. このとき $W^\perp$ は

$$W^\perp = \left\{ \begin{bmatrix} x \\ y \\ z \end{bmatrix} \in \mathbf{R}^3\ ;\quad x + 2y + 3z = 0 \right\}$$

で与えられる. ∎

例 12.3.4 W を 2 つのベクトル $\mathbf{a} = {}^t[1,\ 2,\ 3]$, $\mathbf{b} = {}^t[4,\ 5,\ 6]$ で生成される $\mathbf{R}^3$ の部分空間とする. このとき $W^\perp$ は定義により

$$W^\perp = \left\{ \begin{bmatrix} x \\ y \\ z \end{bmatrix} \in \mathbf{R}^3\ ;\quad \begin{matrix} x + 2y + 3z = 0 \\ 4x + 5y + 6z = 0 \end{matrix} \right\}$$

となる. 連立方程式

$$x + 2y + 3z = 0,$$
$$4x + 5y + 6z = 0$$

を解いて, $y = -2x$, $z = x$ となる. したがって, $W^\perp$ は ${}^t[1,\ -2,\ 1]$ で生成される $\mathbf{R}^3$ の部分空間である. ∎

定理 12.3.5 W を $\mathbf{R}^n$ の部分空間, $W^\perp$ をその直交補空間, W の基底を $\mathbf{a}_1, \cdots, \mathbf{a}_m$ とする. そのとき, $\mathbf{x} \in \mathbf{R}^n$ に対して, つぎは同値である:

(1) $\mathbf{x} \in W^\perp$.

(2) $(\mathbf{x},\ \mathbf{a}_j) = 0\ (j = 1, \cdots, m)$. □

証明. $\mathbf{x} \in W^\perp$ ならば, どんな $\mathbf{a} \in W$ に対しても, $(\mathbf{x},\ \mathbf{a}) = 0$. したがって, $(\mathbf{x},\ \mathbf{a}_j) = 0\ (j = 1, \cdots, m)$. よって, (1) から (2) が証明できた.

逆に $(\mathbf{x},\ \mathbf{a}_j) = 0\ (j = 1, \cdots, m)$ と仮定する. $\mathbf{a} \in W$ を任意の要素とする. $\mathbf{a}_1, \cdots, \mathbf{a}_m$ は W の基底なので, 適当な $\lambda_j \in \mathbf{R}$ を選んで

$$\mathbf{a} = \lambda_1 \mathbf{a}_1 + \lambda_2 \mathbf{a}_2 + \cdots + \lambda_m \mathbf{a}_m$$

と表すことができる．したがって

$$(\mathbf{a},\ \mathbf{x}) = \lambda_1(\mathbf{a}_1,\ \mathbf{x}) + \lambda_2(\mathbf{a}_2,\ \mathbf{x}) + \cdots + \lambda_m(\mathbf{a}_m,\ \mathbf{x}) = 0,$$

したがって，$\mathbf{x} \in W^\perp$．これで (2) から (1) が証明できた． □

定理 12.3.6 $\mathbf{R}^n$ の任意の部分空間 $W \neq \{\mathbf{0}\}$ に対し，$W^\perp$ をその（標準内積に関する）直交補空間とすると

$$\mathbf{R}^n = W \oplus W^\perp.$$

定理 9.7.3 によって言い換えれば，任意の $\mathbf{a} \in \mathbf{R}^n$ は

$$\mathbf{a} = \mathbf{b} + \mathbf{c} \quad (\mathbf{b} \in W,\ \mathbf{c} \in W^\perp)$$

と表され，その表し方はただひと通りである． □

証明． $\dim W = m$ とする．定理 12.2.3 によれば，W は正規直交基底 $\mathbf{b}_1, \cdots, \mathbf{b}_m$ を持つ．そこで任意の $\mathbf{a} \in \mathbf{R}^n$ に対して

$$\mathbf{b} = \lambda_1 \mathbf{b}_1 + \lambda_2 \mathbf{b}_2 + \cdots + \lambda_m \mathbf{b}_m, \quad \mathbf{c} = \mathbf{a} - \mathbf{b}$$

とする．定義より，$\mathbf{b} \in W$ である．このとき，$\mathbf{c} \in W^\perp$ となるように λ_j を定めたい．定理 12.3.5 により，$\mathbf{c} \in W^\perp$ となるためには，$(\mathbf{c},\ \mathbf{b}_j) = 0\ (j = 1, \cdots, m)$ が必要十分である．そこで $(\mathbf{c},\ \mathbf{b}_j)$ を計算する：

$$(\mathbf{c},\ \mathbf{b}_j) = (\mathbf{a},\ \mathbf{b}_j) - (\mathbf{b},\ \mathbf{b}_j)$$
$$= (\mathbf{a},\ \mathbf{b}_j) - \sum_{k=1}^{m} \lambda_k(\mathbf{b}_k,\ \mathbf{b}_j) = (\mathbf{a},\ \mathbf{b}_j) - \lambda_j.$$

したがって，すべての j に対して $\lambda_j = (\mathbf{a},\ \mathbf{b}_j)$ とすれば，$(\mathbf{c},\ \mathbf{b}_j) = 0$，よって，$\mathbf{c} \in W^\perp$ となる．よって，$\mathbf{a} = \mathbf{b} + \mathbf{c}$, $\mathbf{b} \in W$, $\mathbf{c} \in W^\perp$ と表すことができる．

つぎに $\mathbf{a} = \mathbf{b} + \mathbf{c}$ という表し方がただひと通りであることを証明する．

そのために，

$$\mathbf{a} = \mathbf{b} + \mathbf{c} = \mathbf{b}' + \mathbf{c}' \quad (\mathbf{b},\ \mathbf{b}' \in W,\ \mathbf{c},\ \mathbf{c}' \in W^\perp)$$

と仮定する．よって

$$\mathbf{b} - \mathbf{b}' = \mathbf{c}' - \mathbf{c} \in W \cap W^\perp.$$

ところで，$W \cap W^\perp = \{0\}$ である．なぜならば，$\mathbf{x} \in W \cap W^\perp$ とすれば任意の $\mathbf{y} \in W^\perp$ に対して，$(\mathbf{x},\, \mathbf{y}) = 0$. $\mathbf{x} \in W^\perp$ だから，$\mathbf{y}$ として $\mathbf{x}$ をとることができる．したがって $(\mathbf{x},\, \mathbf{x}) = 0$. これより，内積の性質から $\mathbf{x} = 0$. よって $W \cap W^\perp = \{0\}$. 以上により，

$$\mathbf{b} - \mathbf{b}' = \mathbf{c}' - \mathbf{c} = 0, \quad \mathbf{b} = \mathbf{b}', \quad \mathbf{c} = \mathbf{c}'.$$

これで，表し方がひと通りであることが証明された． □

定義 12.3.7 定理 12.3.6 のように $\mathbf{a} = \mathbf{b} + \mathbf{c}\ (\mathbf{b} \in W,\ \mathbf{c} \in W^\perp)$ と表したとき，$\mathbf{b}$ を $\mathbf{a}$ の W への**直交射影**という． □

12.4 フーリエ級数と正規直交基底

正規直交基底の別の例をあげる．閉区間 $[-\pi, \pi]$ 上の実数値連続関数で，無限回微分可能なもの全体を S とする．この S には，$\sin nx$ とか $\cos nx$ というようなよく知られた関数が属している．S は無限次元のベクトル空間である．

定義 12.4.1 関数のなすベクトル空間 S に，つぎのように内積を定める：$f,\, g \in S$ に対して，

$$(f,\, g) = \int_{-\pi}^{\pi} f(x)g(x)dx.$$

これは，定義 12.1.1 の条件 (i)-(iv) を満たし，S の内積を定める． □

命題 12.4.2

$$f_n = \cos nx, \quad g_n = \sin nx \quad (n = 1, 2, 3, \cdots)$$

とおく．このとき

(1) $(f_m,\, f_n) = (g_m,\, g_n) = 0\ (m \neq n)$,

(2) $(f_m,\, g_n) = 0\ (\forall m,\, n)$. □

証明. (1) を証明する．よく知られた公式
$$\cos mx \ \cos nx = \frac{1}{2}\{\cos(m-n)x + \cos(m+n)x\},$$
$$\sin mx \ \sin nx = \frac{1}{2}\{\cos(m-n)x - \cos(m+n)x\}$$

により，
$$(f_m, f_n) = \frac{1}{2}\int_{-\pi}^{\pi}\{\cos(m-n)x + \cos(m+n)x\}dx = 0 \quad (m \neq n),$$
$$(g_m, g_n) = \frac{1}{2}\int_{-\pi}^{\pi}\{\cos(m-n)x - \cos(m+n)x\}dx = 0 \quad (m \neq n).$$

つぎに (2) を証明する．今度は公式
$$\cos mx \ \sin nx = \frac{1}{2}\{\sin(m+n)x - \sin(m-n)x\}$$

を用いる．したがって，$m \neq n$ のとき
$$(f_m, g_n) = \frac{1}{2}\int_{-\pi}^{\pi}\{\sin(m+n)x - \sin(m-n)x\}dx$$
$$= \frac{1}{2}\left[\frac{-1}{n+m}\cos(m+n)x + \frac{1}{m-n}\cos(m-n)x\right]_{-\pi}^{\pi} = 0.$$

また
$$(f_n, g_n) = \frac{1}{2}\int_{-\pi}^{\pi}\sin 2nx\, dx = \frac{1}{4n}\bigl[-\cos 2nx\bigr]_{-\pi}^{\pi} = 0.$$

以上により命題が証明された． □

命題 12.4.3 $(f_n, f_n) = (g_n, g_n) = \pi.$ □

証明.
$$(f_n, f_n) = \int_{-\pi}^{\pi}\cos^2 nx\, dx = \frac{1}{2}\int_{-\pi}^{\pi}(1 + \cos 2nx)dx = \pi,$$
$$(g_n, g_n) = \int_{-\pi}^{\pi}\sin^2 nx\, dx = \frac{1}{2}\int_{-\pi}^{\pi}(1 - \cos 2nx)dx = \pi.$$

以上により命題が証明された． □

以上により

$$\phi_0 = \frac{1}{\sqrt{2\pi}}, \quad \phi_n = \frac{1}{\sqrt{\pi}} \cos nx, \quad \psi_n = \frac{1}{\sqrt{\pi}} \sin nx \quad (n > 0)$$

とすると，これらの関数は

$$(\phi_m, \phi_n) = (\psi_m, \psi_n) = \delta_{mn}, \quad (\phi_m, \psi_n) = 0$$

を満たす．さらにつぎの定理が成立する．

定理 12.4.4 $f(x) \in S$ は ϕ_n, ψ_n の $(-\pi, \pi)$ 上収束する関数として表わすことができる．すなわち，$a_n = (f, \phi_n)\,(n \geqq 0),\ b_n = (f, \psi_n)\,(n > 0)$ とすると，開区間 $(-\pi, \pi)$ 上広義一様に

$$f(x) = \sum_{n=0}^{\infty} a_n \phi_n + \sum_{n=1}^{\infty} b_n \psi_n \tag{12.3}$$

と表わされる．(これを f の**フーリエ展開**という.) □

この定理の証明は本書の範囲を大きく超えるので，この定理は証明しない．S が無限次元であり，f のフーリエ展開は無限和であるという点ではこれまでの例と違うが，ϕ_0, ϕ_n, ψ_n がベクトル空間 S の正規直交基底となっていることを，この定理は示している．a_n, b_n の定め方は，有限次元の場合の命題 12.2.2 と同じでであることに注意しよう．

例 12.4.5 ここで定理 12.4.4 の面白い応用例を示す．$f(x) = x$ とする．$m \geqq 0,\ n > 0$ に対して

$$a_m = \int_{-\pi}^{\pi} x\,\phi_m\,dx = \frac{1}{\sqrt{\pi}} \int_{-\pi}^{\pi} x \cos mx\,dx = 0,$$

$$b_n = \int_{-\pi}^{\pi} x\,\psi_n\,dx = \frac{1}{\sqrt{\pi}} \int_{-\pi}^{\pi} x \sin nx\,dx$$

$$= \frac{1}{\sqrt{\pi}} \Big(\Big[-\frac{x \cos nx}{n} \Big]_{-\pi}^{\pi} + \int_{-\pi}^{\pi} \frac{\cos nx}{n} dx \Big) = \frac{1}{\sqrt{\pi}} \cdot 2 \cdot \frac{\pi}{n} (-1)^{n+1}.$$

級数 (12.3) の和と積分は交換可能なので，つぎの第 2 式の計算ができる：

$$x = \sum_{n=1}^{\infty} b_n \psi_n = 2 \sum_{n=1}^{\infty} \frac{(-1)^{n+1}}{n} \sin nx,$$

$$(x,\,x) = \sum_{m,n=1}^{\infty} (b_m \psi_m,\,b_n \psi_n) = \sum_{m,n=1}^{\infty} b_m b_n (\psi_m,\,\psi_n)$$

$$= \sum_{n=1}^{\infty} b_n^2 = \frac{1}{\pi} \sum_{n=1}^{\infty} 4 \cdot \frac{\pi^2}{n^2} = 4 \sum_{n=1}^{\infty} \frac{\pi}{n^2},$$

$$(x,\ x) = \int_{-\pi}^{\pi} x^2 dx = \left[\frac{1}{3}x^3\right]_{-\pi}^{\pi} = \frac{2}{3}\pi^3.$$

したがって,

$$\frac{2}{3}\pi^3 = 4 \sum_{n=1}^{\infty} \frac{\pi}{n^2}$$

となる. よって

$$\sum_{n=1}^{\infty} \frac{1}{n^2} = \frac{\pi^2}{6}.$$

∎

問題 12.4.6 ベクトル空間

$$V = \{\ f(x)\ ;\ x\ \text{の次数 2 以下の実数係数多項式}\ \}$$

をとり, 水素原子の擬似波動作用素 F を (8.9) と同じく

$$F(f(x)) = xf''(x) + (2-x)f'(x) - f(x)$$

によって定める. F の固有ベクトルは表 8.2 により

$$f_0(x) = 1, \quad f_1(x) = x - 2, \quad f_2(x) = x^2 - 6x + 6$$

である. V の内積を $f, g \in V$ に対して, つぎのように定める:

$$(f,\ g) := \int_0^{\infty} f(x)g(x)e^{-x}xdx. \tag{12.4}$$

このとき, f_0, f_1, f_2 は内積 (12.4) に関して互いに直交することを証明せよ. ⊔

12.5 複素内積とユニタリ基底

定義 12.5.1 $\mathbf{C}^n$ の任意のベクトル $\mathbf{a}, \mathbf{b}$ に対し, 複素数 $(\mathbf{a}, \mathbf{b})$ が定義されて, $(\mathbf{a}, \mathbf{b})$ に関して以下の条件 (i) – (iv) が成り立つとき, $(\mathbf{a}, \mathbf{b})$ を $\mathbf{a}$ と $\mathbf{b}$ の複素内積という.

(i) $(\mathbf{a}, \mathbf{b}) = \overline{(\mathbf{b}, \mathbf{a})}$. ただし, $\overline{(\mathbf{b}, \mathbf{a})}$ は $(\mathbf{a}, \mathbf{b})$ の複素共役.

(ii)　　$(\mathbf{a}+\mathbf{b},\ \mathbf{c}) = (\mathbf{a},\ \mathbf{c}) + (\mathbf{b},\ \mathbf{c})$　　$(\mathbf{c} \in \mathbf{C}^n)$.

(iii)　　$(\lambda\mathbf{a},\ \mathbf{b}) = \lambda(\mathbf{a},\ \mathbf{b})$　　$(\lambda \in \mathbf{C})$.

(iv)　　$(\mathbf{a},\ \mathbf{a}) \geqq 0$, ただし，等号は $\mathbf{a} = \mathbf{0}$ の場合に限る． □

複素内積の定義されたベクトル空間 $\mathbf{C}^n$ を複素内積空間（または複素計量ベクトル空間）という．なお，ある複素数 $x+yi$ の複素共役は，$x-yi$ である．ただし，x, y は実数，$i = \sqrt{-1}$ を表す．

定義 12.5.2　　複素内積空間においては，任意のベクトル $\mathbf{a}\,(\neq \mathbf{0})$ に対して，$(\mathbf{a},\ \mathbf{a})$ は正の実数である．

$$\sqrt{(\mathbf{a},\ \mathbf{a})}$$

を $\mathbf{a}$ のノルム（または長さ）といい，$\|\mathbf{a}\|$ で表す． □

定義 12.5.1 条件 (i)-(iv) を満たす複素内積は無数にある．しかし，最も大切な内積は標準複素内積であり，この章では，常に標準複素内積を考える．

定義 12.5.3　　つぎの内積を $\mathbf{C}^n$ の**標準複素内積**という．

$$(\mathbf{a},\ \mathbf{b}) = a_1\overline{b_1} + a_2\overline{b_2} + \cdots + a_n\overline{b_n}$$

ただし，$\mathbf{a} = {}^t[\,a_1,\ \cdots,\ a_n\,]$, $\mathbf{b} = {}^t[\,b_1,\ \cdots,\ b_n\,]$ とする．

また，標準複素内積によって定まるノルムを標準ノルムという．以後，標準複素内積および標準ノルムを，簡単のため，それぞれ複素内積，ノルムと呼ぶ． □

定理 12.5.4　（ノルムの性質）

(1)　　$\|\mathbf{a}\| \geqq 0$, ただし，等号は $\mathbf{a} = \mathbf{0}$ の場合に限る．

(2)　　$\|\lambda\mathbf{a}\| = |\lambda|\|\mathbf{a}\|,\quad \lambda \in \mathbf{C}$.

(3)　　$|(\mathbf{a},\ \mathbf{b})| \leqq \|\mathbf{a}\|\|\mathbf{b}\|$.　（シュワルツの不等式）

(4)　　$\|\mathbf{a}+\mathbf{b}\| \leqq \|\mathbf{a}\| + \|\mathbf{b}\|$.　（三角不等式） □

証明. (1), (2) は複素内積の性質とノルムの定義より従う．次に (3) を証明する．任意の複素数 x に対して，定義 12.5.1 複素内積の条件 (iv) により，

$$(x\mathbf{a}+\mathbf{b}, x\mathbf{a}+\mathbf{b}) \geqq 0.$$

一方，複素内積の条件 (i), (ii), (iii) により，

$$(x\mathbf{a}+\mathbf{b},\ x\mathbf{a}+\mathbf{b}) = (x\mathbf{a},\ x\mathbf{a}+\mathbf{b}) + (\mathbf{b},\ x\mathbf{a}+\mathbf{b})$$
$$= x(\mathbf{a},\ x\mathbf{a}+\mathbf{b}) + (\mathbf{b},\ x\mathbf{a}+\mathbf{b})$$
$$= x\overline{x}(\mathbf{a},\ \mathbf{a}) + x(\mathbf{a},\ \mathbf{b}) + \overline{x}(\mathbf{b},\ \mathbf{a}) + (\mathbf{b},\ \mathbf{b})$$
$$= |x|^2(\mathbf{a},\ \mathbf{a}) + x(\mathbf{a},\ \mathbf{b}) + \overline{x(\mathbf{a},\ \mathbf{b})} + (\mathbf{b},\ \mathbf{b})$$

となる．そこで，$(\mathbf{a},\ \mathbf{b}) = Re^{i\theta}$ ($R > 0, \theta \in \mathbf{R}$) と表し，$x = ye^{-i\theta}$ ($y \in \mathbf{R}$) とすれば，$x(\mathbf{a},\ \mathbf{b}) = yR$ だから，任意の $y \in \mathbf{R}$ に対して

$$y^2(\mathbf{a},\ \mathbf{a}) + 2yR + (\mathbf{b},\ \mathbf{b}) \geqq 0$$

となる．したがって，

$$|(\mathbf{a},\ \mathbf{b})|^2 = R^2 \leqq (\mathbf{a},\ \mathbf{a})(\mathbf{b},\ \mathbf{b}).$$

これで (3) が証明された．つぎに (4) を証明する．(3) を用いると

$$\|\mathbf{a}+\mathbf{b}\|^2 = (\mathbf{a}+\mathbf{b},\ \mathbf{a}+\mathbf{b}) = (\mathbf{a},\ \mathbf{a}) + (\mathbf{a},\ \mathbf{b}) + (\mathbf{b},\ \mathbf{a}) + (\mathbf{b},\ \mathbf{b})$$
$$\leqq \|\mathbf{a}\|^2 + 2\|\mathbf{a}\|\|\mathbf{b}\| + \|\mathbf{b}\|^2 = (\|\mathbf{a}\| + \|\mathbf{b}\|)^2$$

となる．したがって $\|\mathbf{a}+\mathbf{b}\| \leqq \|\mathbf{a}\| + \|\mathbf{b}\|$. (4) が証明された． □

定義 12.5.5 2 つのベクトル $\mathbf{a},\ \mathbf{b} \in \mathbf{C}^n$ に対して，$(\mathbf{a},\ \mathbf{b}) = 0$ が成り立つとき，$\mathbf{a}$ と $\mathbf{b}$ は互いに**直交する**という． □

$\mathbf{a} = \mathbf{0}$ または $\mathbf{b} = \mathbf{0}$ の場合も $(\mathbf{a},\ \mathbf{b}) = 0$ となるので，この場合も $\mathbf{a},\ \mathbf{b}$ は直交するという．$\mathbf{a}$ と $\mathbf{b}$ が直交するとき，$\mathbf{a} \perp \mathbf{b}$ と表すことがある．

定義 12.5.6 ベクトル $\mathbf{a}_1, \cdots, \mathbf{a}_m \in \mathbf{C}^n$ はつぎの条件を満たすとき**ユニタリ直交系**をなすという：

$$(\mathbf{a}_i,\ \mathbf{a}_j) = \delta_{ij} = \begin{cases} 1 & (i = j) \\ 0 & (i \neq j) \end{cases}$$

ただし，$i, j = 1, 2, \cdots, m$. □

定理 12.5.7 ユニタリ直交系をなすベクトルは 1 次独立である． □

証明． 定理 12.1.8 と同じように証明できる． □

定義 12.5.8 $W (\neq \{\,0\,\})$ を $\mathbf{C}^n$ の任意の部分空間とする．W の基底 $\mathbf{a}_1, \cdots, \mathbf{a}_m$ が $\mathbf{C}^n$ のユニタリ直交系をなすとき，$\mathbf{a}_1, \cdots, \mathbf{a}_m$ を W のユニタリ直交基底であるという． □

命題 12.5.9 $\mathbf{a}_1, \cdots, \mathbf{a}_m$ をユニタリ直交基底とする．任意のベクトル $\mathbf{x}$ を，以下のように $\mathbf{a}_1, \cdots, \mathbf{a}_m$ の 1 次結合として表すことができる：

$$\mathbf{x} = \lambda_1 \mathbf{a}_1 + \cdots + \lambda_m \mathbf{a}_m, \quad \lambda_j = (\mathbf{x}, \mathbf{a}_j).$$

証明． 命題 12.2.2 と同じように証明できる． □

$\mathbf{R}^n$ の正規直交基底と同じように，$\mathbf{C}^n$ の複素内積に関してユニタリ直交基底が存在する．以下，特別な場合にこれを確かめよう．

例 12.5.10 $\mathbf{a}_1 = {}^t[1, 1-i], \mathbf{a}_2 = {}^t[3+i, 4+5i]$ を $\mathbf{C}^2$ の基底とする．このとき，グラム・シュミットの直交化法によってユニタリ基底を作ることができる．$(\mathbf{a}_1, \mathbf{a}_1) = 3$ だから

$$\mathbf{c}_1 = \frac{1}{\sqrt{3}} \mathbf{a}_1 = \frac{1}{\sqrt{3}} {}^t[1, 1-i]$$

と定める．つぎに，$\mathbf{b}_2 = \mathbf{a}_2 - \lambda \mathbf{c}_1$ が $0 = (\mathbf{b}_2, \mathbf{c}_1)$ を満たすように λ を定める：

$$0 = (\mathbf{b}_2, \mathbf{c}_1) = (\mathbf{a}_2, \mathbf{c}_1) - \lambda(\mathbf{c}_1, \mathbf{c}_1) = (\mathbf{a}_2, \mathbf{c}_1) - \lambda.$$

よって，$\lambda = (\mathbf{a}_2, \mathbf{c}_1) = (2+10i)/\sqrt{3}$ とすればよい．したがって，

$$\mathbf{b}_2 = \frac{7}{3} {}^t[1-i, i].$$

したがって，$\mathbf{b}_2' = {}^t[1-i, i]$ とすると，$(\mathbf{b}_2', \mathbf{b}_2') = 3$ だから，

$$\mathbf{c}_2 = \frac{1}{\sqrt{3}} \mathbf{b}_2' = \frac{1}{\sqrt{3}} {}^t[1-i, i]$$

とすれば, $\mathbf{c}_1, \mathbf{c}_2$ は $\mathbf{C}^2$ のユニタリ直交基底となる. 念のため計算すると,
$$(\mathbf{c}_1, \mathbf{c}_2) = \frac{1}{3}\mathbf{c}_1{}^t\overline{\mathbf{c}_2} = \frac{1}{3}\left((1+i) + (1-i)(-i)\right) = 0$$
となり, 確かに $\mathbf{c}_1$ は $\mathbf{c}_2$ に直交する. ∎

定理 12.5.11　　$W (\neq \{\,0\,\})$ を $\mathbf{C}^n$ の任意の部分空間とする. このとき, W はユニタリ直交基底を持つ. □

証明.　　定理 12.2.3 と同じように証明できる. □

12.6　直交行列とユニタリ行列

定義 12.6.1　　実数係数の n 次正方行列 A は
$$A\,{}^tA = {}^tA\,A = I_n$$
のとき, (実) **直交行列**という. □

例 12.6.2　　$A = \begin{bmatrix} \cos\theta & -\sin\theta \\ \sin\theta & \cos\theta \end{bmatrix}$ は直交行列である. ∎

定理 12.6.3　　$\mathbf{R}$ 上のベクトル空間 $\mathbf{R}^n$ の標準内積を $(\mathbf{x}, \mathbf{y}) = {}^t\mathbf{x}\mathbf{y}$ とする. 実数係数の n 次正方行列 A を列ベクトルを用いて
$$A = [\,\mathbf{a}_1,\,\cdots,\mathbf{a}_n\,]$$
と表す. このとき, つぎは同値である：

(1)　　A が直交行列である.

(2)　　$\mathbf{a}_1,\,\cdots,\mathbf{a}_n$ が $\mathbf{R}^n$ の標準内積に関して正規直交基底である.

(3)　　$(\mathbf{a}_i,\,\mathbf{a}_j) = \delta_{ij}\quad (i,\,j=1,\,\cdots,\,n)$. □

証明.　　$n=3$ の場合に証明する. $A = [\,\mathbf{a}_1,\,\mathbf{a}_2,\,\mathbf{a}_3\,]$ とすると,

$$
{}^tA\,A = \begin{bmatrix} {}^t\mathbf{a}_1 \\ {}^t\mathbf{a}_2 \\ {}^t\mathbf{a}_3 \end{bmatrix} [\,\mathbf{a}_1,\ \mathbf{a}_2,\ \mathbf{a}_3\,]
$$
$$
= \begin{bmatrix} (\mathbf{a}_1,\ \mathbf{a}_1) & (\mathbf{a}_1,\ \mathbf{a}_2) & (\mathbf{a}_1,\ \mathbf{a}_3) \\ (\mathbf{a}_2,\ \mathbf{a}_1) & (\mathbf{a}_2,\ \mathbf{a}_2) & (\mathbf{a}_2,\ \mathbf{a}_3) \\ (\mathbf{a}_3,\ \mathbf{a}_1) & (\mathbf{a}_3,\ \mathbf{a}_2) & (\mathbf{a}_3,\ \mathbf{a}_3) \end{bmatrix}. \tag{12.5}
$$

定理 2.10.2 により,$A\,{}^tA = I_3$ と ${}^tA\,A = I_3$ は同値.したがって,(12.5) から,(1) と (3) は同値.(2) と (3) が同値であることは定義より明らか.　□

定理 12.6.4　A を n 次直交行列とする.そのとき,

(1) 　$(A\mathbf{a},\ A\mathbf{b}) = (\mathbf{a},\ \mathbf{b})$ 　$(\forall \mathbf{a},\ \mathbf{b} \in \mathbf{R}^n)$.

(2) 　任意のベクトル $\mathbf{a}$ に対して,$\|A\mathbf{a}\| = \|\mathbf{a}\|$.

(3) 　任意のベクトル $\mathbf{a}, \mathbf{b}$ に対して,2 つのベクトル $\mathbf{a}, \mathbf{b}$ のなす角度と,2 つのベクトル $A\mathbf{a}, A\mathbf{b}$ のなす角度は等しい.　□

証明.　${}^tA\,A = I_n$ により,
$$
(A\mathbf{a},\ A\mathbf{b}) = {}^t\mathbf{a}\,{}^tA\,A\mathbf{b} = {}^t\mathbf{a}\mathbf{b} = (\mathbf{a},\ \mathbf{b}).
$$
したがって,(1) が証明できた.$\mathbf{a} = \mathbf{b}$ とすれば,(2) が分かる.

つぎに,$\mathbf{a}, \mathbf{b}$ のなす角度を θ とすると,
$$
\cos\theta = \frac{1}{\|\mathbf{a}\|\|\mathbf{b}\|}(\mathbf{a},\ \mathbf{b}) = \frac{1}{\|A\mathbf{a}\|\|A\mathbf{b}\|}(A\mathbf{a},\ A\mathbf{b}). \tag{12.6}
$$
(12.6) の右辺は,$A\mathbf{a}, A\mathbf{b}$ のなす角度に等しい.よって,(3) が証明できた.　□

定義 12.6.5　複素数係数の n 次正方行列 A は
$$
A\,{}^t\overline{A} = {}^t\overline{A}\,A = I_n
$$
のとき,**ユニタリ行列**という.ただし,$\overline{A}$ は A の複素共役,つまり,A のすべての成分をその複素共役に取りかえた行列を表す.　□

定理 12.6.6　$\mathbf{C}$ 上のベクトル空間 $\mathbf{C}^n$ の標準複素内積を $(\mathbf{x},\ \mathbf{y}) = {}^t\mathbf{x}\overline{\mathbf{y}}$ とする．複素数係数の n 次正方行列 A を列ベクトルを用いて

$$A = [\ \mathbf{a}_1,\ \cdots, \mathbf{a}_n\ ]$$

と表す．このとき，つぎは同値である：

(1)　A がユニタリ行列である．

(2)　$\mathbf{a}_1, \cdots, \mathbf{a}_n$ が $\mathbf{C}^n$ の標準複素内積に関してユニタリ基底である．

(3)　$(\mathbf{a}_i,\ \mathbf{a}_j) = \delta_{ij}\quad (i,\ j = 1,\ \cdots,\ n)$.

証明．　定理 12.6.3 と同じように証明できる． □

第 12 章の問題

1.　$V = \mathbf{C}^3$ として，標準内積を考える．以下の場合に，グラム・シュミットの直交化法よって正規直交基底を作れ．

(i)　$\mathbf{a}_1 = \begin{bmatrix} 1 \\ 1 \\ 2 \end{bmatrix},\quad \mathbf{a}_2 = \begin{bmatrix} -1 \\ -3 \\ 2 \end{bmatrix},\quad \mathbf{a}_3 = \begin{bmatrix} 0 \\ 2 \\ -1 \end{bmatrix}$.

(ii)　$\mathbf{a}_1 = \begin{bmatrix} 1 \\ 3 \\ 0 \end{bmatrix},\quad \mathbf{a}_2 = \begin{bmatrix} 10 \\ 0 \\ 0 \end{bmatrix},\quad \mathbf{a}_3 = \begin{bmatrix} 5 \\ 6 \\ 1 \end{bmatrix}$.

(iii)　$\mathbf{a}_1 = \begin{bmatrix} 1 \\ 1 \\ 2i \end{bmatrix},\quad \mathbf{a}_2 = \begin{bmatrix} -i \\ -3 \\ 2 \end{bmatrix},\quad \mathbf{a}_3 = \begin{bmatrix} 0 \\ 2 \\ -1+3i \end{bmatrix}$.

2. $V = \{\, f(x)\,;\, x$ の次数 2 以下の実数係数多項式 $\,\}$ とし，内積を

$$(f(x),\, g(x)) = \int_{-1}^{1} f(x)g(x)dx$$

とする．グラム・シュミットの方法によって正規直交基底を作れ．

  (i) $\mathbf{a}_1 = 2 - 3x,\, \mathbf{a}_2 = x,\, \mathbf{a}_3 = 5x^2$.

  (ii) $\mathbf{a}_1 = 1 + 2x^2,\, \mathbf{a}_2 = 3x,\, \mathbf{a}_3 = 2 - 5x$.

  (iii) $\mathbf{a}_1 = 1,\, \mathbf{a}_2 = x,\, \mathbf{a}_3 = x^2$.

3. $V = \mathbf{R}^3$ とし，その標準内積を考える．

$$\mathbf{a}_1 = \begin{bmatrix} 2 \\ -1 \\ 5 \end{bmatrix},\quad \mathbf{a}_2 = \begin{bmatrix} 1 \\ 2 \\ -1 \end{bmatrix},\quad W = \langle\, \mathbf{a}_1,\, \mathbf{a}_2\, \rangle$$

とする．そのとき $\mathbf{x} \in V$ の $W^{\perp}$ への直交射影 $P(\mathbf{x})$ を求めよ．

4. $V = \{\, ax + b\,;\, a, b \in \mathbf{R}\,\}$ とし，内積を

$$(f(x),\, g(x)) = \int_{-1}^{1} f(x)g(x)dx$$

と定める．$\mathbf{e} = x + 2$ とする．このとき $\mathbf{e}$ の直交補空間

$$W = \{\, f(x) \in V\,;\, (\mathbf{e},\, f) = 0\,\}$$

を求めよ． $ax + b \in V$ の W への直交射影を求めよ．

5. 調和振動子の擬似波動作用素

$$F(f(x)) = f''(x) - 2xf'(x) - f(x)$$

の固有ベクトル $f_0(x) = 1,\, f_1(x) = x,\, f_2(x) = 2x^2 - 1$ は，内積

$$(f,\, g) := \int_{-\infty}^{\infty} f(x)g(x)e^{-x^2} dx$$

に関して互いに直交することを証明せよ．

6. 平面上の点 $O = (0,\, 0),\, A = (2\sqrt{3},\, 2\sqrt{2})$ に対し，$\angle POA = \pi/4$，$\angle PAO = \pi/3$ となるように，第 1 象限の点 $P = (x,\, y)$ を定めよ．

第13章

行列の直交対角化とユニタリ対角化

この章では，特別な行列の対角化を考える．特別な行列とは，実対称行列，複素エルミート行列，正規行列の3種類である．

13.1 実対称行列の直交対角化

例 13.1.1 実対称行列 $A = \begin{bmatrix} 0 & 1 & -1 \\ 1 & 0 & 1 \\ -1 & 1 & 0 \end{bmatrix}$ を直交行列で対角化する．A の固有値は $1, 1, -2$，対応する固有ベクトルは，たとえば，

$$\mathbf{a}_1 = {}^t[1,\ 1,\ 0], \quad \mathbf{a}_2 = {}^t[0,\ 1,\ 1], \quad \mathbf{a}_3 = {}^t[1,\ -1,\ 1]$$

である．$Q = [\mathbf{a}_1, \mathbf{a}_2, \mathbf{a}_3]$ とすれば，$Q^{-1}AQ$ は対角行列である．これが，第6章の意味での対角化であった．しかし，この節の「直交対角化」は，固有ベクトルを正規直交基底にすることによって初めて可能となる．

$\mathbf{a}_1, \mathbf{a}_2, \mathbf{a}_3$ は $\mathbf{R}^3$ の基底である．$\mathbf{a}_1, \mathbf{a}_2, \mathbf{a}_3$ から，グラム・シュミットの方法によって正規直交基底を作る．計算を省略して，結果を述べると，

$$\mathbf{c}_1 = \frac{1}{\sqrt{2}}{}^t[1,\ 1,\ 0], \quad \mathbf{c}_2 = \frac{1}{\sqrt{6}}{}^t[-1,\ 1,\ 2], \quad \mathbf{c}_3 = \frac{1}{\sqrt{3}}{}^t[1,\ -1,\ 1]$$

となる．そこで，$P = [\mathbf{c}_1, \mathbf{c}_2, \mathbf{c}_3]$ とすれば，定理 12.6.3 により P は直交行列である．また，$\mathbf{c}_i$ は A の固有ベクトルでもあり，

$$AP = [A\mathbf{c}_1,\ A\mathbf{c}_2,\ A\mathbf{c}_3] = [\mathbf{c}_1,\ \mathbf{c}_2,\ -2\mathbf{c}_3]$$

$$
= [\mathbf{c}_1,\ \mathbf{c}_2,\ \mathbf{c}_3] \begin{bmatrix} 1 & 0 & 0 \\ 0 & 1 & 0 \\ 0 & 0 & -2 \end{bmatrix} = P \begin{bmatrix} 1 & 0 & 0 \\ 0 & 1 & 0 \\ 0 & 0 & -2 \end{bmatrix}.
$$

こうして, A は直交行列 P によって対角化される:

$$
{}^t PAP = P^{-1}AP = \begin{bmatrix} 1 & 0 & 0 \\ 0 & 1 & 0 \\ 0 & 0 & -2 \end{bmatrix}.
$$

以上が, 直交行列による対角化 (直交対角化) の意味である. ∎

定理 13.1.2 A を複素係数の n 次正方行列とし, $A^* = {}^t\overline{A}$ (A の転置行列の複素共役) とする. また, $\mathbf{x}, \mathbf{y} \in \mathbf{C}^n$ とする. このとき, 標準複素内積に関して次が成立する:

$$
(A\mathbf{x}, \mathbf{y}) = (\mathbf{x}, A^*\mathbf{y}).
$$

特に, A が実行列ならば, $(A\mathbf{x}, \mathbf{y}) = (\mathbf{x}, {}^t A\mathbf{y})$. ∎

証明. つぎの計算よりあきらか:

$$
(A\mathbf{x}, \mathbf{y}) = {}^t(A\mathbf{x})\overline{\mathbf{y}} = {}^t\mathbf{x}\, {}^t A \overline{\mathbf{y}} = {}^t\mathbf{x}\overline{({}^t\overline{A}\mathbf{y})} = {}^t\mathbf{x}\overline{(A^*\mathbf{y})} = (\mathbf{x}, A^*\mathbf{y}). \quad \square
$$

定理 13.1.3 実対称行列の固有値は実数であり, 固有ベクトルとして実ベクトルをとることができる. ∎

証明. A を n 次実対称行列とする. λ を A の固有値, $\mathbf{x} \in \mathbf{C}^n$ を固有値 λ の固有ベクトルとする. そのとき, $A = A^*$ により

$$
\lambda(\mathbf{x}, \mathbf{x}) = (\lambda\mathbf{x}, \mathbf{x}) = (A\mathbf{x}, \mathbf{x}) = (\mathbf{x}, A^*\mathbf{x})
$$
$$
= (\mathbf{x}, A\mathbf{x}) = (\mathbf{x}, \lambda\mathbf{x}) = \overline{\lambda}(\mathbf{x}, \mathbf{x}).
$$

$(\mathbf{x}, \mathbf{x}) > 0$ なので, $\lambda = \overline{\lambda}$, λ は実数である. このとき, 固有ベクトルを求める方程式は,

$$
A\mathbf{x} = \lambda\mathbf{x} \tag{13.1}
$$

だから, 係数はすべて実数の方程式である. しかも, λ は固有値だから, 定理 3.3.2 および定理 6.3.2 により, (13.1) は必ず自明でない実数の解を持つ. この解は実

固有ベクトルを与える．これで定理は証明できた．　　　　　　　　　　□

定理 13.1.4　実対称行列の相異なる固有値に対する固有ベクトルは，$\mathbf{R}^n$ の標準内積に関して直交する．　　　　　　　　　　□

証明．　A を実対称行列，A の相異なる固有値を λ, μ とする．定理 13.1.3 により，λ と μ はともに実数である．$\mathbf{x}$, $\mathbf{y}$ をそれぞれ固有値 λ と μ の固有ベクトルとする．このとき，標準複素内積を計算すると

$$\lambda(\mathbf{x}, \mathbf{y}) = (\lambda \mathbf{x}, \mathbf{y}) = (A\mathbf{x}, \mathbf{y}) = (\mathbf{x}, A^* \mathbf{y})$$
$$= (\mathbf{x}, A\mathbf{y}) = (\mathbf{x}, \mu \mathbf{y}) = \overline{\mu}(\mathbf{x}, \mathbf{y}) = \mu(\mathbf{x}, \mathbf{y}).$$

$\lambda \neq \mu$ なので，$(\mathbf{x}, \mathbf{y}) = 0$，すなわち $\mathbf{x}$, $\mathbf{y}$ は直交する．　　□

定理 13.1.5　実対称行列は実直交行列により対角化できる．すなわち A の固有値を $\lambda_1, \cdots, \lambda_n$ とすると，適当な実直交行列 P が存在して，

$$P^{-1}AP = {}^tPAP = \begin{bmatrix} \lambda_1 & & 0 \\ & \ddots & \\ 0 & & \lambda_n \end{bmatrix} \quad (対角行列)$$

となる．　　　　　　　　　　□

証明．　n に関する帰納法で証明する．A の固有値をひとつとり λ_1 とする．定理 13.1.3 により，λ_1 は実数であり，固有値 λ_1 に対する固有ベクトルとして長さ 1 の実ベクトル $\mathbf{p}_1$ を選ぶ．定理 9.6.9 により，適当なベクトルを選んで $\mathbf{p}_1, \mathbf{a}_2, \cdots, \mathbf{a}_n$ を $\mathbf{R}^n$ の基底にできる．つぎに，グラム・シュミットの直交化の方法により (定理 12.2.3)，$\mathbf{p}_1, \mathbf{a}_2, \cdots, \mathbf{a}_n$ から正規直交基底 $\mathbf{p}_1, \mathbf{p}_2, \cdots, \mathbf{p}_n$ を構成する．直交化の方法から，各 $\mathbf{p}_i$ は実ベクトルである．そこで，

$$P_1 = [\,\mathbf{p}_1, \mathbf{p}_2, \cdots, \mathbf{p}_n\,]$$

と定めると，定理 12.6.3 により，n 次正方行列 P_1 は実直交行列である．定理 11.2.1 (11.2) の証明と全く同様にして，適当な $(n-1)$ 次正方行列 B と $(n-1)$ 次元横ベクトル $\mathbf{b}$ によって

$$P_1^{-1}AP_1 = \begin{bmatrix} \lambda_1 & \mathbf{b} \\ 0 & B \end{bmatrix}$$

と表される．P_1 は実直交行列だから，$P_1^{-1} = {}^tP_1$．一方，${}^tA = A$ だから，

$${}^t({}^tP_1AP_1) = {}^tP_1\,{}^tAP_1 = {}^tP_1AP_1$$

となり，${}^tP_1AP_1$ は実対称行列である．したがって

$$\begin{bmatrix} \lambda_1 & 0 \\ {}^t\mathbf{b} & {}^tB \end{bmatrix} = \begin{bmatrix} \lambda_1 & \mathbf{b} \\ 0 & B \end{bmatrix}.$$

よって，

$$\mathbf{b} = 0, \quad {}^tB = B,$$

$$P_1^{-1}AP_1 = {}^tP_1AP_1 = \begin{bmatrix} \lambda_1 & 0 \\ 0 & B \end{bmatrix}.$$

したがって，B は $(n-1)$ 次実対称行列である．帰納法の仮定により，適当な $(n-1)$ 次実直交行列 Q_2 を選んで

$$Q_2^{-1}BQ_2 = {}^tQ_2BQ_2 = \begin{bmatrix} \lambda_2 & & 0 \\ & \ddots & \\ 0 & & \lambda_n \end{bmatrix} \quad \text{(対角行列)}$$

とできる．ここで $\lambda_2, \cdots, \lambda_n$ は B の固有値である．よって，$\lambda_1, \lambda_2, \cdots, \lambda_n$ は A の固有値である．Q_2 は $(n-1)$ 次実直交行列だから

$$P_2 = \begin{bmatrix} 1 & 0 \\ 0 & Q_2 \end{bmatrix}$$

は n 次実直交行列であり，つぎは対角行列となる：

$$P_2^{-1}(P_1^{-1}AP_1)P_2 = {}^tP_2({}^tP_1AP_1)P_2 = \begin{bmatrix} \lambda_1 & & & 0 \\ & \lambda_2 & & \\ & & \ddots & \\ 0 & & & \lambda_n \end{bmatrix}. \tag{13.2}$$

したがって，$P = P_1 P_2$ とおけば，P も n 次実直交行列であり，$P^{-1}AP = {}^tPAP$ は対角行列 (13.2) である．以上で定理は証明された．□

13.2　エルミート行列のユニタリ対角化

この節では前節の内容を，実対称行列 A の代わりにエルミート行列 H をとり，$\mathbf{R}^n$ の内積の代わりに複素内積を用いて書き直す．H を複素係数の n 次正方行列とし，$H^* = {}^t\overline{H}$ (H の転置行列の複素共役) とする．

定義 13.2.1　$H^* = H$ を満たす行列 H を**エルミート行列**という．□

例 13.2.2　実対称行列はエルミート行列である．$H = \begin{bmatrix} 1 & i \\ -i & 1 \end{bmatrix}$ はエルミート行列であるが，実対称行列ではない．■

定理 13.2.3　エルミート行列の固有値は実数である．□

証明． 定理 13.1.3 の証明をたどって証明する．H を n 次エルミート行列とする．λ を H の固有値，$\mathbf{x} \in \mathbf{C}^n$ を固有値 λ の固有ベクトルとする．このとき
$$\lambda(\mathbf{x},\ \mathbf{x}) = (\lambda \mathbf{x},\ \mathbf{x}) = (H\mathbf{x},\ \mathbf{x}) = (\mathbf{x},\ H^*\mathbf{x})$$
$$= (\mathbf{x},\ H\mathbf{x}) = (\mathbf{x},\ \lambda \mathbf{x}) = \overline{\lambda}(\mathbf{x},\ \mathbf{x}).$$
$(\mathbf{x},\ \mathbf{x}) > 0$ なので，$\lambda = \overline{\lambda}$ となる．□

定理 13.2.4　エルミート行列の相異なる固有値に対する固有ベクトルは，標準複素内積に関して互いに直交する．□

証明． H をエルミート行列，H の固有ベクトルをそれぞれ $\mathbf{x},\ \mathbf{y}$ とし，その固有値を $\lambda,\ \mu$ とする．定理 13.2.3 により，λ と μ は実数である．したがって
$$\lambda(\mathbf{x},\ \mathbf{y}) = (\lambda \mathbf{x},\ \mathbf{y}) = (H\mathbf{x},\ \mathbf{y}) = (\mathbf{x},\ H^*\mathbf{y})$$
$$= (\mathbf{x},\ H\mathbf{y}) = (\mathbf{x},\ \mu \mathbf{y}) = \overline{\mu}(\mathbf{x},\ \mathbf{y}) = \mu(\mathbf{x},\ \mathbf{y}).$$

したがって，もし $\lambda \neq \mu$ ならば，$(\mathbf{x},\ \mathbf{y}) = 0$，すなわち，2 つの固有ベクトル $\mathbf{x},\ \mathbf{y}$ は標準複素内積に関して直交する．□

定理 13.2.5　エルミート行列はユニタリ行列によって対角化できる．すなわち H の固有値を $\lambda_1, \cdots, \lambda_n$ とすると，適当なユニタリ行列 P が存在して

$$P^{-1}HP = P^*HP = \begin{bmatrix} \lambda_1 & & 0 \\ & \ddots & \\ 0 & & \lambda_n \end{bmatrix} \quad (\text{対角行列})$$

となる． □

証明．　$\mathbf{C}^n$ の標準複素内積をとり，定理 13.1.5 の証明をたどればよい．実直交行列をユニタリ行列に，実対称行列をエルミート行列に，正規直交基底をユニタリ基底に読み替えれば，それ以外はすべて同じなので，詳細は省略する． □

13.3　一般化のための準備

前節までの証明をもう一歩進めると，適用範囲のかなり広い対角化定理を証明することができる．この節では，その準備をする．

まず，線形写像の行列表示について，第 10.2 節から簡単に復習する．
V を $\mathbf{C}$ 上の n 次元ベクトル空間，$f: V \to V$ を $\mathbf{C}$ 上の線形写像とする．$v_1, \cdots, v_n$ を V の基底とし，基底 $v_1, \cdots, v_n$ に関する f の行列表示を A とする．第 10.2 節の記号で $V = W$, $\mathbf{a}_i = \mathbf{b}_i = v_i$ としていることに注意する．
$\mathbf{x} = {}^t[\,x_1, x_2, \cdots, x_n\,] \in \mathbf{C}^n$ に対して，V の要素を

$$v(\mathbf{x}) := x_1 v_1 + x_2 v_2 + \cdots + x_n v_n \tag{13.3}$$

と定める．したがって，$\mathbf{y} = {}^t[\,y_1, y_2, \cdots, y_n\,] \in \mathbf{C}^n$ に対して，

$$v(\mathbf{y}) = y_1 v_1 + y_2 v_2 + \cdots + y_n v_n \in V$$

である．A は「基底 $v_1, \cdots, v_n$ に関する f の行列表示」だから，定理 10.2.1 により

$$\text{(i)} \quad f(v(\mathbf{x})) = v(\mathbf{y}) \quad \overset{\text{同値}}{\Longleftrightarrow} \quad \text{(ii)} \quad A\mathbf{x} = \mathbf{y}. \tag{13.4}$$

定理 13.3.1　上と同じ記法 (13.3) のもとで，

(1)　ある複素数 λ に対して，$f(v(\mathbf{a})) = \lambda v(\mathbf{a})$ と $A\mathbf{a} = \lambda \mathbf{a}$ は同値である．

(2) f は固有ベクトルを持つ. □

証明. (1) を証明する. このとき, $f(v(\mathbf{x})) = v(\mathbf{y})$ と $A\mathbf{x} = \mathbf{y}$ は同値である. したがって, $\mathbf{x} = \mathbf{a}, \mathbf{y} = \lambda \mathbf{a}$ とすると, $v(\lambda \mathbf{a}) = \lambda v(\mathbf{a})$ だから,

$$f(v(\mathbf{a})) = \lambda v(\mathbf{a}) \quad \overset{\text{同値}}{\Longleftrightarrow} \quad A\mathbf{a} = \lambda \mathbf{a}.$$

したがって, (1) が証明できた. つぎに, (2) を証明する. 定理 6.3.4 により A は少なくともひとつの固有ベクトル $\mathbf{a} = {}^t[\,a_1, a_2, \cdots, a_n\,]$ を持つ. (1) により, $v(\mathbf{a}) = a_1 v_1 + \cdots + a_n v_n$ は f の固有ベクトルである. □

定理 13.3.2 A, B を n 次正方行列とする. $AB = BA$ が成り立てば A, B の共通の固有ベクトルが存在する. □

証明. A の固有値のひとつをとり, α とする. また

$$W = \{\,\mathbf{x} \in \mathbf{C}^n\,;\quad A\mathbf{x} = \alpha \mathbf{x}\,\}$$

とする. このとき, W は $\mathbf{C}^n$ の部分空間である. また, $\mathbf{x} \in W$ に対し, $B\mathbf{x} \in W$ となる. なぜならば $AB = BA$ なので

$$A(B\mathbf{x}) = B(A\mathbf{x}) = B(\alpha \mathbf{x}) = \alpha (B\mathbf{x}).$$

したがって, $B\mathbf{x} \in W$ である. $\dim W = m$ とすれば, 固有値 α の (ゼロでない) 固有ベクトルは必ず存在するから, $m \geqq 1$.

ここで, W から W への線形写像 f を $f(\mathbf{x}) = B\mathbf{x}$ で定義する. これは f を $\mathbf{C}^n$ から $\mathbf{C}^n$ への線形写像と見るのではなく, W から W への線形写像と見なしていることに注意する.

定理 13.3.1 により, f は (W の中に) 固有ベクトルを持つ. すなわち, あるベクトル $\mathbf{x}_0\,(\neq 0) \subset W$ とある複素数 $\beta \in \mathbf{C}$ があって, 次を満たす.

$$f(\mathbf{x}_0) = \beta \mathbf{x}_0, \quad \text{つまり}, \quad B\mathbf{x}_0 = \beta \mathbf{x}_0.$$

一方, もともと $\mathbf{x}_0 \in W$ なので, $A\mathbf{x}_0 = \alpha \mathbf{x}_0$. したがって, $\mathbf{x}_0$ は A と B の共通の固有ベクトルである. □

13.4 正規行列のユニタリ対角化

定義 13.4.1　H を複素係数正方行列とし，$H^* = {}^t\overline{H}$ とする．$HH^* = H^*H$ が成り立つとき，H を**正規行列**という．　□

例 13.4.2　エルミート行列は正規行列である．$H = \begin{bmatrix} 0 & 1 \\ -1 & 0 \end{bmatrix}$ は正規行列であるが，エルミート行列ではない．　■

定理 13.4.3　正規行列はユニタリ行列によって対角化できる．すなわち，正規行列 H の固有値を $\lambda_1, \cdots, \lambda_n$ とすると，適当なユニタリ行列 P により

$$P^{-1}HP = P^*HP = \begin{bmatrix} \lambda_1 & & 0 \\ & \ddots & \\ 0 & & \lambda_n \end{bmatrix} \quad \text{(対角行列)}$$

とすることができる．　□

証明．　n に関する帰納法で証明する．H を正規 n 次正方行列とする．したがって $HH^* = H^*H$．定理 13.3.2 により H と H^* の共通の固有ベクトルがある．その長さを 1 にとって $\mathbf{p}_1$ とする．したがって，適当な λ_1, α_1 に対して

$$H\mathbf{p}_1 = \lambda_1 \mathbf{p}_1, \quad H^*\mathbf{p}_1 = \alpha_1 \mathbf{p}_1$$

となる．このとき，$\mathbf{p}_1$ にベクトルを付け加えて $\mathbf{C}^n$ の基底を作り，グラム・シュミットの方法によってユニタリ基底 $\mathbf{p}_1, \mathbf{p}_2, \cdots, \mathbf{p}_n$ を構成できる (定理 12.5.11)．定理 12.6.6 により，n 次正方行列

$$P_1 = [\, \mathbf{p}_1, \mathbf{p}_2, \cdots, \mathbf{p}_n \,]$$

はユニタリ行列である．$\mathbf{p}_1$ は H と H^* の共通の固有ベクトルだから，定理 11.2.1 (11.2) の証明と全く同様にして，適当な $(n-1)$ 次正方行列 N, N' と $(n-1)$ 次元横ベクトル $\mathbf{b}, \mathbf{b}'$ によって

$$P_1^* H P_1 = P_1^{-1} H P_1 = \begin{bmatrix} \lambda_1 & \mathbf{b} \\ 0 & N \end{bmatrix}, \quad P_1^* H^* P_1 = P_1^{-1} H^* P_1 = \begin{bmatrix} \alpha_1 & \mathbf{b}' \\ 0 & N' \end{bmatrix}$$

と表される．したがって，

$$\begin{bmatrix} \overline{\lambda}_1 & 0 \\ {}^t\overline{\mathbf{b}} & N^* \end{bmatrix} = (P_1^* H P_1)^* = P_1^* H^* P_1 = \begin{bmatrix} \alpha_1 & \mathbf{b}' \\ 0 & N' \end{bmatrix}. \tag{13.5}$$

したがって，(13.5) の両辺を比較して

$$\alpha_1 = \overline{\lambda_1}, \quad \mathbf{b} = \mathbf{b}' = 0, \quad N^* = N', \quad P_1^{-1} H P_1 = \begin{bmatrix} \lambda_1 & 0 \\ 0 & N \end{bmatrix}.$$

また，P_1 はユニタリ行列だから

$$P_1^{-1} H H^* P_1 = (P_1^* H P_1)(P_1^* H^* P_1) = \begin{bmatrix} \lambda_1 \alpha_1 & 0 \\ 0 & NN^* \end{bmatrix},$$

$$P_1^{-1} H^* H P_1 = (P_1^* H^* P_1)(P_1^* H P_1) = \begin{bmatrix} \lambda_1 \alpha_1 & 0 \\ 0 & N^* N \end{bmatrix}.$$

$HH^* = H^*H$ だから，$NN^* = N^*N$. したがって，N は正規 $(n-1)$ 次正方行列である．帰納法の仮定より，適当な $(n-1)$ 次ユニタリ行列 Q_2 を選んで

$$Q_2^{-1} N Q_2 = Q_2^* N Q_2 = \begin{bmatrix} \lambda_2 & & 0 \\ & \ddots & \\ 0 & & \lambda_n \end{bmatrix} \quad (\text{対角行列})$$

とできる．したがって

$$P_2 = \begin{bmatrix} 1 & 0 \\ 0 & Q_2 \end{bmatrix}, \quad P = P_1 P_2$$

とすれば，P_2 と P はともにユニタリ行列であり，H は P により対角化される：

$$P^{-1} H P = P_2^{-1} (P_1^{-1} H P_1) P_2 = P_2^{-1} \begin{bmatrix} \lambda_1 & 0 \\ 0 & N \end{bmatrix} P_2$$

$$= \begin{bmatrix} 1 & 0 \\ 0 & Q_2^{-1} \end{bmatrix} \begin{bmatrix} \lambda_1 & 0 \\ 0 & N \end{bmatrix} \begin{bmatrix} 1 & 0 \\ 0 & Q_2 \end{bmatrix}$$

$$= \begin{bmatrix} \lambda_1 & & & 0 \\ & \lambda_2 & & \\ & & \ddots & \\ 0 & & & \lambda_n \end{bmatrix} \quad (\text{対角行列}). \qquad \square$$

注意 13.4.4 定理 13.4.3 の証明で，$P^{-1}HP$ が対角行列となるとき，$P^{-1}H^*P$ も同時に対角行列となる．

問題 13.4.5 正規行列 $H = \begin{bmatrix} 0 & 1 \\ -1 & 0 \end{bmatrix}$ をユニタリ対角化せよ． □

13.5 2 次形式

n 個の変数 $x_1, \cdots, x_n$ に関する実係数の 2 次同次式

$$f(x_1, \cdots, x_n) = \sum_{i=1}^{n} \sum_{j=1}^{n} a_{ij} x_i x_j \tag{13.6}$$

を 2 次形式という．右辺の $x_i x_j$ の係数は $a_{ij} + a_{ji}$ であるが，右辺の和を

$$a_{ij} x_i x_j + a_{ji} x_i x_j = \frac{a_{ij} + a_{ji}}{2} x_i x_j + \frac{a_{ij} + a_{ji}}{2} x_j x_i$$

とみなすことにより，$x_i x_j$ と $x_j x_i$ の係数は等しいとしてよい．したがって，以後は (13.6) において $a_{ij} = a_{ji}$ が成り立つものとし，対称行列 A を

$$A = \begin{bmatrix} a_{11} & a_{12} & \cdots & a_{1n} \\ \vdots & & & \vdots \\ a_{n1} & \cdots & \cdots & a_{nn} \end{bmatrix}$$

によって定める．このとき，$\mathbf{x} = {}^t[x_1, x_2, \cdots, x_n]$ に対して

$$f(x_1, \cdots, x_n) = {}^t\mathbf{x} A \mathbf{x} = (A\mathbf{x}, \mathbf{x}) = (\mathbf{x}, A\mathbf{x})$$

となる．ただし，$(A\mathbf{x}, \mathbf{x})$ は $A\mathbf{x}$ と $\mathbf{x}$ の標準内積を表す．

定理 13.5.1 実係数の 2 次形式 ${}^t\mathbf{x} A \mathbf{x}$ は適当な実直交行列 P と新しい変数 $\mathbf{y} = {}^t[y_1, \cdots, y_n] = P^{-1}\mathbf{x}$ により

$$ {}^t\mathbf{x} A \mathbf{x} = \lambda_1 y_1^2 + \lambda_2 y_2^2 + \cdots + \lambda_n y_n^2 \tag{13.7}$$

と表すことができる．ただし，$\lambda_1, \cdots, \lambda_n$ は A の固有値である． □

証明． 定理 13.1.5 により，n 次対称行列 A は直交行列 P によって対角化される．A の固有値を $\lambda_1, \cdots, \lambda_n$ とすれば，定理 13.1.3 により λ_i は実数で，

$$P^{-1}AP = {}^t PAP = \begin{bmatrix} \lambda_1 & & 0 \\ & \ddots & \\ 0 & & \lambda_n \end{bmatrix} \tag{13.8}$$

となる．ここで新しい変数 y_i $(i = 1, \cdots, n)$ を

$$\mathbf{x} = P\mathbf{y}, \quad \mathbf{x} = \begin{bmatrix} x_1 \\ \vdots \\ x_n \end{bmatrix}, \quad \mathbf{y} = \begin{bmatrix} y_1 \\ \vdots \\ y_n \end{bmatrix} \tag{13.9}$$

によって定義すると

$$\begin{aligned} f(x_1, \cdots, x_n) &= {}^t\mathbf{x} A \mathbf{x} = {}^t\mathbf{y}\,{}^t P A P \mathbf{y} \\ &= {}^t\mathbf{y} \begin{bmatrix} \lambda_1 & & \\ & \ddots & \\ & & \lambda_n \end{bmatrix} \mathbf{y} \\ &= \lambda_1 y_1^2 + \lambda_2 y_2^2 + \cdots + \lambda_n y_n^2 \end{aligned}$$

と表すことができる． □

ここで，適当に変数の順番を入れ替えて，

$$\lambda_i > 0 \quad (1 \leqq i \leqq p), \quad \lambda_{p+j} < 0 \quad (1 \leqq j \leqq q) \tag{13.10}$$

とすることができる．たとえば，1 と 2 を入れ替えるには，$P_{12} = \begin{bmatrix} 0 & 1 \\ 1 & 0 \end{bmatrix}$ によって，(13.8) と (13.9) のように変換すればよい．P_{12} も実直交行列だから，はじめから適当な実直交行列を選んで，(13.7) において (13.10) が成り立つものとしてよい．このとき，さらに，

$$z_i = \sqrt{\lambda_i}\, y_i \quad (1 \leqq i \leqq p), \quad z_i = \sqrt{-\lambda_i}\, y_i \quad (p+1 \leqq i \leqq p+q)$$

という変換をすれば，

定義 13.5.2 (13.7) は，つぎの形にできる：

$${}^t\mathbf{x} A \mathbf{x} = (z_1^2 + \cdots + z_p^2) - (z_{p+1}^2 + \cdots + z_{p+q}^2).$$

これを 2 次形式 $^t\mathbf{x}A\mathbf{x}$ の標準形と呼ぶ．(p, q) を 2 次形式の**指数**と呼び，$\text{sign}(A) = (p, q)$ と表す．$p + q = \text{rank}(A) = n$ となる n 変数 2 次形式を，非退化 2 次形式，指数 $(n, 0)$ の n 変数 2 次形式を，正値 2 次形式と呼ぶ． □

定理 13.5.3 （シルベスターの慣性律）実 2 次形式 $^t\mathbf{x}A\mathbf{x}$ を実正則行列 P によって，標準形 (13.11) に移すことができる：

$$^t\mathbf{x}A\mathbf{x} = {}^t\mathbf{z}\,{}^tPAP\mathbf{z} = (z_1^2 + \cdots + z_p^2) - (z_{p+1}^2 + \cdots + z_{p+q}^2) \quad (13.11)$$

ただし，$\mathbf{z} = {}^t[z_1, \cdots, z_n]$．このとき，指数 (p, q) は P の取り方によらない． □

証明． もうひとつの（実）正則行列 Q によって

$$^t\mathbf{x}A\mathbf{x} = {}^t\mathbf{w}\,{}^tQAQ\mathbf{w} = (w_1^2 + \cdots + w_s^2) - (w_{s+1}^2 + \cdots + w_{s+t}^2) \quad (13.12)$$

と変換できるものとする．このとき，$p = s, q = t$ を証明する．$\text{rank}(A) = p + q = s + t$ だから，$p = s$ を証明すればよい．そのために，$p > s$ と仮定して，矛盾を導く．$p > s$ なので，x_i の方程式

$$z_{p+1} = \cdots = z_n = w_1 = \cdots = w_s = 0 \quad (13.13)$$

は，合計 $n - p + s$ 個の方程式からなる．したがって，定理 3.3.2 により，自明でない解 $\mathbf{x} = \mathbf{a}$ を持つ．一方，(13.11), (13.12), (13.13) により

$$(z_1^2 + \cdots + z_p^2) = -(w_{s+1}^2 + \cdots + w_{s+t}^2).$$

変数はすべて実数だから，$z_1 = \cdots = z_p = w_1 = \cdots = w_{s+t} = 0$ がしたがう．よって，$z_i = 0$ $(1 \leqq i \leqq n)$ である．したがって，$\mathbf{x} = P\mathbf{z} = 0$．したがって，(13.13) の解は，$\mathbf{x} = 0$ となる．これは，(13.13) が自明でない解 $\mathbf{x} = \mathbf{a}$ を持つことに矛盾する．よって，$p = s$ が証明できた． □

一般に，(対称) 行列の固有値の計算は難しいが，2 次形式の指数は簡単に計算できる．定理 13.5.3 によって，指数は実正則行列による変換では不変である．したがって，2 次形式を変数変換で標準形に変形すれば，指数を計算できる．

例 13.5.4 つぎの 2 つの場合に指数を求める：

(i) $f_1(\mathbf{x}) = x_1^2 + 2x_1x_3 - 4x_1x_4 + 6x_2x_4 + x_2^2 + 2x_3^2 + 5x_4^2$.

(ii) $f_2(\mathbf{x}) = x_1x_3 - 2x_1x_4 + x_2x_4$.

(i) の場合，簡単な式の変形で

$$f_1(\mathbf{x}) = (x_1 + x_3 - 2x_4)^2 + (x_2 + 3x_4)^2 + x_3^2 + 4x_3x_4 - 8x_4^2$$
$$= (x_1 + x_3 - 2x_4)^2 + (x_2 + 3x_4)^2 + (x_3 + 2x_4)^2 - 12x_4^2.$$

したがって，

$$z_1 = x_1 + x_3 - 2x_4,\ z_2 = x_2 + 3x_4,\ z_3 = x_3 + 2x_4,\ z_4 = 2\sqrt{3}\,x_4.$$

という変換で (正則行列による変換であることに注意)，標準形

$$f_1(\mathbf{x}) = z_1^2 + z_2^2 + z_3^2 - z_4^2$$

となる．定理 13.5.3 より，f_1 の指数は $(3,1)$ に等しい．

つぎに，(ii) の場合に指数を計算する：まず (i) と同様の形に変えるために，

$$f_2(\mathbf{x}) = x_1(x_3 - 2x_4) + x_2x_4 = x_1 y_3 + x_2 x_4$$
$$= (z_1 + z_3)(z_1 - z_3) + (z_2 + z_4)(z_2 - z_4)$$
$$= z_1^2 - z_3^2 + z_2^2 - z_4^2.$$

とする．すなわち，つぎの変換により，標準形に変形できる：

$$x_1 = z_1 + z_3,\ x_3 - 2x_4\,(= y_3) = z_1 - z_3,\ x_2 = z_2 + z_4,\ x_4 = z_2 - z_4.$$

したがって，$f_2(\mathbf{x})$ の指数は $(2,2)$ に等しい． ∎

問題 13.5.5 つぎの 2 次形式の指数を求めよ．

(i) $g_1(\mathbf{x}) = 5x_1^2 + 2x_1x_2 + 4x_1x_4 + 6x_2x_3 - x_3^2 + x_4^2$.

(ii) $y_2(\mathbf{x}) = 3x_1^2 - x_2^2 + 2x_1x_3 + 4x_1x_4 + 2x_2x_4 + 2x_3x_4$. □

13.6　指数と 2 次曲面

この節では，2 変数と 3 変数の場合に，非退化 2 次形式 $A(\mathbf{x}) := {}^t\mathbf{x}A\mathbf{x}$ から定義されるつぎの特別な集合の形を調べる．

$$S\ :\ \ A(\mathbf{x}) = 1.$$

図形 S の正確な形は，対称行列の固有値を計算しなければ決定できないが，お

およその形は，2 次形式の指数で決定できる．その意味で，指数はある種の図形の形を決定する重要な不変量である．しかも，固有値の計算は一般に困難であるのに対し，指数の計算は，シルベスターの慣性律 (定理 13.5.3) を用いれば容易である．シルベスターの慣性律の重要性は，この点にある．

定理 13.6.1 2 変数の非退化 2 次形式 $A(\mathbf{x}) = {}^t\mathbf{x}A\mathbf{x}$ に対して，2 次曲線 $S: A(\mathbf{x}) = 1$ は，適当な直交行列 P による変換 $\mathbf{z} = P^{-1}\mathbf{x}$ で，形を保ったままつぎの標準形に移すことができる：

(1) $\quad \text{sign}(A) = (2,0)$ ならば，$\varepsilon_1 z_1^2 + \varepsilon_2 z_2^2 = 1$ (楕円)

(2) $\quad \text{sign}(A) = (1,1)$ ならば，$\varepsilon_1 z_1^2 - \varepsilon_2 z_2^2 = 1$ (双曲線)

ただし，λ_i を A の固有値とし，$\varepsilon_i = |\lambda_i|$ とする． □

証明． 直交行列による変換 $\mathbf{z} = P^{-1}\mathbf{x}$ はベクトルの長さ，角度を保つ (定理 12.6.4) ので形を変えない．定理 13.5.1 より (1)(2) は明らか．$\text{sign}(A) = (0,2)$ ならば，S は空集合である． □

$\text{rank}(A) = 2$ のときには，放物線は現れない．放物線は $\text{rank}(A) = 1$ で，さらに 1 次の項がある場合に現れる．たとえば，$z_1^2 - z_2 = c$ である．

定理 13.6.2 3 変数の非退化 2 次形式 $A(\mathbf{x}) =$ に対して，2 次曲面 $S: A(\mathbf{x}) = 1$ は，適当な直交行列 P による変換 $\mathbf{z} = P^{-1}\mathbf{x}$ で，形を保ったままつぎの標準形に移すことができる：

(1) $\quad \text{sign}(A) = (3,0)$ ならば，$\varepsilon_1 z_1^2 + \varepsilon_2 z_2^2 + \varepsilon_3 z_3^2 = 1$ （楕円面）

(2) $\quad \text{sign}(A) = (2,1)$ ならば，$\varepsilon_1 z_1^2 + \varepsilon_2 z_2^2 - \varepsilon_3 z_3^2 = 1$ （1 葉双曲面）

(3) $\quad \text{sign}(A) = (1,2)$ ならば，$\varepsilon_1 z_1^2 - \varepsilon_2 z_2^2 - \varepsilon_3 z_3^2 = 1$ （2 葉双曲面）

ただし，λ_i を A の固有値とし，$\varepsilon_i = |\lambda_i|$ とする． □

証明． 定理 12.6.4 と定理 13.5.1 より (1)(2)(3) は明らか．$\text{sign}(A) = (0,3)$ ならば，S は空集合である． □

図 13.1 に楕円面，1 葉双曲面，2 葉双曲面を図示する．

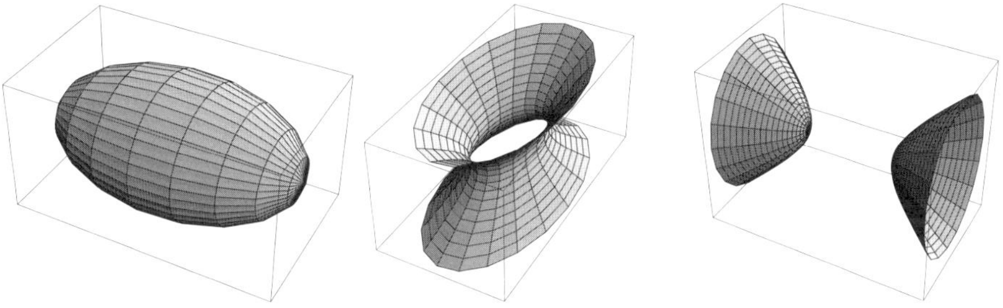

楕円面　　　　　　　1 葉双曲面　　　　　　2 葉双曲面

図 13.1　2 次曲面

第 13 章の問題

1. つぎの対称行列を直交行列によって対角化せよ．

(i) $\begin{bmatrix} 4 & 1 & 1 \\ 1 & 4 & 1 \\ 1 & 1 & 4 \end{bmatrix}$　(ii) $\begin{bmatrix} 1 & -1 & 2 \\ -1 & 1 & -2 \\ 2 & -2 & 4 \end{bmatrix}$

(iii) $\begin{bmatrix} 6 & 5 & 5 \\ 5 & 6 & 5 \\ 5 & 5 & 6 \end{bmatrix}$　(iv) $\begin{bmatrix} 5 & 2 & -2 \\ 2 & 5 & 2 \\ -2 & 2 & 5 \end{bmatrix}$

2. つぎの行列をユニタリ行列により対角化せよ．

(i) $\begin{bmatrix} 0 & i & \alpha \\ -i & 0 & \beta \\ \bar{\alpha} & \bar{\beta} & 0 \end{bmatrix}$　(ii) $\begin{bmatrix} 0 & i & 1 \\ -i & 0 & i \\ 1 & -i & 0 \end{bmatrix}$

ただし，$\alpha = \frac{1+i}{\sqrt{2}}, \beta = \frac{-1+i}{\sqrt{2}}$ を表す．

第 14 章

CT スキャンと最小 2 乗解

この章では「最小 2 乗解 CT スキャン」について解説する．この「最小 2 乗解 CT スキャン」は初期の「CT スキャン」で実際に使われた方法である．

CT スキャンは X 線を連続的に照射して，透過した X 線の透過率を測定する．こうして計測できるのは脳の各部分の X 線透過率だが，各部分の密度と X 線透過率は密接に関係する．たとえば，病変で密度が非常に低くなったところは，X 線の透過率が相対的には高くなる．また，経験的には，健康な箇所は X 線の透過率が連続的に変化することが知られている．だから，病変箇所を推定するために，透過率をできるだけ正確に求め，それをもとに人体の断面を画像化する．

そのために，きわめて多数の変数を持つ連立 1 次方程式を解く．しかし，デジタル測定ではよくあることだが，この方程式は解を持たない．この章の問題をひとことで言えば，つぎのようになる：

解のない連立 1 次方程式を解け！

14.1 透過率

CT は computer tomography(コンピュータ・トモグラフィー) の省略形で，計算機断層撮影法と訳されている．よく知られているように，X 線を連続的に照射して，人体の断面図を作成する技術である．ここで，トモグラフィーのトモは，薄片 (slice) を意味するトモス ($\tau o \mu o \sigma$ =tomos) というギリシャ語に由来する．

この技術は 1972 年イギリスの技師ハウンズフィールドによって発明された．その後，ハウンズフィールドはその発明により，物理学者コーマックとともにノー

ベル生理・医学賞を受賞した．その数学的原理は，それより以前からすでにラドンの反転公式として知られていたが，ハウンズフィールドはそれを知らずに，実用的な CT スキャンを作成する．現在の医療用機械は，ラドンの反転公式の改良形を利用した「フィルター付逆投影法」というものが用いられているが，最初に実用化されたハウンズフィールドの方法は，線形代数を用いる．この章ではその原理を説明する．

　CT スキャンは人体の横断面の撮影や，歯形の検査にも使うが，ここではもっとも一般的な大脳の CT スキャンを考える．CT スキャンでは，ふつう人間の頭の水平方向の断面を撮影する．

　人間の頭を仮に半径 10 cm の円としよう．そうすると，その面積は

$$3.14 \times 10^2 = 314 \text{ cm}^2$$

となる．もしこの大脳の断面を 1mm 四方の 断片に分けるとすると

$$314 \times 100 = 31400 \text{ 個}.$$

約 3 万個の小片（ピクセルという，これは picture cell の短縮による造語）に分かれる．水平面上のある方向から X 線を照射すると何が起きるだろうか？

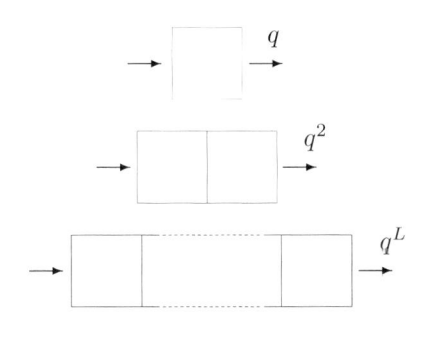

図 14.1　透過率

　X 線は，いくつかの ピクセルを透過してそのつど減衰し，最後は反対側の測定地点に到達する．ひとつのピクセルは，X 線の通り道にそって，小さな同じ性質を持つ細胞が列を成して並んでいるものとしよう．ひとつの細胞単位を透過すると，X 線は q 倍されるものとする．そうすると，L 個の細胞を透過すれば，q^L

倍される．適当に単位を選んでおけば，個数 L は X 線がそのピクセルを透過する道の長さにほかならない．この q をそのピクセルの透過率と呼ぶ．

用いる X 線は一定の強度 I を持つものとし，各ピクセルに番号をつけて c_j とする．また，各ピクセルの X 線の透過率を q_j，ピクセル c_j の中で X 線 l_i が透過する部分の長さを L_{ij} とすると，X 線はピクセル c_j を透過後

$$(q_j)^{L_{ij}} 倍される． \quad (これが透過率の定義)$$

i 番目の X 線が透過したピクセルの集合を N_i とすると，大脳を透過した X 線は反対側で

$$I \prod_{j \in N_i} (q_j)^{L_{ij}} := I と (q_j)^{L_{ij}} の積 (ただし，すべての j \in N_i を動く)$$

となる．したがって，i 番目の X 線の大脳透過後の測定値を I_i とすると，等式

$$I_i = I \prod_{j \in N_i} (q_j)^{L_{ij}}$$

が成り立つ．この両辺の自然対数 $\log$ (底 e は省略) をとると，

$$\log I_i = \log I + \sum_{j \in N_i} L_{ij} \log q_j$$

X 線が人体を透過すれば，減衰するので $0 < q_j < 1$ となる．したがって，新しい記号を導入して

$$x_j = -\log q_j, \quad s_i = \log(I/I_i),$$

$$a_{ij} = \begin{cases} L_{ij} & (j \in N_i) \\ 0 & (j \notin N_i) \end{cases}$$

とすれば，この方程式は

$$\begin{aligned} a_{11}x_1 + a_{12}x_2 + \cdots + a_{1n}x_n &= s_1, \\ a_{21}x_1 + a_{22}x_2 + \cdots + a_{2n}x_n &= s_2, \\ &\cdots\cdots\cdots \\ a_{m1}x_1 + a_{m2}x_2 + \cdots + a_{mn}x_n &= s_m \end{aligned} \quad (14.1)$$

となる．x_j を求めたい．したがって，これは典型的な線形代数の問題である．

14.2 単純なモデル

ここで,もっとも単純な場合を考える.大脳の断面は正方形であると仮定して,その断面を 図 14.2 のように合計 4 個のピクセルに分割し,以下のように,X 線をいくつかの角度から照射した場合を考える.図の太い枠で囲まれた正方形 4 個がそれぞれピクセルである.図の中心を原点 O として,第 1 象限から第 4 象限を順にピクセル c_1, c_2, c_3, c_4 とする.

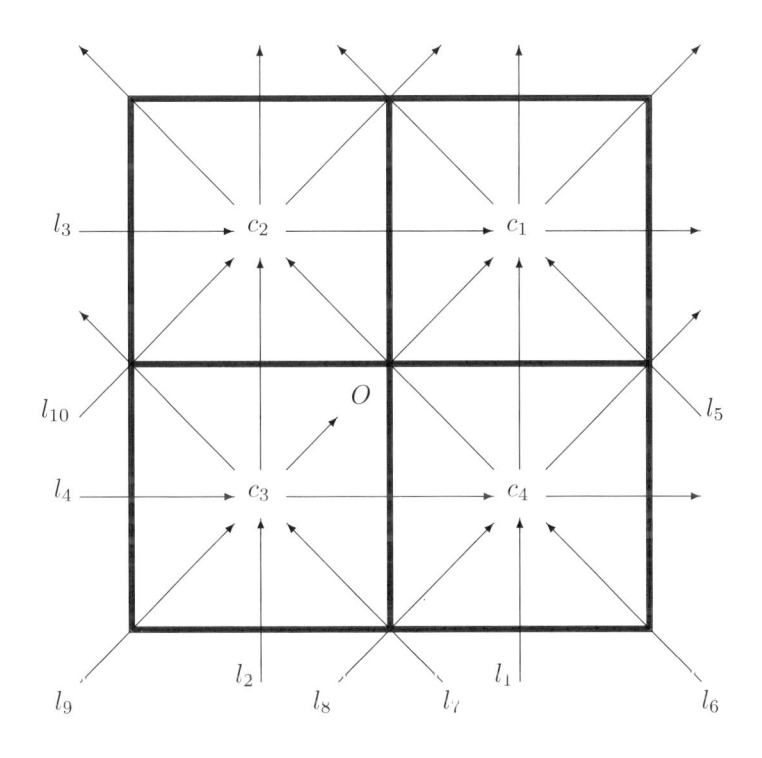

図 14.2 4 個のピクセルと X 線の照射方向

X 線としては,図 14.2 の $l_1, \cdots, l_{10}$ をとる.X 線の進む方向を矢印で示した.照射された X 線は,たとえば,l_1 は c_4 から c_1 を貫通し,l_2 は c_3 から c_2 を貫通し,l_9 は c_3 から c_1 を貫通する.

同じ強度 I の X 線を l_i に沿って照射し,それぞれ I_i という測定値を得たと

する．各ピクセル c_j の X 線透過率を q_j, $x_j = -\log q_j$, また $s_i = \log(I/I_i)$ とする．透過率は $0 < q_j < 1$ だから $x_j > 0$ となる．

今の場合は照射角度が特別で，各ピクセルを通過する X 線の長さは，1 または $\sqrt{2}$ になる．したがって，(各ピクセルの X 線透過率は一様だという仮定のもとで) この X 線照射によって，つぎの 10 個の連立方程式が得られる．つぎの表 (X 線の方程式と透過率の方程式) では，左に X 線の方程式と，右にその X 線によって得られる透過率の方程式を記した．

X 線の方程式と透過率の方程式

	X 線の方程式	透過率の方程式
l_1 :	$x = 0.5,$	$x_1 + x_4 = s_1$
l_2 :	$x = -0.5,$	$x_2 + x_3 = s_2$
l_3 :	$y = 0.5,$	$x_1 + x_2 = s_3$
l_4 :	$y = -0.5,$	$x_3 + x_4 = s_4$
l_5 :	$x + y = 1,$	$\sqrt{2}x_1 = s_5$
l_6 :	$x + y = 0,$	$\sqrt{2}x_2 + \sqrt{2}x_4 = s_6$
l_7 :	$x + y = -1,$	$\sqrt{2}x_3 = s_7$
l_8 :	$x - y = 1,$	$\sqrt{2}x_4 = s_8$
l_9 :	$x - y = 0,$	$\sqrt{2}x_1 + \sqrt{2}x_3 = s_9$
l_{10} :	$x - y = -1,$	$\sqrt{2}x_2 = s_{10}$

もし X 線を l_4, l_5, l_6, l_7 の 4 本だけに限定すれば，答はひと通りで

$$x_1 = \frac{1}{\sqrt{2}}s_5, \quad x_2 = \frac{1}{\sqrt{2}}s_6 - s_4 + \frac{1}{\sqrt{2}}s_7,$$
$$x_3 = \frac{1}{\sqrt{2}}s_7, \quad x_4 = s_4 - \frac{1}{\sqrt{2}}s_7 \tag{14.2}$$

となる．10 個の連立方程式が解を持つには，(14.2) の解が，残る 6 個の方程式 l_1, $l_2, l_3, l_8, l_9, l_{10}$ も満たなければならない．したがって l_1 については，たとえば

$$s_1 = x_1 + x_4 = \frac{1}{\sqrt{2}}s_5 + s_4 - \frac{1}{\sqrt{2}}s_7 \tag{14.3}$$

が成立しなければならない．

　右辺のデータ s_i は，正確に測定できたとしても，数桁で切らざるを得ないからデジタルなものになる．たとえば，計算では $\sqrt{2} = 1.414$ などとしなければならない．だから，上の関係式 (14.3) は，一般には成り立たない．したがって，この方程式系は一般には解を持たないのだが，にもかかわらず，応用上は「解と呼ぶのにふさわしいもの」を求めたい．

　だから，問題は次のように言うことができる：

解のない連立 1 次方程式を解け！

　身長や体重の測定で平均値をとる場合には，測定回数を増やした方が精度のよい値を求めることができる．それと同じ理由で，X 線の測定回数を増やしたほうが（人体への影響を別にすれば）精度のよい検査ができるはずである．しかし，そうするとデジタルデータが増えて，方程式はますます解を持ちにくくなる．

　第 2 章では，このような場合は「解がない」として扱ってきた．それはそれで正しい．しかし，身長や体重の測定では，連立方程式などは考えずに平均値をとるのが普通である．一般の連立方程式にもこれに相当するものがある．それがこれから説明する「最小 2 乗解」である．平均値は，第 14.5 節で説明するように，変数がひとつの場合の「最小 2 乗解」にほかならない．

　本章でのちに証明するが，どんな線形方程式も「最小 2 乗解」を持つ (定理 14.3.3)．「最小 2 乗解」は，一般には多数存在するが，「最小 2 乗解 CT スキャン」の場合には，理論的には，照射方向を適当に選んで「ただひとつの最小 2 乗解を持つ」ように，設定可能である (定理 14.4.3)．

　このただひとつの「最小 2 乗解」を求めればよい．しかし，問題はまだ終わっていない．コンピューターは万能ではない．複雑な連立 1 次方程式をいつでも迅速に解けるわけではない．そこで，このただひとつの「最小 2 乗解」の近似解を，短時間で計算する方法を工夫する必要がある．近似解の迅速な計算方法は第 14.7 節で説明する．

14.3 最小2乗解

解きたいのは，つぎの方程式である：

$$\begin{aligned} a_{11}x_1 + a_{12}x_2 + \cdots + a_{1n}x_n &= s_1, \\ a_{21}x_1 + a_{22}x_2 + \cdots + a_{2n}x_n &= s_2, \\ &\cdots\cdots\cdots \\ a_{m1}x_1 + a_{m2}x_2 + \cdots + a_{mn}x_n &= s_m. \end{aligned} \quad (14.4)$$

CT スキャンの場合には，この m, n は，m は 90 万，n は 3 万程度である．

以下では問題の本質を説明するために，一番簡単な場合，$m=2, n=2$ の場合をまず考えてみる．具体的な連立方程式：

$$\begin{cases} x + 3y = s_1, \\ 2x + y = s_2. \end{cases} \quad (14.5)$$

これは簡単に解ける．計算すればすぐ分かるように，

$$x = \frac{1}{5}(-s_1 + 3s_2),\ y = \frac{1}{5}(2s_1 - s_2)$$

がその解である．普通はこうなるが

$$\begin{cases} x + 3y = 3, \\ 2x + 6y = 5 \end{cases} \quad (14.6)$$

だと，2つの方程式は矛盾して解がない．CT スキャンの場合にはこれが起きる．

方程式 (14.6) のようなものに出会ったらどうしたらよいだろう？

次のように考えてみる．記号を改めて，今度は

$$A = \begin{bmatrix} 1 & 3 \\ 2 & 6 \end{bmatrix},\ \mathbf{x} = \begin{bmatrix} x \\ y \end{bmatrix},\ \mathbf{s} = \begin{bmatrix} 3 \\ 5 \end{bmatrix}$$

とする．方程式 (14.6) は

$$A\mathbf{x} = \mathbf{s} \quad (14.7)$$

となる．$\mathbf{x}$ が (14.7) の解であれば，ベクトルの差 $A\mathbf{x} - \mathbf{s}$ がゼロベクトルにな

る．(14.7) に解がない場合には，どんな $\mathbf{x}$ に対しても $A\mathbf{x}-\mathbf{s}$ はゼロベクトルにはならない．そこで，解がない場合には，解の代わりに，「この差が一番小さくなる $\mathbf{x}$」を考えることにしよう．つまり，「これが真の解にもっとも近い」と考えてみることにしよう．そこで，次の問題を考えることにする：

問題 14.3.1 差 $A\mathbf{x}-\mathbf{s}$ が"一番小さくなる"のはいつか？

この問題を考えるためには，ベクトルが"一番小さくなる"とは何か，その意味を明確にしなければならない．それには，$\mathbf{R}^m$ の標準内積が役に立つ：

$$(\mathbf{a},\mathbf{b}) = a_1b_1 + a_2b_2 + \cdots + a_mb_m.$$

ただし，$\mathbf{a} = {}^t[a_1,\cdots,a_m], \mathbf{b} = {}^t[b_1,\cdots,b_m]$ とする．また，ノルムは $\|\mathbf{a}\| = \sqrt{(\mathbf{a},\mathbf{a})}$ で与えられる．標準内積やノルムについては，第 12 章を参照のこと．

定義 14.3.2 すべての $\mathbf{x}\in\mathbf{R}^n$ の中で $\|A\mathbf{x}-\mathbf{s}\|$ を最小にする $\mathbf{x}$ を方程式

$$A\mathbf{x} = \mathbf{s} \tag{14.8}$$

の**最小 2 乗解**と呼ぶ． □

つぎの定理はこの節と次の第 14.4 節で証明する．

定理 14.3.3 A を $m\times n$ 実数行列とする．このとき

(1) 方程式 (14.8) は，任意の $\mathbf{s}\in\mathbf{R}^m$ に対して最小 2 乗解を持つ．

(2) さらに，$m\geqq n$, $\mathrm{rank}(A)=n$ ならば，方程式 (14.8) はただひとつの最小 2 乗解を持つ． □

この節では最初に次の定理を証明する．

定理 14.3.4 A を $m\times n$ 実数行列とする．以下の条件は同値である：

(1) $\mathbf{x}$ は 方程式 $A\mathbf{x}=\mathbf{s}$ の最小 2 乗解である．

(2)   任意の $\mathbf{z}\in\mathbf{R}^n$ に対して，$(A\mathbf{z}, A\mathbf{x}-\mathbf{s}) = 0$.

(3) ${}^tAA\mathbf{x} - {}^tA\mathbf{s} = 0$. □

証明. (1) から (2) を証明する．x が (14.8) の最小 2 乗解であると仮定する．任意のベクトル z をとって，$g(t) := ||A(\mathbf{x}+t\mathbf{z}) - \mathbf{s}||^2$ を計算してみよう．計算を簡単にするために，$\mathbf{y} = A\mathbf{x} - \mathbf{s}$, $\mathbf{w} = A\mathbf{z}$ とすると

$$g(t) = ||A(\mathbf{x}+t\,\mathbf{z}) - \mathbf{s}||^2 = ||(A\mathbf{x} - \mathbf{s}) + t\,A\mathbf{z}||^2$$
$$= ||\mathbf{y} + t\,\mathbf{w}||^2 = (\mathbf{y} + t\,\mathbf{w},\ \mathbf{y} + t\,\mathbf{w})$$
$$= (\mathbf{y},\ \mathbf{y}) + 2t\,(\mathbf{w},\ \mathbf{y}) + t^2\,(\mathbf{w},\ \mathbf{w}).$$

x が (14.8) の最小 2 乗解だから，関数 $g(t)$ は $t = 0$ で最小値をとる．したがって，$0 = g'(0) = 2(\mathbf{w},\ \mathbf{y}) = 0$ となる．つまり，x が最小 2 乗解ならば，任意のベクトル $\mathbf{z} \in \mathbf{R}^n$ に対して，つぎの等式が成立する．

$$(A\mathbf{z},\ A\mathbf{x} - \mathbf{s}) = 0. \tag{14.9}$$

これで，(1) から (2) を証明できた．つぎに，(2) から (1) を証明する．u を任意のベクトルとして，$\mathbf{z} = \mathbf{u} - \mathbf{x}$, $\mathbf{y} = A\mathbf{x} - \mathbf{s}$ とすれば，(14.9) によって，$(A\mathbf{z},\ \mathbf{y}) = 0$ が成り立つ．したがって，

$$||A\mathbf{u} - \mathbf{s}||^2 = ||A\mathbf{z} + A\mathbf{x} - \mathbf{s}||^2 = ||A\mathbf{z} + \mathbf{y}||^2$$
$$= (A\mathbf{z},\ A\mathbf{z}) + 2(A\mathbf{z},\ \mathbf{y}) + (\mathbf{y},\ \mathbf{y})$$
$$= ||A\mathbf{z}||^2 + ||\mathbf{y}||^2 \geq ||\mathbf{y}||^2 = ||A\mathbf{x} - \mathbf{s}||^2$$

が分かる．こうして，x は (14.8) の最小 2 乗解であることが示された．これで (2) から (1) が証明された．ところで，つぎの等式に注意する．

$$(A\mathbf{z},\ A\mathbf{x} - \mathbf{s}) = {}^t(A\mathbf{z})(A\mathbf{x} - \mathbf{s}) = {}^t\mathbf{z}\,{}^tA(A\mathbf{x} - \mathbf{s})$$
$$= (\mathbf{z},\ {}^tA(A\mathbf{x} - \mathbf{s})). \tag{14.10}$$

これより (3) から (2) が従う．最後に，(2) から (3) を証明する．(2) を仮定すると，(14.10) により，任意の $\mathbf{z} \in \mathbf{R}^n$ に対して $(\mathbf{z},\ {}^tA(A\mathbf{x} - \mathbf{s})) = 0$. したがって，$\mathbf{z} = {}^tA(A\mathbf{x} - \mathbf{s})$ ととれば，

$$({}^tA(A\mathbf{x} - \mathbf{s}),\ {}^tA(A\mathbf{x} - \mathbf{s})) = 0.$$

ノルムの性質 (定義 12.1.1 (iv)) により，${}^tA(A\mathbf{x} - \mathbf{s}) = 0$ が分かる．これで (2) と (3) が同値であることが証明できた．以上で，定理 14.3.4 の証明が終わった．□

系 14.3.5 正方行列 ${}^tAA$ が正則ならば，最小 2 乗解はただひとつ定まる． □

証明． 定理 14.3.4 (3) と定理 4.7.1 よりしたがう． □

14.4 最小 2 乗解の存在と「一意性」

この節では，最小 2 乗解はいつも存在することを証明する．

定理 14.4.1 A が実数行列ならば，$\mathrm{rank}({}^tAA) = \mathrm{rank}(A)$． □

証明． A を $m \times n$ 実数行列とし，以下のように 2 つのベクトル空間を定める：
$$V = \{\, \mathbf{x} \in \mathbf{R}^n\,;\quad A\mathbf{x} = 0 \,\},$$
$$W = \{\, \mathbf{x} \in \mathbf{R}^n\,;\quad {}^tAA\mathbf{x} = 0 \,\}.$$

このとき，$V = W$ を証明する．$A\mathbf{x} = 0$ ならば ${}^tAA\mathbf{x} = {}^tA(A\mathbf{x}) = 0$ だから，$V \subset W$ である．次に $W \subset V$ を証明する．$\mathbf{x} \in W$ とする．したがって，${}^tAA\mathbf{x} = 0$．任意の $\mathbf{z} \in \mathbf{R}^n$ に対して
$$(A\mathbf{z}, A\mathbf{x}) = {}^t(A\mathbf{z})(A\mathbf{x}) = (\mathbf{z}, {}^tAA\mathbf{x}) = 0,$$
したがって，特に $\mathbf{z} = \mathbf{x}$ とすると，$\|A\mathbf{x}\|^2 = (A\mathbf{x}, A\mathbf{x}) = 0$．したがって，$A\mathbf{x} = 0$ となる．これより $\mathbf{x} \in V$．したがって，$W \subset V$ が証明できた．$V \subset W$ と合わせれば，$V = W$ となる．したがって
$$\dim_{\mathbf{R}} V = \dim_{\mathbf{R}} W.$$

一方，定理 9.5.8 により，
$$\dim_{\mathbf{R}} V = n - \mathrm{rank}(A), \quad \dim_{\mathbf{R}} W = n - \mathrm{rank}({}^tAA).$$

したがって，$\mathrm{rank}(A) = \mathrm{rank}({}^tAA)$． □

系 14.4.2 A を $m \times n$ 実数行列で，$m \geqq n$ とする．もし $\mathrm{rank}(A) = n$ ならば，行列 ${}^tAA$ は正則である．

証明． ${}^tAA$ は仮定より $n \times n$ 行列である．定理 14.4.1 と仮定により $\mathrm{rank}({}^tAA) = \mathrm{rank}(A) = n$．よって，定理 4.6.6 により ${}^tAA$ は正則である． □

定理 14.4.3　A が $m \times n$ 実数行列ならば，$\mathbf{x}$ の方程式
$$\,^tAA\mathbf{x} = \,^tA\mathbf{s}, \tag{14.11}$$
は，任意の $\mathbf{s} \in \mathbf{R}^m$ に対して解を持つ．さらに，$m \geqq n$，$\mathrm{rank}(A) = n$ ならば，方程式 (14.11) はただひとつの解を持つ．　□

証明．　$\mathbf{R}^n$ の部分空間 U, U' を以下のように定義する：
$$U = \{\ \,^tA\mathbf{s}\,;\quad \mathbf{s} \in \mathbf{R}^m\ \},$$
$$U' = \{\ \,^tAA\mathbf{x}\,;\quad \mathbf{x} \in \mathbf{R}^n\ \}.$$

このとき $U = U'$ を証明する．まず $U' \subset U$ を証明する．$\mathbf{x} \in \mathbf{R}^n$ ならば $A\mathbf{x} \in \mathbf{R}^m$，よって，$(\,^tAA)(\mathbf{x}) = \,^tA(A\mathbf{x}) \in U$．したがって，$U' \subset U$ である．つぎに $\dim_{\mathbf{R}} U = \dim_{\mathbf{R}} U'$ を証明する．定理 9.5.12 により
$$\dim_{\mathbf{R}} U = \mathrm{rank}(\,^tA),\quad \dim_{\mathbf{R}} U' = \mathrm{rank}(\,^tAA).$$

定理 14.4.1 により，$\mathrm{rank}(\,^tAA) = \mathrm{rank}(A) = \mathrm{rank}(\,^tA)$ だから
$$\dim_{\mathbf{R}} U = \dim_{\mathbf{R}} U'.$$

したがって，定理 9.6.10 により，$U = U'$．したがって，任意の U の要素は U' の要素である．つまり，任意の $\mathbf{s} \in \mathbf{R}^m$ に対して，$\,^tA\mathbf{s}$ は U' の要素だから，ある $\mathbf{x}_0 \in \mathbf{R}^n$ によって $\,^tA\mathbf{s} = \,^tAA\mathbf{x}_0$ と表される．したがって，$\mathbf{x}_0$ は方程式 (14.11) の解である．さらに，$m \geqq n$，$\mathrm{rank}(A) = n$ ならば，系 14.4.2 により，$\,^tAA$ は正則行列，したがって，方程式 (14.11) はただひとつの解を持つ．これで定理は証明された．　□

定理 14.4.3 と定理 14.3.4 (3) を合わせて，目標の定理 14.3.3 が得られた．

14.5　平均値と最小 2 乗解

この節では，変数が 1 個の場合に，最小 2 乗解はどうなるかを見ておこう．身長を測定するものとしよう．測定方法や時間帯によって身長自身が変化するので，一定の値が出てくるとは限らない．

そうすると，測定結果は

$$x = s_1,$$
$$x = s_2,$$
$$\vdots$$
$$x = s_m$$

となるから，行列 A と測定値ベクトル $\mathbf{s}$ は

$$A = \begin{bmatrix} 1 \\ 1 \\ \vdots \\ 1 \end{bmatrix}, \quad \mathbf{s} = \begin{bmatrix} s_1 \\ s_2 \\ \vdots \\ s_m \end{bmatrix}$$

となる．最小 2 乗解は，条件

$$0 = (A\mathbf{z}, A\mathbf{x} - \mathbf{s}) = z(x - s_1) + z(x - s_2) + \cdots + z(x - s_m)$$
$$= z(mx - (s_1 + s_2 + \cdots + s_m)) \quad (\forall z)$$

で定まる．あるいは，元来の条件に戻って，

$$(x - s_1)^2 + (x - s_2)^2 + \cdots + (x - s_{m-1})^2 + (x - s_m)^2$$

を最小にする x が，最小 2 乗解である．したがって，最小 2 乗解は

$$x = \frac{1}{m}(s_1 + s_2 + \cdots + s_{m-1} + s_m)$$

で与えられる．整理すると，

変数が 1 個の場合，最小 2 乗解は平均値にほかならない．

14.6 最小 2 乗解と重み付き平均

最小 2 乗解は一般にはただひとつではない．存在はするが，たくさん存在する可能性もある．この節ではそれを例で説明する．

例 14.6.1   方程式 (14.6) の最小 2 乗解を求める．定理 14.3.4 によれば，$\mathbf{x}$ が最小 2 乗解であるための必要十分条件は (14.9) で与えられる：

$$(A\mathbf{z}, A\mathbf{x} - \mathbf{s}) = 0.$$

$\mathbf{z} = {}^t[z, w]$, $\mathbf{x} = {}^t[x, y]$ として，具体的に書き下してみる：

$$A\mathbf{z} = \begin{bmatrix} 1 & 3 \\ 2 & 6 \end{bmatrix} \begin{bmatrix} z \\ w \end{bmatrix} = \begin{bmatrix} z + 3w \\ 2z + 6w \end{bmatrix},$$

$$A\mathbf{x} - \mathbf{s} = \begin{bmatrix} x + 3y - 3 \\ 2x + 6y - 5 \end{bmatrix},$$

$$(A\mathbf{z}, A\mathbf{x} - \mathbf{s}) = (z + 3w)(5x + 15y - 13).$$

以上の計算から，(14.6) に対する最小 2 乗解は，

$$5x + 15y - 13 = 0$$

を満たす．定理 14.3.4 によれば，これが $\mathbf{x}$ が最小 2 乗解であるための必要十分条件である．したがって，最小 2 乗解はただひとつではない． ∎

この場合，方程式を修正して，最小 2 乗解をただひとつにする方法がある．CT スキャンの場合に当てはめてみると，行列 A は X 線の照射方向で決まるから，最小 2 乗解をひとつにするには，X 線の照射方向を少しずらせばよいだけである．たとえば，次のようにすると最小 2 乗解がただひとつ定まる：

$$\begin{aligned} x + 3y &= s_1, \\ 2x + 6y &= s_2, \\ 2x + y &= s_3. \end{aligned} \qquad (14.12)$$

第 3 の方程式は，X 線の照射角度を適当に選んで，あらたに測定値をもうひとつ加えた，と考えればよい．

例 14.6.2   方程式 (14.12) の最小 2 乗解を求める．方程式 (14.12) では

$$A = \begin{bmatrix} 1 & 3 \\ 2 & 6 \\ 2 & 1 \end{bmatrix}$$

である．したがって，
$$ {}^tA = \begin{bmatrix} 1 & 2 & 2 \\ 3 & 6 & 1 \end{bmatrix}, \quad {}^tAA = \begin{bmatrix} 9 & 17 \\ 17 & 46 \end{bmatrix}, $$
$$ {}^tA\mathbf{s} = \begin{bmatrix} s_1 + 2s_2 + 2s_3 \\ 3s_1 + 6s_2 + s_3 \end{bmatrix} $$
である．したがって，定理 14.3.4 (3) の方程式は
$$ \begin{aligned} 9x + 17y &= s_1 + 2s_2 + 2s_3, \\ 17x + 46y &= 3s_1 + 6s_2 + s_3 \end{aligned} \tag{14.13} $$
となる．行列
$$ {}^tAA = \begin{bmatrix} 9 & 17 \\ 17 & 46 \end{bmatrix} $$
は正則なので，(14.13) は必ず普通の意味でただひとつの解
$$ (x_{\mathrm{III}}, y_{\mathrm{III}}) = (-\frac{1}{25}(s_1 + 2s_2) + \frac{3}{5}s_3, \frac{2}{25}(s_1 + 2s_2) - \frac{1}{5}s_3) $$
となる．これが (14.12) の最小 2 乗解である．

(14.12) の中の 1 番目と 3 番目，2 番目と 3 番目を用いても解は得られるが，最小 2 乗解はそれらの解の重み付き平均に等しい．以下，それを計算で確かめてみよう．
$$ \begin{cases} x + 3y = s_1, \\ 2x + y = s_3 \end{cases} \tag{14.14} $$
の解は
$$ (x_{\mathrm{I}}, y_{\mathrm{I}}) = (-\frac{1}{5}s_1 + \frac{3}{5}s_3, \frac{2}{5}s_1 - \frac{1}{5}s_3), $$
$$ \begin{cases} 2x + 6y = s_2, \\ 2x + y = s_3 \end{cases} \tag{14.15} $$
の解は

$$(x_{\text{II}}, y_{\text{II}}) = (-\frac{1}{10}s_2 + \frac{3}{5}s_3, \frac{1}{5}s_2 - \frac{1}{5}s_3)$$

となる．したがって，方程式 (14.13) の解 $(x_{\text{III}}, y_{\text{III}})$ は

$$(x_{\text{III}}, y_{\text{III}}) = \frac{1}{5}(x_{\text{I}}, y_{\text{I}}) + \frac{4}{5}(x_{\text{II}}, y_{\text{II}})$$

となる．したがって，$(x_{\text{III}}, y_{\text{III}})$ は，2 つの解 $(x_{\text{I}}, y_{\text{I}})$, $(x_{\text{II}}, y_{\text{II}})$ の重みつき平均である．また，$s_2 = 2s_1$ の場合には，すべての解は一致する． ∎

以上をまとめると，

> 測定回数を増やして，最小 2 乗解を計算するということは，
> 測定値の一種の平均値をとることである．

ピクセルの個数を N，測定回数を M として最小 2 乗解を計算すると，それは，だいたい $\frac{M}{N}$ 回の平均値をとることに相当する．したがって，ピクセルの個数にくらべて測定回数が大きくなれば，測定の精度が上がると考えてよいだろう．

問題 14.6.3 方程式 $A\mathbf{x} = \mathbf{s}$ の最小 2 乗解を求めよ．ただし，

$$A = \begin{bmatrix} 1 & 0 & 1 \\ 0 & 1 & 1 \\ -1 & 1 & 1 \\ 0 & 1 & 0 \end{bmatrix}, \quad \mathbf{s} = \begin{bmatrix} 2 \\ 0 \\ 0 \\ 7 \end{bmatrix}.$$

14.7 直交射影と近似解の構成法

この節では最小 2 乗解の方程式 (14.11) が，ただひとつの解を持つものと仮定する．コンピューターを用いて，迅速に最小 2 乗解の近似値を求めたい．CT スキャンの方程式では，変数の個数が 3 万個から 10 万個である．こういう場合には，コンピューターが基本変形を繰り返して迅速に解を求めるのは難しい．実は，もっと効率的な方法がある．それがこれから説明する ART と呼ばれる方法であるが，その原理は驚くほど単純である．

ART とは，algebraic reconstruction technique, 翻訳すれば「代数的再構成法」となるが，その内容を正確に表現すれば，「方程式 (14.8) の近似解の直交射影による構成法」となる．

ここでは ART の原理を説明するために，つぎの簡単な場合を考える．

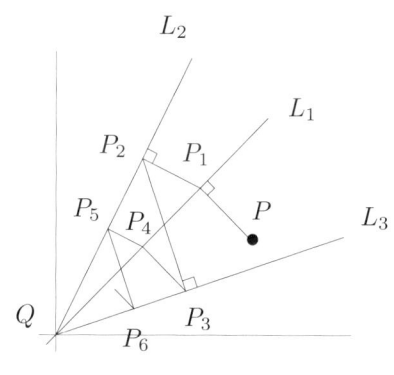

図 14.3 直交射影

方程式

$$\begin{aligned} a_1 x + b_1 y &= t_1, \\ a_2 x + b_2 y &= t_2, \\ a_3 x + b_3 y &= t_3 \end{aligned} \tag{14.16}$$

は，ただひとつの解を持つものと仮定する．言い換えれば，3 直線

$$L_i \ : \ a_i x + b_i y = t_i \quad (i = 1, 2, 3)$$

は，ただひとつの共通点 Q を持つものと仮定する．ただし，L_1, L_2, L_3 はどれも違う直線で，簡単のために，図 14.3 のように並んでいるものとする．

平面上の勝手な点 P をとって，そこから直線 L_1 に垂線を下ろす．その垂線の足 P_1 から，今度は L_2 に垂線を下ろす．その垂線の足 P_2 から L_3 に垂線を下ろす．その垂線の足 P_3 から L_1 に垂線を下ろす．… この操作を繰り返すことにする．すると，線分の長さ $\overline{P_3 Q}$, $\overline{P_6 Q}$, $\overline{P_9 Q}$, $\overline{P_{12} Q}$ は等比数列となり，0 に収束する．したがって，この方法で必ず交点 Q に収束する点列を構成できる．そして，

これが方程式 (14.16) の近似解を与える．

最後に，n 次元空間 $\mathbf{R}^n$ の点 $\mathbf{z}$ から超平面へ垂線を下ろしたとき，その垂線の足 (つまり，垂線と超平面の交点) の公式を求めてこの章を終える．

超平面というのは，たとえば，$\mathbf{R}^2$ で言えば，$a_1 x + b_1 y = t_1$ のことである．n がもっと大きいときは，

$$a_1 x_1 + a_2 x_2 + \cdots + a_n x_n = b$$

という式で表される，$\mathbf{R}^n$ の部分集合のことである．内積の記号を用いると，

$$H \; : \; (\mathbf{x}, \mathbf{a}) = b \tag{14.17}$$

となる．ただし，

$$\mathbf{a} = \begin{bmatrix} a_1 \\ \vdots \\ a_n \end{bmatrix}, \quad \mathbf{x} = \begin{bmatrix} x_1 \\ \vdots \\ x_n \end{bmatrix}$$

である．さてここで，「ベクトル $\mathbf{a}$ は超平面 H に直交する」ことに注意しよう．

たとえば，$H \; : \; x_1 - 3x_2 = s$ を考えて見る．H を並行移動して，原点を通るようにしたものを H' とする．

$$H' \; : \; x_1 - 3x_2 = 0.$$

$\mathbf{x} = {}^t[x_1, x_2]$, $\mathbf{a} = {}^t[1, -3]$ とすると，$\mathbf{x}$ と $\mathbf{a}$ の標準内積は

$$(\mathbf{x}, \mathbf{a}) = x_1 - 3x_2$$

で与えられる．このことは

$$\mathbf{x} \in H' \iff (\mathbf{x}, \mathbf{a}) = 0 \iff \mathbf{x} \text{ と } \mathbf{a} \text{ は直交する}$$

を示している．あるいは，すぐ分かるように，H' は原点から出発するベクトル ${}^t[3, 1]$ で張られており，ベクトル ${}^t[1, -3]$ は確かにこのベクトルに直交している．これと同じことが，一般の場合にも正しい．つまり，H を並行移動して，原点を通るようにしたものを H' とすると，その定義式は (14.17) と同じ $\mathbf{a}$ を用いて，

$$H' \; : \; (\mathbf{x}, \mathbf{a}) = 0$$

で与えられる．このとき，

$$\mathbf{x} \in H' \iff (\mathbf{x}, \mathbf{a}) = 0 \iff \mathbf{x} \text{ と } \mathbf{a} \text{ は直交する}$$

が成り立つ．したがって，ベクトル $\mathbf{a}$ は超平面 H および H' に直交する．

さて，n 次元空間 $\mathbf{R}^n$ の点 $\mathbf{z}$ から超平面 H への垂線は直線

$$l = \{\mathbf{z} + t\mathbf{a} \; ; \; t \in \mathbf{R}\}$$

で与えられる．この集合は，その形から分かるように，$t = 0$ のとき $\mathbf{z}$ を通り，傾きが $\mathbf{a}$ の直線である．超平面 H と直線 l の交点が，求めたい垂線の足である．交点では，$(\mathbf{a}, \mathbf{z} + t\mathbf{a}) = b$ となるから，$t = \frac{1}{||\mathbf{a}||^2}(b - (\mathbf{a}, \mathbf{z}))$，したがって，求める垂線の足は

$$\mathbf{z}_{\text{foot}} = \mathbf{z} + \frac{b - (\mathbf{a}, \mathbf{z})}{||\mathbf{a}||^2}\mathbf{a}$$

である．CT スキャンの場合には，この超平面の式を順番にならべ

$$H_N \; : \; (\mathbf{a}_N, \mathbf{x}) = b_N \quad (N = 1, 2, 3, \cdots)$$

としておく．より正確な近似値を求めるために，この列を無限にくりかえす．そうすれば $\mathbf{z}_0$ を適当に与えて出発し，順に

$$\mathbf{z}_{N+1} = \mathbf{z}_N + \frac{b_N - (\mathbf{a}_N, \mathbf{z}_N)}{||\mathbf{a}_N||^2}\mathbf{a}_N$$

として，次々に近似値を短時間で計算できる．

大切なことは，コンピューターは連立 1 次方程式を解くのは得意ではないが，代入計算なら得意だということである．

第15章

$\mathbf{F}_2$ 上のベクトル空間と誤り訂正符号

この章では 2 元体 $\mathbf{F}_2$ 上のベクトル空間を考える．と言っても，何も難しいものではない．2 元体 $\mathbf{F}_2$ とは，0 と 1 だけからなる集合

$$\mathbf{F}_2 = \{\, 0,\ 1 \,\}$$

であって，そこでの計算は次の規則にしたがう．

$$\begin{aligned}&0+0=0, \quad 0+1=1+0=1, \quad 1+1=0,\\&0\cdot 0=0, \quad 0\cdot 1=1\cdot 0=0, \quad 1\cdot 1=1.\end{aligned} \tag{15.1}$$

唯一の例外的な規則は $1+1=0$ である．そして，$\mathbf{F}_2$ 上のベクトル空間とは，座標成分が 0 か 1 だけのベクトルの作るベクトル空間のことである．

これまで学んだベクトル空間の中で最も典型的なものは，$\mathbf{R}^n$ とその部分空間である．後者は，任意の $m \times n$ 行列 A をとり

$$V = \{\, \mathbf{x} \in \mathbf{R}^n \,;\ \ A\mathbf{x} = 0 \,\}$$

と定義される．これを $\mathbf{F}_2$ にあわせて少し修正すると，$\mathbf{F}_2$ 上のベクトル空間が得られる．まず，0 と 1 だけを成分とする $m \times n$ 行列 A をとり，つぎに $\mathbf{R}^n$ の代わりに $\mathbf{F}_2^n$ をとる．そうして

$$V = \{\, \mathbf{x} \in \mathbf{F}_2^n \,;\ \ A\mathbf{x} = 0 \,\}$$

と定義する．ただし，等号 $A\mathbf{x} = 0$ は上の規則 (15.1) のもとで考えるものとする．

なぜそんなものを考えるのか？ この V をじっとながめると，情報通信に役立つ「誤り訂正符号」ができるからである．

15.1 誤り訂正符号

情報を信号で送りたいとしよう．たとえば，その情報は長さ 4 で，

$$[a_1,\ a_2,\ a_3,\ a_4],\quad (a_i \in \{\ 0,\ 1\ \})$$

であるとしよう．つまり，4 個の 0 と 1 の列をひとつの情報単位とすると，合計 16 ($=2^4$) 種類の情報単位がある．ここでは，このような情報単位を情報ビットと呼んでおこう．データを送る時は，その情報ビットごとに繰り返して送り，それを組み合わせてデータを送信したい．多少の誤りは避けがたいので，もし誤って送信されたり受信された場合にも，誤りが少なければ（この節の場合には，誤りが 1 個以内ならば），正しい情報を推定し，誤りを訂正することを目標とする．

どの情報ビットもどんな誤った情報ビットに変化するか分からない，そんな信頼性の低い送受信システムであれば，受信した情報ビットの中のどの「0 または 1」も「0 または 1」のどちらだか分からないのだから，これ以上何もしようがない．

しかし，もし送受信システムはかなり信頼性が高く，ひとつの情報ビットあたり，誤りはあってもひとつまでである，その程度にまで信頼性が高い場合にはどうであろうか？　「高々ひとつの誤りなら，元の正しい情報が推定できる」そういう工夫はできないであろうか？　これが問題である．

答えを先に言うと，そういう送信方法はある．それが，これから説明する符号理論である．

この誤り訂正の理論は，コンパクトディスク，カメラ，ビデオなどのデジタル機器には欠かせない．符号理論は，デジタル信号に起こりがちな小さな誤りの訂正，たとえば，埃やキズによる情報の誤りの訂正などに，いまや，なくてはならぬものになっている．

最初に簡単な場合を考えよう．長さ 1 の情報ビット

$$[\ 0\ ]\quad \text{または}\quad [\ 1\ ]$$

を送り，誤って送受信された場合には，訂正できるようにしたい．たとえば，そのままひとつ送ったら，どうなるだろう．受信情報ビットは，0 または 1 だが，誤って受信されたかも知れないので，正しい送信情報が何かを推定できない．

つぎに，たとえば

$$[\ 0\ ]\quad \text{の代わりに}\quad [\ 0, 0\ ],$$

$$[\,1\,] \quad \text{の代わりに} \quad [\,1,1\,]$$

を送るとどうなるだろう．結論から言うと，これではまだだめである．なぜなら，ひとつの誤りを含むとすると，

$$[\,0,0\,] \quad \mapsto \quad [\,0,1\,] \quad \text{または} \quad [\,1,0\,],$$
$$[\,1,1\,] \quad \mapsto \quad [\,0,1\,] \quad \text{または} \quad [\,1,0\,]$$

となるので，誤りがひとつあるだけで，その誤った受信情報ビットから，正しい元の情報を推定することはできない．

それならどうすればよいか，すでに気づいた読者もいるだろう．

元の情報を推定するには，長さを 3 にして，次のように送信すればよい：

$$[\,0\,] \quad \text{の代わりに} \quad [\,0,0,0\,],$$
$$[\,1\,] \quad \text{の代わりに} \quad [\,1,1,1\,]$$

を送る．こうすれば，1 つ誤って送信されても，多数決原理で訂正すればよいので，かならず誤りを訂正できる．たとえば，

$$[\,0,0,0\,], \quad [\,1,0,0\,], \quad [\,0,1,0\,], \quad [\,0,0,1\,] \tag{15.2}$$

はすべて，$[\,0,0,0\,]$ から来ているし，

$$[\,1,1,1\,], \quad [\,0,1,1\,], \quad [\,1,0,1\,], \quad [\,1,1,0\,] \tag{15.3}$$

はすべて，$[\,1,1,1\,]$ から来ていると推定できる．推定できる理由は，

> 2 つの集合 (15.2) と (15.3) に共通部分がない

からである．

本当に誤りがひとつまでなのかどうか，それを確かめる方法はないから，こう結論するのは厳密には正しくはないが，この方法でかなり正確な情報の再現ができると考えてよいだろう．こう考えれば，コンパクトディスクなどの再生に応用もできるようになる．しかし，上の場合には情報ビットを 3 倍の長さにして送信しなければならないので効率が悪い．

15.2　$\mathbf{F}_2$ 上のベクトル空間

以下，$\mathbf{F}_2 = \{\,0,\,1\,\}$ とする．$\mathbf{F}_2$ は集合としては，0 と 1 だけからなる．しかし，$\mathbf{F}_2$ の中で和や積を考えたいので，$\mathbf{F}_2$ は整数を 2 で割った余りのなす集合とみなすことにする．任意の整数 x をとり，

$$x \mod 2 = x \text{ を } 2 \text{ で割った余り}$$

と定義すると，

$$\mathbf{F}_2 = \{\,0,\,1 \mod 2\,\} = \{\,\text{偶数のクラス},\,\text{奇数のクラス}\,\}$$

である．そうすると，$-1 = 1, -0 = 0$ だから，$x \in \mathbf{F}_2$ ならば，いつも $-x = x$ が成り立つ．また計算規則も，以下のようになる．

$$\begin{aligned}&0 + 0 = 0,\quad 0 + 1 = 1 + 0 = 1,\quad 1 + 1 = 0,\\ &0 \cdot 0 = 0,\quad 0 \cdot 1 = 1 \cdot 0 = 0,\quad 1 \cdot 1 = 1.\end{aligned} \tag{15.4}$$

つぎに，$U = \mathbf{F}_2^5$ とする．U の要素 $\mathbf{x}$ は，この章では横ベクトル表示で

$$\mathbf{x} = [\,x_1,\,x_2,\,x_3,\,x_4,\,x_5\,]$$

と表すことにする．ここで，成分 x_i は $\mathbf{F}_2$ の要素，したがって，すべて 0 または 1 である．$\mathbf{x}'$ も U の要素

$$\mathbf{x}' = [\,x'_1,\,x'_2,\,x'_3,\,x'_4,\,x'_5\,]$$

として，2 つの和を

$$\mathbf{x} + \mathbf{x}' = [\,x_1 + x'_1,\,x_2 + x'_2,\,x_3 + x'_3,\,x_4 + x'_4,\,x_5 + x'_5\,]$$

と定義する．ここで，和 $x_i + x'_i$ は $\mathbf{F}_2$ での和，つまり，$(x_i + x'_i \mod 2)$ を表す．つぎに，$\lambda \in \mathbf{F}_2$ に対して，$\mathbf{x}$ の λ 倍を

$$\lambda\mathbf{x} = [\,\lambda x_1,\,\lambda x_2,\,\lambda x_3,\,\lambda x_4,\,\lambda x_5\,]$$

と定義する．しかし，$\lambda = 0, 1$ だから，

$$\lambda\mathbf{x} = 0 \quad \text{または} \quad \lambda\mathbf{x} = \mathbf{x}$$

である．したがって，定義 9.1.2 の $\mathbf{R}$ を $\mathbf{F}_2$ に置き換えれば，U は定義 9.1.2 すべての条件を満たす．この意味で，U は $\mathbf{F}_2$ 上のベクトル空間である．同様に，

$\mathbf{F}_2^n$ も $\mathbf{F}_2$ 上のベクトル空間である．$\mathbf{R}$ 上のベクトル空間の場合と異なる大切な性質は，どんな $\mathbf{x} \in U$ に対しても，

$$-\mathbf{x} = \mathbf{x}$$

となることである．

$\mathbf{F}_2$ は $\mathbf{R}$ とはちがって，集合としてはまったくバラバラの集合であるが，以下のようにすれば，$\mathbf{R}$ の距離とほとんど同じような距離を定義できる．

$\mathbf{x}, \mathbf{x}' \in U$ とする．以後，これを $\mathbf{x}, \mathbf{x}' \in \mathbf{F}_2^5$ と表す．したがって，$\mathbf{x}, \mathbf{x}'$ は $\mathbf{F}_2$ の元を成分とする，長さ 5 の横ベクトルである．そこで，

$$\mathbf{x} = [\, x_1,\, x_2,\, x_3,\, x_4,\, x_5\,], \quad \mathbf{x}' = [\, x_1',\, x_2',\, x_3',\, x_4',\, x_5'\,] \quad (x_i,\, x_i' \in \mathbf{F}_2)$$

とする．そのとき，$\mathbf{x}$ と $\mathbf{x}'$ の距離を

$$d(\mathbf{x}, \mathbf{x}') = \sum_{i=1}^{5} |x_i - x_i'| = \sharp\{\, i \,;\, x_i \neq x_i',\, 1 \leqq i \leqq 5\,\}$$

と定義する．右辺の $\sharp$ は集合 $\{\, i \,;\, x_i \neq x_i',\, 1 \leqq i \leqq 5\,\}$ の要素の個数を表す．たとえば，

$$\mathbf{x} = [\, 0,\, 0,\, 0,\, 0,\, 0\,], \quad \mathbf{x}' = [\, 0,\, 1,\, 0,\, 1,\, 1\,]$$

ならば，$d(\mathbf{x},\, \mathbf{x}') = 3$ となる．

定義から，つぎが分かる：

定理 15.2.1　$\mathbf{x},\, \mathbf{x}' \in \mathbf{F}_2^5$ とする．このとき

(1)　$d(\mathbf{x},\, \mathbf{x}') = d(\mathbf{x}',\, \mathbf{x}) \geqq 0$, ただし，等号は $\mathbf{x} = \mathbf{x}'$ のときのみ．

(2)　$d(\mathbf{x},\, \mathbf{x}') = d(\mathbf{x} - \mathbf{x}',\, \mathbf{0})$.

(3)　$d(\mathbf{x} + \mathbf{x}',\, \mathbf{0}) \leqq d(\mathbf{x},\, \mathbf{0}) + d(\mathbf{x}',\, \mathbf{0})$.

(4)　$d(\mathbf{x},\, \mathbf{z}) \leqq d(\mathbf{x},\, \mathbf{y}) + d(\mathbf{y},\, \mathbf{z})$.

証明．　(1) と (2) はやさしいので省略する．つぎに (3) を証明する．

$$\mathbf{x} = [\, x_1,\, x_2,\, x_3,\, x_4,\, x_5\,], \quad \mathbf{x}' = [\, x_1',\, x_2',\, x_3',\, x_4',\, x_5'\,]$$

とする．$x_i + x_i' = 1$ ならば，$(x_i,\, x_i') = (0,\, 0)$ となることはない．したがって，

$x_i = 1$ かまたは $x_i' = 1$ である．したがって，集合として

$$\{\, i \,;\, x_i + x_i' = 1 \,\} \subset \{\, i \,;\, x_i = 1 \,\} \cup \{\, i \,;\, x_i' = 1 \,\}$$

という関係がある．したがって

$$\begin{aligned} d(\mathbf{x} + \mathbf{x}',\, 0) &= \sharp\{\, i \,;\, x_i + x_i' = 1 \,\} \\ &\leqq \sharp\{\, i \,;\, x_i = 1 \,\} + \sharp\{\, i \,;\, x_i' = 1 \,\} \\ &\leqq d(\mathbf{x},\, 0) + d(\mathbf{x}',\, 0). \end{aligned}$$

これで (3) が証明された．つぎに (4) を証明する．(2) と (3) により

$$\begin{aligned} d(\mathbf{x},\, \mathbf{z}) &= d(\mathbf{x} - \mathbf{z},\, 0) = d(\mathbf{x} - \mathbf{y} + \mathbf{y} - \mathbf{z},\, 0) \\ &\leqq d(\mathbf{x} - \mathbf{y},\, 0) + d(\mathbf{y} - \mathbf{z},\, 0) \\ &\leqq d(\mathbf{x},\, \mathbf{y}) + d(\mathbf{y},\, \mathbf{z}). \end{aligned}$$

これで定理の証明は終わった． □

証明から明らかであるが，$\mathbf{F}_2^5$ でなくても $\mathbf{F}_2^n$ でも定理は成立する．

15.3　長さ 2 の情報ビットの送信

つぎに，長さ 2 の情報ビット，つまり，2 つの情報を情報単位として，まとめて正しく送信することを考える．したがって，送信すべき情報 (これを今後，初期情報ビットと呼ぶ) は

$$\begin{aligned} &[\,0,\ \ 0\,], \\ &[\,0,\ \ 1\,], \\ &[\,1,\ \ 0\,], \\ &[\,1,\ \ 1\,] \end{aligned}$$

の 4 通りである．これを送信して，誤りが高々ひとつなら，誤りを訂正できるようにしたい．それには，どんな工夫をすればよいだろう．ひとつの情報のときと同じようにすると，長さ 6 の情報ビットで

$$[\,0,\ 0,\ 0,\ 0,\ 0,\ 0\,],$$
$$[\,0,\ 0,\ 0,\ 1,\ 1,\ 1\,],$$
$$[\,1,\ 1,\ 1,\ 0,\ 0,\ 0\,],$$
$$[\,1,\ 1,\ 1,\ 1,\ 1,\ 1\,]$$

のように送ればうまく行くことは，明らかである．

しかし，もっと効率的に長さ 5 で済ませることはできないだろうか？ それは次のようにすれば可能である．

$$[\,0,\ 0\,] \mapsto [\,0,\ 0,\ 0,\ 0,\ 0\,],$$
$$[\,0,\ 1\,] \mapsto [\,0,\ 1,\ 0,\ 1,\ 1\,],$$
$$[\,1,\ 0\,] \mapsto [\,1,\ 0,\ 1,\ 0,\ 1\,],$$
$$[\,1,\ 1\,] \mapsto [\,1,\ 1,\ 1,\ 1,\ 0\,].$$

最後の項は，初期情報ビットが $[\,x_1,\ x_2\,]$ ならば $x_1 + x_2 \mod 2$ を対応させる．上の対応を一般的に表わせば

$$[\,x_1,\ x_2\,] \mapsto [\,x_1,\ x_2,\ x_1,\ x_2,\ (x_1+x_2 \mod 2)\,] \tag{15.5}$$

となる．こう定義すると，どうしてひとつの誤りまでは訂正できるのか，考えてみよう．いま，実際に送信される情報ビット（これを，以後，送信情報ビットと呼ぶ）の集合を

$$V = \left\{ \begin{array}{c} [\,0,\ 0,\ 0,\ 0,\ 0\,] \\ [\,0,\ 1,\ 0,\ 1,\ 1\,] \\ [\,1,\ 0,\ 1,\ 0,\ 1\,] \\ [\,1,\ 1,\ 1,\ 1,\ 0\,] \end{array} \right\} \tag{15.6}$$

とする．このとき，(15.6) より次は明らかである．

補題 15.3.1 どんな $\mathbf{x}, \mathbf{x}' \in V$ ($\mathbf{x} \neq \mathbf{x}'$) に対しても，$d(\mathbf{x}, \mathbf{x}') \geqq 3$．

さらに次が成り立つ．

補題 15.3.2 V の要素 $\mathbf{x}$ が $\mathbf{z} \in \mathbf{F}_2^5$ として受信されたとしよう．そのとき，$\mathbf{z}$ のひとつの成分が誤っているとする．そのとき，

(1) $d(\mathbf{x}, \mathbf{z}) = 1$．

(2)　もし $\mathbf{x}' \in V$, $\mathbf{x}' \neq \mathbf{x}$ ならば，$d(\mathbf{x}', \mathbf{z}) \geqq 2$.

(3)　$\mathbf{x}$ は $d(\mathbf{x}, \mathbf{z}) = 1$ となる，ただひとつの V の要素である．

証明．仮定より，$\mathbf{z}$ と $\mathbf{x}$ 成分はひとつだけ異なる．よって (1) は明らか．つぎに (2) を証明する．定理 15.2.1 (4) により，任意の $\mathbf{x}' \in V$ $(\neq \mathbf{x})$ に対して，
$$d(\mathbf{x}, \mathbf{x}') \leqq d(\mathbf{x}, \mathbf{z}) + d(\mathbf{z}, \mathbf{x}')$$
となる．補題 15.3.1 により，$d(\mathbf{x}, \mathbf{x}') \geqq 3$．これを (1) とあわせると，$d(\mathbf{z}, \mathbf{x}') \geqq 2$，これで (2) が証明された．(1) と (2) より (3) が証明される．　□

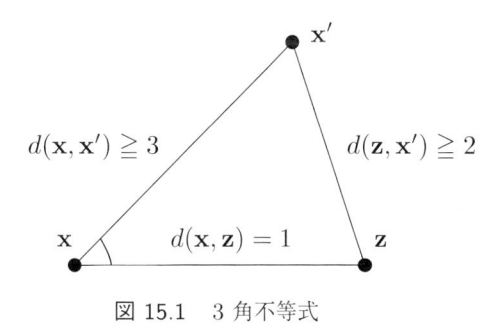

図 15.1　3 角不等式

こうして，受信された情報ビット (これを，以後，受信情報ビットと呼ぶ) に一番近い V の要素をとることにすれば，もし正しい送信情報ビットを復元できる．

最後に大切な注意をひとつ．この節では，正しい送信情報ビットの集合を V と表した．この V は $\mathbf{F}_2^5$ の部分ベクトル空間である．(15.5) によれば，

$$V = \left\{ [\, x_1,\ x_2,\ x_3,\ x_4,\ x_5 \,] \in \mathbf{F}_2^5 \,;\ \begin{array}{l} x_3 = x_1,\ x_4 = x_2 \\ x_5 = x_1 + x_2 \end{array} \right\}$$
$$= \left\{ [\, x_1,\ x_2,\ x_3,\ x_4,\ x_5 \,] \in \mathbf{F}_2^5 \,;\ \begin{array}{l} x_1 + x_3 = 0,\ x_2 + x_4 = 0 \\ x_1 + x_2 + x_5 = 0 \end{array} \right\}$$

である．行列 H を

$$H = \begin{bmatrix} 1 & 0 & 1 \\ 0 & 1 & 1 \\ 1 & 0 & 0 \\ 0 & 1 & 0 \\ 0 & 0 & 1 \end{bmatrix} \tag{15.7}$$

とすれば,

$$V = \left\{ \begin{array}{l} [\,x_1,\ x_2,\ x_3,\ x_4,\ x_5\,] \in \mathbf{F}_2^5\,; \\ [\,x_1,\ x_2,\ x_3,\ x_4,\ x_5\,]\,H = [\,0,\ 0,\ 0\,] \end{array} \right\} \tag{15.8}$$

と表すことができる．ベクトル空間の次元も基底も定理 9.5.3, 定義 9.5.2 と同じように定義でき，定理 9.5.8 も同じように証明できる．したがって，つぎが分かる：

$$\dim_{\mathbf{F}_2} V = \dim_{\mathbf{F}_2}(\mathbf{F}_2^5) - \mathrm{rank}(H) = 5 - 3 = 2.$$

情報ビットの長さや種類は，つぎの表 15.1 に示すように，ベクトル空間の次元などで表すことができる．

情報ビットの側	数値	ベクトル空間の側
初期情報ビットの長さ	2	$\dim_{\mathbf{F}_2}(V)$
初期情報ビットの種類数	4	$2^{\dim_{\mathbf{F}_2}(V)}$
送信情報ビットの長さ	5	$\dim_{\mathbf{F}_2}(\mathbf{F}_2^5)$
送信時の追加情報ビットの長さ	3	$\mathrm{rank}(H)$

表 15.1　情報ビットと $\mathbf{F}_2$ 上のベクトル空間

15.4　[7, 4, 3]-ハミング符号

第 15.1 節の最初に述べた問題に戻る．長さ 4 の情報ビット $[\,a_1,\ a_2,\ a_3,\ a_4\,]$, ($a_i \in \{0,1\}$) を送信したいとする．このときは，[7, 4, 3]-ハミング符号を用いると，受信側はひとつの誤りなら訂正できる．

この節ではそれについて説明する．まず次の行列 H を考える：

$$H = \begin{bmatrix} 1 & 1 & 1 \\ 0 & 1 & 1 \\ 1 & 0 & 1 \\ 1 & 1 & 0 \\ 1 & 0 & 0 \\ 0 & 1 & 0 \\ 0 & 0 & 1 \end{bmatrix} \tag{15.9}$$

以下，さらに，

$$V = \left\{ \begin{array}{l} [\, x_1,\, x_2,\, \cdots,\, x_7 \,] \in \mathbf{F}_2^7 \,; \\ [\, x_1,\, x_2,\, \cdots,\, x_7 \,] H = [\, 0,\, 0,\, 0 \,] \in \mathbf{F}_2^3 \end{array} \right\} \tag{15.10}$$

とする．このベクトル空間 V のことを $[7, 4, 3]$-ハミング符号という．ここで，

$$[\, x_1,\, x_2,\, \cdots,\, x_7 \,] H$$
$$= [\, x_1 + x_3 + x_4 + x_5,\, x_1 + x_2 + x_4 + x_6,\, x_1 + x_2 + x_3 + x_7 \,]$$

である．和は $\mathbf{F}_2$ の中で考えている．だから V は $\mathbf{F}_2$ 上の連立方程式

$$x_1 + x_3 + x_4 + x_5 = 0,$$
$$x_1 + x_2 + x_4 + x_6 = 0, \tag{15.11}$$
$$x_1 + x_2 + x_3 + x_7 = 0$$

の解のなす集合と言うこともできる．一方，(15.11) は V の要素の座標 x_5, x_6, x_7 を $x_1, \cdots, x_4$ によって表す公式とみなすこともできる：

$$x_5 = x_1 + x_3 + x_4,$$
$$x_6 = x_1 + x_2 + x_4, \tag{15.12}$$
$$x_7 = x_1 + x_2 + x_3.$$

そこで，初期情報ビット $[\, x_1,\, x_2,\, x_3,\, x_4 \,]$ を送信するために，(15.12) により送信情報ビットを以下のように定める：

$$[\,x_1,\,x_2,\,x_3,\,x_4,\,x_5,\,x_6,\,x_7\,]$$
$$=[\,x_1,\,x_2,\,x_3,\,x_4,\,x_1+x_3+x_4,\,x_1+x_2+x_4,\,x_1+x_2+x_3\,]$$

このとき, $\mathbf{x} = [\,x_1,\,x_2,\,\cdots,\,x_7\,] \in V$ を送信して, $\mathbf{x}' = [\,x_1',\,x_2',\,\cdots,\,x_7'\,] \in \mathbf{F}_2^7$ として受信されたとき,

> もし受信情報ビット $\mathbf{x}'$ の誤りが 1 個以下なら,
> もとの送信情報ビット $\mathbf{x} \in V$ を復元できる.

以下, その理由を説明する. つぎの集合を E とする:

$$E = \left\{ \begin{array}{l} \mathbf{e} = [\,e_1,\,\cdots,\,e_7\,] \in \mathbf{F}_2^7\,; \\ e_i \text{の中で高々ひとつが } 1 \text{ で, それ以外は全部 } 0 \end{array} \right\}. \tag{15.13}$$

E は $\mathbf{F}_2^7$ の中の単位ベクトル (標準基底) の集合にほかならない.
送信情報ビットとその受信情報ビットをそれぞれ

$$\mathbf{x} = [\,x_1,\,\cdots,\,x_7\,] \in V, \quad \mathbf{x}' = [\,x_1',\,\cdots,\,x_7'\,] \in \mathbf{F}_2^7$$

としよう. $\mathbf{F}_2$ にはたし算が定義されていたから,

$$\mathbf{e} = \mathbf{x}' - \mathbf{x} = [\,x_1' - x_1,\,x_2' - x_2,\,\cdots,\,x_7' - x_7\,] \in \mathbf{F}_2^7$$

と定める. $\mathbf{e} = [\,e_1,\,\cdots,\,e_7\,]$ とすれば $e_i = x_i' - x_i$ である. 誤りは 1 個以下と仮定しているから, e_i の中で高々ひとつが 1 で, それ以外は全部 0 である. したがって, $\mathbf{e} \in E$ である. (15.9) の行列 H を $\mathbf{e}$ の右からかけると, $\mathbf{x} \in V$ だから

$$\mathbf{e}H = \mathbf{x}'H - \mathbf{x}H = \mathbf{x}'H$$

となる. このとき,

> 受信情報ビット $\mathbf{x}'$ の誤りが 1 個以下なら, $\mathbf{x}'H = \mathbf{e}H$ となる $\mathbf{e} \in E$ がただひとつ必ず存在する.

つぎの表を見よう：

e	eH
[1 0 0 0 0 0 0]	[1 1 1]
[0 1 0 0 0 0 0]	[0 1 1]
[0 0 1 0 0 0 0]	[1 0 1]
[0 0 0 1 0 0 0]	[1 1 0]
[0 0 0 0 1 0 0]	[1 0 0]
[0 0 0 0 0 1 0]	[0 1 0]
[0 0 0 0 0 0 1]	[0 0 1]
[0 0 0 0 0 0 0]	[0 0 0]

まず，eH の集合は，ちょうど $\mathbf{F}_2^3$ になっていることに注意しよう．つぎに，eH が異なれば $\mathbf{e}$ が異なる．したがって，どんな $\mathbf{x}'H$ に対しても，$\mathbf{x}'H = \mathbf{e}H$ となる E の要素 $\mathbf{e}$ がただひとつ定まる．そこで，その $\mathbf{e} \in E$ をとって

$$\mathbf{x} := \mathbf{x}' - \mathbf{e}$$

とすれば，正しいもとの情報（送信情報ビット）$\mathbf{x} \in V$ が復元される．

情報ビットの側	数値	ベクトル空間の側
初期情報ビットの長さ	4	$\dim_{\mathbf{F}_2}(V)$
初期情報ビットの種類数	2^4	$2^{\dim_{\mathbf{F}_2}(V)}$
送信情報ビットの長さ	7	$\dim_{\mathbf{F}_2}(\mathbf{F}_2^7)$
送信時の追加情報ビットの長さ	3	$\mathrm{rank}(H)$

表 15.2 [7, 4, 3]-ハミング符号

15.5 [15, 11, 3]-ハミング符号

行列 H の横幅を 4 にしたら何ができるか，考えてみる．前節の最後の「正しい情報を復元する」ステップで，eH の集合はちょうど $\mathbf{F}_2^3$ であった．今度は，eH

の集合を $\mathbf{F}_2^4$ にとる. 15×4 行列 H を

$$H = \begin{bmatrix} 1 & 1 & 1 & 1 \\ 0 & 1 & 1 & 1 \\ 1 & 0 & 1 & 1 \\ 1 & 1 & 0 & 1 \\ 1 & 1 & 1 & 0 \\ 0 & 0 & 1 & 1 \\ 0 & 1 & 0 & 1 \\ 0 & 1 & 1 & 0 \\ 1 & 0 & 0 & 1 \\ 1 & 0 & 1 & 0 \\ 1 & 1 & 0 & 0 \\ 1 & 0 & 0 & 0 \\ 0 & 1 & 0 & 0 \\ 0 & 0 & 1 & 0 \\ 0 & 0 & 0 & 1 \end{bmatrix}$$

と定義する. 行列 H は, $\mathbf{F}_2^4$ を横ベクトルの集合として, ゼロベクトル以外のすべてを, 15×4 行列の行ベクトル成分として順に並べたものである. さらに,

$$V = \{\, \mathbf{z} \in \mathbf{F}_2^{15} \,;\, \mathbf{z} H = 0 \in \mathbf{F}_2^4 \,\}$$

と定める. このベクトル空間を [15, 11, 3]-ハミング符号と呼ぶ. さらに,

$$E = \left\{ \begin{array}{l} \mathbf{e} = [\, e_1, \cdots, e_{15}\,] \in \mathbf{F}_2^{15} \,; \\ e_i \text{ の中で高々ひとつが 1 で, それ以外は全部 0} \end{array} \right\} \tag{15.14}$$

と定めると, [7, 4, 3]-ハミング符号の場合と同じように, 次が証明できる.

補題 15.5.1 $\mathbf{e}, \mathbf{e}' \in E$ とする. もし $\mathbf{e}H = \mathbf{e}'H$ ならば, $\mathbf{e} = \mathbf{e}'$.

また, $\operatorname{rank} H = 4$ だから, $\dim_{\mathbf{F}_2} V = 15 - 4 = 11$. したがって, V は 11 次元の $\mathbf{F}_2$ 上のベクトル空間である. だから, V の要素は 11 個の自由なパラメーターを持つが, 実際には, 15 個の座標のうち, はじめの 11 個を自由にとることができる. つまり,

$$\mathbf{x} = [\, x_1,\ x_2,\ \cdots, x_{11}\,] \in \mathbf{F}_2^{11}$$

に対して,

$$\mathbf{z} = [\, x_1,\ x_2,\ \cdots, x_{11},\ x_{12},\ x_{13},\ x_{14},\ x_{15}\,] \in V$$

となるように, $\mathbf{z} \in V$ を定めることができる. たとえば, 行列 H の第 1 列から

$$x_{12} = x_1 + x_3 + x_4 + x_5 + x_9 + x_{10} + x_{11} \tag{15.15}$$

が分かる.

$\mathbf{x} \in \mathbf{F}_2^{11}$ を初期情報ビット (これが送りたい情報), $\mathbf{z} \in V$ を送信情報ビット (これが実際に送る情報) と呼ぶ. このとき, $\mathbf{z}$ を送信したとき受信情報ビットの誤りが高々ひとつならば, $\mathbf{z}$ を, したがって, $\mathbf{x}$ を復元できる. その理由は [7, 4, 3]-ハミング符号と同じで,

---

受信情報ビット $\mathbf{z}' \in \mathbf{F}_2^{15}$ の誤りが 1 個以下なら,
$\mathbf{z}'H = \mathbf{e}H \in \mathbf{F}_2^4$ となる $\mathbf{e} \in E$ がただひとつ必ず存在する

からである. これは補題 15.5.1 より分かる. そこで, $\mathbf{z}'H = \mathbf{e}H$ となる唯一の $\mathbf{e} \in E$ をとって,

$$\mathbf{z} := \mathbf{z}' - \mathbf{e}$$

とすれば, 正しいもとの情報 $\mathbf{z} \in V$ が復元される.

本章では, 符号理論の初歩を説明した. この分野は応用が広く, 数学や工学の研究者のあいだで活発に現在研究が進められている. 関連文献も多いので, 興味をもったひとは勉強するとよい.

第 15 章の問題

1. V を [7, 4, 3] または [15, 11, 3]-ハミング符号とする. このとき, 互いに異なる $\mathbf{x}, \mathbf{x}' \in V$ に対して, $d(x, x') \geqq 3$ を証明せよ.

2. (15.15) と同じように, x_{13}, x_{14}, x_{15} を $x_1, \cdots, x_{11}$ によって表せ.

第 16 章
地震と線形微分方程式

2003 年の十勝沖地震では，地震の衝撃波が過ぎ去ってしばらくして，突然石油タンク (直径 $42m$，高さ $24m$) が揺れだし，やがてタンク内部のガソリンが漏れ出て引火し，タンクが炎上した．これは，地震波 (この場合は表面波) の振動数と石油タンクの固有振動数とが極めて近く，タンクが共振 (共鳴) して，内部のガソリンがスロッシング (液体がうねり揺れる現象) を起こしたためと推定されている．

この章では，この共振現象の「数学的なモデル」を解説する．線形代数を用いた「数学的なモデル」での計算では，地震波との共振で建物の振幅が無限に大きくなり，そのまま振動が続けば建物の崩壊する可能性もあることが分かる．(実際には，石油タンクの場合とは異なり，建物の崩壊には S 波が関係する．) このモデルにおける建物の固有振動数は，行列の固有値で決定される．

16.1　連立線形微分方程式

まず 1 階の線形微分方程式を解くことから考える．$x = x(t)$ を t の関数，ω を定数として，微分方程式

$$x'(t) = \omega x(t)$$

を考える．$x(t) \neq 0$ とすれば，

$$\frac{1}{x(t)} \frac{dx(t)}{dt} = \omega.$$

両辺を t で積分すれば，a を積分定数として

$$\log |x(t)| = \int \omega dt = \omega t + a.$$

したがって,
$$x(t) = \pm e^a e^{\omega t} = Ce^{\omega t}. \quad \text{ただし,}\ C = \pm e^a.$$

つぎに，2 つの未知関数 $x_1(t), x_2(t)$ が次の方程式を満たす場合を考える：
$$x_1'(t) = a_{11}x_1(t) + a_{12}x_2(t),$$
$$x_2'(t) = a_{21}x_1(t) + a_{22}x_2(t),$$

ここで a_{ij} は定数とする．

$$x(t) = \left[\begin{array}{c} x_1(t) \\ x_2(t) \end{array}\right], \quad A = \left[\begin{array}{cc} a_{11} & a_{12} \\ a_{21} & a_{22} \end{array}\right]$$

とすると，微分方程式は
$$x'(t) = Ax(t) \tag{16.1}$$
と書き直すことができる．ここで
$$x'(t) = \left[\begin{array}{c} x_1'(t) \\ x_2'(t) \end{array}\right]$$

を表わす．もし A が対角行列ならば，未知関数がひとつの場合に帰着される．この A を対角行列に変えることを考えたい．そこで定数係数の正則行列 Q をとり

$$y(t) = Qx(t), \quad Q = \left[\begin{array}{cc} q_{11} & q_{12} \\ q_{21} & q_{22} \end{array}\right]$$

$$y(t) = \left[\begin{array}{c} y_1(t) \\ y_2(t) \end{array}\right] = \left[\begin{array}{c} q_{11}x_1(t) + q_{12}x_2(t) \\ q_{21}x_1(t) + q_{22}x_2(t) \end{array}\right]$$

とおく．計算により

$$y'(t) := \left[\begin{array}{c} y_1'(t) \\ y_2'(t) \end{array}\right] = \left[\begin{array}{c} q_{11}x_1'(t) + q_{12}x_2'(t) \\ q_{21}x_1'(t) + q_{22}x_2'(t) \end{array}\right]$$
$$= QAx(t) = (QAQ^{-1})y(t). \tag{16.2}$$

したがって，QAQ^{-1} が対角行列ならば，$y(t)$ は最初の方法で簡単に解ける．

例 16.1.1

$$A = \begin{bmatrix} -6 & 1 \\ 1 & -6 \end{bmatrix}$$

として，方程式 (16.1) を考える．このとき，A の固有ベクトルは

$$\begin{bmatrix} 1 \\ 1 \end{bmatrix} \quad (\text{固有値} -5), \quad \begin{bmatrix} 1 \\ -1 \end{bmatrix} \quad (\text{固有値} -7)$$

である．したがって

$$P = \begin{bmatrix} 1 & 1 \\ 1 & -1 \end{bmatrix}, \quad Q = P^{-1} = \frac{1}{2}\begin{bmatrix} 1 & 1 \\ 1 & -1 \end{bmatrix},$$

$$\begin{bmatrix} y_1 \\ y_2 \end{bmatrix} = Q \begin{bmatrix} x_1 \\ x_2 \end{bmatrix}$$

とおけば，(16.2) により

$$QAQ^{-1} = P^{-1}AP = \begin{bmatrix} -5 & 0 \\ 0 & -7 \end{bmatrix},$$

$$\begin{bmatrix} y_1'(t) \\ y_2'(t) \end{bmatrix} = \begin{bmatrix} -5 & 0 \\ 0 & -7 \end{bmatrix} \begin{bmatrix} y_1(t) \\ y_2(t) \end{bmatrix} = \begin{bmatrix} -5\,y_1(t) \\ -7\,y_2(t) \end{bmatrix}$$

となる．したがって，最初に見たとおり

$$y_1(t) = C_1 e^{-5t}, \quad y_2(t) = C_2 e^{-7t}.$$

そこでもう一度変数をもとに戻して，次を得る：

$$\begin{bmatrix} x_1(t) \\ x_2(t) \end{bmatrix} = P \begin{bmatrix} y_1(t) \\ y_2(t) \end{bmatrix} = \begin{bmatrix} C_1 e^{-5t} + C_2 e^{-7t} \\ C_1 e^{-5t} - C_2 e^{-7t} \end{bmatrix}.$$

∎

例 16.1.2 第 11.6 節によれば，2×2 行列 A に対して，関係式

$$\frac{d}{dt}(e^{tA}) = A e^{tA} \tag{16.3}$$

が成り立つ．ここで

$$e^{tA} = \begin{bmatrix} x_{11}(t) & x_{12}(t) \\ x_{21}(t) & x_{22}(t) \end{bmatrix},$$

$$\mathbf{x}_1(t) = \begin{bmatrix} x_{11}(t) \\ x_{21}(t) \end{bmatrix}, \quad \mathbf{x}_2(t) = \begin{bmatrix} x_{12}(t) \\ x_{22}(t) \end{bmatrix}$$

とすると，(16.3) は 2 つの関係式

$$\frac{d\mathbf{x}_1(t)}{dt} = A\mathbf{x}_1(t), \quad \frac{d\mathbf{x}_2(t)}{dt} = A\mathbf{x}_2(t)$$

からなる．つまり，(16.3) は方程式 (16.1) の 2 つの解を与えている． ■

16.2　2 階の線形微分方程式

微分方程式

$$x''(t) + \beta^2 x(t) = 0, \quad \beta > 0 \tag{16.4}$$

に前節の方法を適用して解く．まず

$$x_1(t) = x(t), \quad x_2(t) = x'(t)$$

とおく．このとき

$$x_1' = x_2, \quad x_2' = x'' = -\beta^2 x_1.$$

したがって

$$A = \begin{bmatrix} 0 & 1 \\ -\beta^2 & 0 \end{bmatrix}, \quad y(t) = \begin{bmatrix} x_1(t) \\ x_2(t) \end{bmatrix}$$

とおけば，

$$y'(t) = Ay(t).$$

前節の方法を適用するために行列 A を対角化する．A の固有ベクトルは

$$\begin{bmatrix} 1 \\ i\beta \end{bmatrix} \quad (\text{固有値 } i\beta), \quad \begin{bmatrix} 1 \\ -i\beta \end{bmatrix} \quad (\text{固有値 } -i\beta)$$

である．そこで

とおくと，(16.2) により

$$P = \begin{bmatrix} 1 & 1 \\ i\beta & -i\beta \end{bmatrix}, \quad z(t) = P^{-1}y(t) = \begin{bmatrix} z_1(t) \\ z_2(t) \end{bmatrix}$$

とおくと，(16.2) により

$$P^{-1}AP = \begin{bmatrix} i\beta & 0 \\ 0 & -i\beta \end{bmatrix},$$

$$z'(t) = (P^{-1}AP)z(t) = \begin{bmatrix} i\beta & 0 \\ 0 & -i\beta \end{bmatrix} z(t).$$

したがって，

$$z_1'(t) = i\beta\, z_1(t), \quad z_2'(t) = -i\beta\, z_2(t).$$

したがって

$$z_1 = C_1 e^{i\beta t}, \quad z_2 = C_2 e^{-i\beta t}. \quad (\text{ただし}, C_1, C_2 \text{は定数}).$$

最初の定義 $y(t) = Pz(t)$ を用いて

$$x(t) = x_1(t) = z_1(t) + z_2(t) = C_1 e^{i\beta t} + C_2 e^{-i\beta t}.$$

ところで θ が実数のとき，$e^{i\theta} = \cos\theta + i\sin\theta$ に注意すると

$$x(t) = C_1(\cos\beta t + i\sin\beta t) + C_2(\cos\beta t - i\sin\beta t)$$

$$= (C_1 + C_2)\cos\beta t + i(C_1 - C_2)\sin\beta t.$$

そこで再び $A_1 = C_1 + C_2, \quad A_2 = i(C_1 - C_2)$ とおけば，

$$x(t) = A_1 \cos\beta t + A_2 \sin\beta t \tag{16.5}$$

となる．これが方程式 (16.4) の解である．

16.3　地震と建物の振動 —— 簡単な場合

　今度は，前の 2 つの節で考えてきたことの複合問題 (応用例) として，地震による家の揺れ方を考える．とくにここで興味があるのは，家屋が地震波に共振して倒壊するときの様子である．しばしば，倒壊直前に急に揺れが増幅する話を，読者も聞いたことがあるだろう．この節で考えることは，その現象がどんな原理に

よるものかを理解する手助けになる．一番簡単なのは次のモデルである．

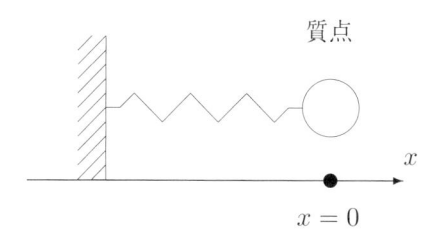

図 16.1　ひとつのバネ

図 16.1 のように固定された土台 (図で壁のように見える部分) に取り付けられた質点 (または，おもり) のバネを考える．家がゆれると元に戻ろうとする，その性質を単純にバネとみなしてモデル化するのである．その場合家屋も単純化して，1 点に質量が集中した質点とみなす．

最初に，簡単のため，時間変化のない場合を考える．静止位置を $x=0$ として，ずれに比例してそれと反対方向に力がかかり，外力 F と釣り合ったときに止まる．したがって，バネ定数 (弾性係数) を k とすれば

$$F = -kx$$

となる．つぎに，時間変化のある場合を考える．質点の座標 $x(t)$ は t の関数となる．地震の波は正弦波 $\sin \omega t$ とすると，その振動の加速度が質量に比例して外力としてかかる．したがって，外力は

$$F(t) = mA_0 \sin \omega t$$

としてよい．ここで A_0 や ω は定数，m はおもりの質量である．質点にかかる力は F と位置 $x(t)$ に依存して決まるバネの力 $-kx(t)$ の 2 つであるが，これが質点に働いて加速度を生ずる．これらを考えて運動方程式を立てると，

$$mx''(t) = F(t) - kx(t),$$
$$x(0) = x'(0) = 0$$

となる．ここで時刻 $t=0$ における位置と速度は 0 と考えて，条件 $x(0) = x'(0) = 0$ を課した．条件により，m も k も正の定数なので，以下の計算に便利なように，

$$\frac{k}{m} = \beta^2, \quad \beta > 0$$

と表わす．したがって，方程式は次のようになる：

$$x''(t) + \beta^2 x(t) = A_0 \sin \omega t, \tag{16.6}$$

$$x(0) = x'(0) = 0. \tag{16.7}$$

第 16.2 節の結果を用いれば，この微分方程式を解くのは簡単である．まず

$$x_0(t) = C \sin \omega t$$

が (16.6) を満たすように，定数 C を決める．(16.6) で $x(t) = x_0(t)$ として，$\sin \omega t$ の係数を比較すれば

$$x_0(t) = \frac{A_0}{\beta^2 - \omega^2} \sin \omega t, \quad C = \frac{A_0}{\beta^2 - \omega^2}$$

となる．そこで $v(t) = x(t) - x_0(t)$ とおくと

$$v''(t) + \beta^2 v(t) = x''(t) + \beta^2 x(t) - A_0 \sin \omega t = 0.$$

したがって，(16.5) により

$$v(t) = A_1 \cos \beta t + A_2 \sin \beta t,$$

$$x(t) = A_1 \cos \beta t + A_2 \sin \beta t + \frac{A_0}{\beta^2 - \omega^2} \sin \omega t,$$

$$x'(t) = -\beta A_1 \sin \beta t + \beta A_2 \cos \beta t + \frac{\omega A_0}{\beta^2 - \omega^2} \cos \omega t.$$

一方，$x(0) = x'(0) = 0$ より

$$0 = x(0) = A_1, \quad 0 = x'(0) = \beta A_2 + \frac{\omega A_0}{\beta^2 - \omega^2}.$$

これより A_2 が求まる．したがって，

$$A_2 = -\frac{\omega A_0}{\beta(\beta^2 - \omega^2)}, \quad x(t) = \frac{\omega A_0}{\beta^2 - \omega^2} \left(\frac{\sin \omega t}{\omega} - \frac{\sin \beta t}{\beta} \right)$$

となる．以上をまとめると，

まとめ 16.3.1 β を正の数とする．このとき，微分方程式

$$x''(t) + \beta^2 x(t) = A_0 \sin \omega t, \tag{16.8}$$

$$x(0) = x'(0) = 0 \tag{16.9}$$

の解は，

$$x(t) = \frac{\omega A_0}{\beta^2 - \omega^2}\left(\frac{\sin \omega t}{\omega} - \frac{\sin \beta t}{\beta}\right) \tag{16.10}$$

で与えられる．

16.4　地震波と建物の共振 (1)

たとえば，地震の揺れとともにバネ定数が変化して，β がたまたま ω に近づいたとしよう．あるいは，建物の構造上の理由で，最初から β がたまたま ω に近い値にあったと仮定する，と言っても良い．数学的には $\beta \to \omega$ の極限を見ることに相当する．そこで

$$G(\lambda) = \frac{\sin \lambda t}{\lambda}$$

とおいて，$z(t) := \lim_{\beta \to \omega} x(t)$ を計算する．よって，

$$z(t) = -\lim_{\beta \to \omega} \frac{\omega A_0}{\beta + \omega} \cdot \frac{1}{\beta - \omega}(G(\beta) - G(\omega))$$
$$= -\frac{A_0}{2} \cdot (\partial G/\partial \lambda)(\omega)$$
$$= -\frac{A_0}{2\omega^2}(\omega t \cos \omega t - \sin \omega t)$$

となる．よって，$z(t)$ は (16.6) と (16.7) を満たす．右辺の絶対値 (振幅) $|z(t)|$ は時間 t とともに変化し，

$$\max |z(t)| \fallingdotseq \frac{|A_0|}{2}\frac{|t|}{\omega}$$

となって，時間の経過とともに無限に増大する．したがって，これは建物の崩壊につながるであろう．ω も β も正なので，結論は，

> β^2 と ω^2 が近いと，振動は無限大になって崩壊の危険がある．
> 言い換えれば，建物の固有振動数が外力の振動数 β に近いと，
> 共振を起こして崩壊する危険が高い

ということである．次の節でもう少し複雑なモデルで同じ問題を考える．今度は 2 次対称行列 B の固有値が関係し，その結論は以下のようになる．

> $(-B)$ の固有値が ω^2 に近いと共振を起こす．

16.5　地震波と建物の共振 (2)

前節のモデルより少し現実的なモデルの中で最も単純な，つぎの場合を考える．

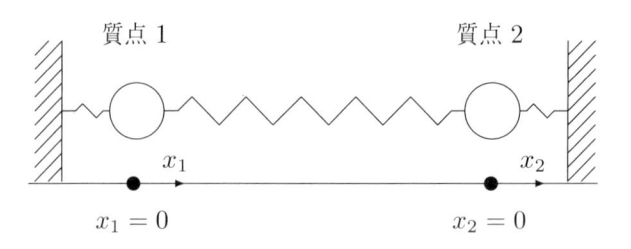

図 16.2　2 つの質点と土台を結ぶバネ

壁が 2 つあり，2 つの壁の重心にそれぞれ質点があって，建物があたかもこの 2 つの質点のバネのようになる場合である．図 16.2 では，2 つの壁 (そのそれぞれの重心に質点があるとみなす) と土台 (図の中の壁に見える部分) が垂直なバネで結ばれてはいないので，実際とは違うが，簡単なモデルとしてこれを採用する．

2 つの質点は $t=0$ のとき，静止位置にある．簡単のため，各々の質点に応じて座標を用意して $x_1(0)=0, x_2(0)=0$ とする．このように座標をとると，x_1 は左のバネの伸び，$x_1 - x_2$ は中央のバネの縮み，x_2 は右のバネの縮みを表す．外力 $F_i(t)$ はそれぞれの質点にかかり，質点 1 と土台，質点 1 と質点 2 を結ぶバネの伸縮によって新たに力が加わる．また質点 1 個の場合と同様，振動の加速度も

考慮して力が釣り合うものとして，運動方程式をたてると

$$F_1(t) - k_1 x_1(t) - k_3(x_1(t) - x_2(t)) = m_1 x_1''(t), \tag{16.11}$$

$$F_2(t) - k_2 x_2(t) - k_3(x_2(t) - x_1(t)) = m_2 x_2''(t) \tag{16.12}$$

となる．ただし k_1, k_2, k_3 はすべて正の定数である．

ここで，簡単のために，t 秒後に $x_1 > 0, x_1 - x_2 > 0, x_2 > 0$ である場合に運動方程式 (16.11)(16.12) を導いてみよう．

質点 1 には，外力 F_1 のほかに以下の力がかかる．$x_1 > 0$ なので，左のバネは伸びており，バネの反発で左向きの力 $-k_1 x_1$ がかかる．$x_1 - x_2 > 0$ なので中央のバネは縮んでおり，バネの反発で左向きの力 $-k_3(x_1 - x_2)$ がかかる．これらが質点 1 の加速度 $x_1''(t)$ を生じ，すべてが釣り合うものとして，方程式 (16.11) を得る．

同様に，質点 2 には，外力 F_2 のほかに以下の力がかかる．$x_2 > 0$ だから，右のバネは縮んでおり，バネの反発で左向きの力 $-k_2 x_2$ がかかる．また，$x_1 - x_2 > 0$ だから中央のバネは縮んでおり，バネの反発で右向きの力 $k_3(x_1 - x_2)$ がかかる．これらが質点 2 の加速度 $x_2''(t)$ を生じて，すべてが釣り合うとして，方程式 (16.12) を得る．2 つの式の中に $k_3(x_1(t) - x_2(t))$ という同一の項が異なる符号で現われることに注意しよう．

ここで前と同様

$$F_i(t) = m_i A_0 \sin \omega t$$

としてみる．以上を整理すると

$$m_1 x_1''(t) = -(k_1 + k_3) x_1(t) + k_3 x_2(t) + m_1 A_0 \sin \omega t,$$
$$m_2 x_2''(t) = k_3 x_1(t) - (k_2 + k_3) x_2(t) + m_2 A_0 \sin \omega t.$$

これを整理して

$$\begin{bmatrix} x_1''(t) \\ x_2''(t) \end{bmatrix} = B \begin{bmatrix} x_1(t) \\ x_2(t) \end{bmatrix} + \begin{bmatrix} A_0 \sin \omega t \\ A_0 \sin \omega t \end{bmatrix}, \tag{16.13}$$

$$B := \begin{bmatrix} b_{11} & b_{12} \\ b_{21} & b_{22} \end{bmatrix} = \begin{bmatrix} -(k_1 + k_3)/m_1 & k_3/m_1 \\ k_3/m_2 & -(k_2 + k_3)/m_2 \end{bmatrix} \tag{16.14}$$

と表そう．ここで，簡単のために，(16.13) において

の場合を考える．この B は，例 16.1.1 と本質的に同じである．B の固有ベクトルは例 16.1.1 の結果により，以下の通りである：

$$\begin{bmatrix} 1 \\ 1 \end{bmatrix} \quad (\text{固有値} -5\alpha^2), \qquad \begin{bmatrix} 1 \\ -1 \end{bmatrix} \quad (\text{固有値} -7\alpha^2).$$

そこで

$$P = \begin{bmatrix} 1 & 1 \\ 1 & -1 \end{bmatrix}, \quad Q = P^{-1} = \frac{1}{2}\begin{bmatrix} 1 & 1 \\ 1 & -1 \end{bmatrix},$$

$$\begin{bmatrix} y_1(t) \\ y_2(t) \end{bmatrix} = Q \begin{bmatrix} x_1(t) \\ x_2(t) \end{bmatrix}$$

とおけば，

$$QBQ^{-1} = \begin{bmatrix} -5 & 0 \\ 0 & -7 \end{bmatrix} \cdot \alpha^2$$

となる．求める方程式は

$$\begin{bmatrix} y_1''(t) \\ y_2''(t) \end{bmatrix} = Q \begin{bmatrix} x_1''(t) \\ x_2''(t) \end{bmatrix} = Q(B \begin{bmatrix} x_1(t) \\ x_2(t) \end{bmatrix} + \begin{bmatrix} A_0 \sin \omega t \\ A_0 \sin \omega t \end{bmatrix})$$

$$= QBQ^{-1} \begin{bmatrix} y_1(t) \\ y_2(t) \end{bmatrix} + Q \begin{bmatrix} A_0 \sin \omega t \\ A_0 \sin \omega t \end{bmatrix}$$

となり，したがって，初期条件 $x_k(0) = x_k'(0) = 0$ $(k = 1, 2)$ を課せば，

$$y_1''(t) = -5\alpha^2 y_1(t) + A_0 \sin \omega t,$$
$$y_2''(t) = -7\alpha^2 y_2(t), \qquad (16.15)$$
$$y_j(0) = y_j'(0) = 0 \quad (j = 1, 2)$$

となる．したがって，$\beta = \sqrt{5}\alpha$ または $\beta = \sqrt{7}\alpha$ として，(16.10) を適用すれば，

$$y_1(t) = \frac{\omega A_0}{5\alpha^2 - \omega^2}\left(\frac{\sin \omega t}{\omega} - \frac{\sin \sqrt{5}\alpha t}{\sqrt{5}\alpha}\right), \quad y_2(t) = 0$$

となる．ここで，y_2 の方程式では，$A_0 = 0$ であることに注意する．また $x_1(t)$, $x_2(t)$ は上の式に代入すれば求まる．したがって

$$\left[\begin{array}{c} x_1(t) \\ x_2(t) \end{array}\right] = P \left[\begin{array}{c} y_1(t) \\ y_2(t) \end{array}\right] = \left[\begin{array}{c} y_1(t) + y_2(t) \\ y_1(t) - y_2(t) \end{array}\right].$$

より，

$$x_1(t) = x_2(t) = y_1(t) = \frac{\omega A_0}{5\alpha^2 - \omega^2}\left(\frac{\sin \omega t}{\omega} - \frac{\sin \sqrt{5}\alpha t}{\sqrt{5}\alpha}\right) \tag{16.16}$$

となる．

したがって，このときは共振を起こす可能性は $\sqrt{5}\alpha = \omega$ のときだけである．α や ω は正の値に選んであるから，$\sqrt{5}\alpha = \omega$ と $5\alpha^2 = \omega^2$ は同等である．そこで，結論を「少し不正確だが，簡単な形で」述べておくと：

> 地震波の振動数 ω の 2 乗が行列 $(-B)$ の固有値に
> 近いと，共振を起こして建物は崩壊する危険が高い．

第 16 章の問題

1. 次の微分方程式を解け．

(i) $\begin{cases} x_1' = -7x_1 - 4x_2 \\ x_2' = 12x_1 + 7x_2 \end{cases}$ (ii) $\begin{cases} x_1' = x_1 - 4x_2 \\ x_2' = -x_2 \end{cases}$

(iii) $\begin{cases} x_1' = -75x_1 + 16x_2 \\ x_2' = -360x_1 + 77x_2 \end{cases}$ (iv) $\begin{cases} x_1' = -99x_1 + 20x_2 \\ x_2' = -520x_1 + 105x_2 \end{cases}$

解答

第 1 章の問題の解答

問題 1.4.1 (i) 省略 (ii) $A = \begin{bmatrix} 0 & 1 \\ 0 & 0 \end{bmatrix}$ (iii) $A = \begin{bmatrix} 0 & 1 & 0 \\ 0 & 0 & 1 \\ 0 & 0 & 0 \end{bmatrix}$ (iv) $A = \begin{bmatrix} 0 & 1 \\ 1 & 0 \end{bmatrix}$

問題 1.5.3 (i) $A = \begin{bmatrix} \cos\theta & -\sin\theta \\ \sin\theta & \cos\theta \end{bmatrix}$

問題 1.6.1 $^t(1.17)$.

問題 1.8.1 $\cos n\theta + i\sin n\theta = (\cos\theta + i\sin\theta)^n$ を用いると, $\cos 2\theta = \cos^2\theta - \sin^2\theta$, $\sin 2\theta = 2\cos\theta\sin\theta$ などが分かる.

第 2 章の問題の解答

問題 2.5.4 (i) $\begin{bmatrix} 1 & 0 & -8 & -2 \\ 0 & 1 & 2 & 1 \\ 0 & 0 & 0 & 0 \end{bmatrix}$ (ii) $\begin{bmatrix} 1 & 0 & -1 \\ 0 & 1 & 0 \\ 0 & 0 & 0 \end{bmatrix}$ (iii) $\begin{bmatrix} 1 & 0 & 0 & 15 \\ 0 & 1 & 0 & -16 \\ 0 & 0 & 1 & -2 \\ 0 & 0 & 0 & 0 \end{bmatrix}$

問題 2.7.1 (i) $\begin{bmatrix} -11 & 2 & 2 \\ -4 & 0 & 1 \\ 6 & -1 & -1 \end{bmatrix}$ (ii) $\begin{bmatrix} 2 & 15 & -9 \\ -1 & -8 & 5 \\ 0 & -2 & 1 \end{bmatrix}$ (iii) $\begin{bmatrix} 132 & 1 & -34 \\ -27 & 0 & 7 \\ 4 & 0 & -1 \end{bmatrix}$

1. $X = [x_{ij}]$ とすると, $x_{ij} = x_{4-i,\ 4-j}$ $(i, j = 1, 2, 3)$
2. (ii) $B = \frac{1}{2}(A + {}^tA)$, $C = \frac{1}{2}(A - {}^tA)$ とおくと, $A = B + C$, このとき B は対称行列, C は交代行列. $\because {}^tB = \frac{1}{2}({}^tA + A) = B$, ${}^tC = \frac{1}{2}({}^tA - A) = -C$.
3. $\mathbf{x} = {}^t[x_1, \cdots, x_n]$, $A = [a_{ij}]$ とすれば, 仮定により, ${}^t\mathbf{x}A\mathbf{x} = \Sigma_{i,j=1}^n a_{ij}x_i x_j = \Sigma_{i \leq j}(a_{ij} + a_{ji})x_i x_j = 0$. したがって, $a_{ij} + a_{ji} = 0(\forall i, j)$, A は交代行列.
4. (i) 省略 (ii) $A = [a_{ij}]$, $B = [b_{jk}]$ とすると, $\text{tr}(AB) = \Sigma_{i,j=1}^n a_{ij}b_{ji} = \Sigma_{i,j=1}^n b_{ji}a_{ij} = \text{tr}(BA)$. (iii) $\text{tr}(B^{-1}(AB)) = \text{tr}((AB)B^{-1}) = \text{tr}(A)$.
5. $\text{tr}(AB - BA) = \text{tr}(AB) - \text{tr}(BA) = 0$. 一方, $\text{tr}(I_n) = n \neq 0$.
6. $A = [a_{ij}]$, $X = [x_{jk}]$ とすると, 仮定より $\forall x_{ij}$ に対して $\text{tr}(AX) = \Sigma_{i,j=1}^n a_{ij}x_{ij} = 0$. 従って, $a_{ij} = 0$ $(\forall i, j)$
7. 帰納法による.

(i) $\begin{bmatrix} a^n & na^{n-1} \\ 0 & a^n \end{bmatrix}$ (ii) $\begin{bmatrix} a^n & na^{n-1} & \frac{1}{2}n(n-1)a^{n-2} \\ 0 & a^n & na^{n-1} \\ 0 & 0 & a^n \end{bmatrix}$

8. 省略. 分からない場合は 3×3 行列で考える.

9. (i) $x = \frac{5}{3}z + 1$, $y = \frac{4}{3}z - 1$, z：任意. (ii) $(x_1, x_2, x_3, x_4) = (-1, 2, 5, 6)$
(iii) $x = \frac{1}{3}(136z + 139)$, $y = \frac{1}{3}(19z + 22)$, $w = -\frac{1}{3}(44z + 41)$, z：任意.
(iv) $(x_1, x_2, x_4, x_4) = (1, 0, 4, 0)$.

10. (i) $\begin{bmatrix} 0 & 0 & 1 \\ 0 & 1 & -b \\ 1 & -b & -a+b^2 \end{bmatrix}$ (ii) $\begin{bmatrix} 1 & 0 & 0 & 0 \\ -a & 1 & 0 & 0 \\ -b+a^2 & -a & 1 & 0 \\ -c+2ab-a^3 & -b+a^2 & -a & 1 \end{bmatrix}$

11. (i) $\begin{bmatrix} 63 & -2 & -32 \\ -16 & 1 & 7 \\ -28 & 1 & 14 \end{bmatrix}$ (ii) $\begin{bmatrix} 5 & -10 & 8 \\ -42 & 85 & -68 \\ -2 & 4 & -3 \end{bmatrix}$ (iii) $\begin{bmatrix} 10 & 17 & 3 \\ 42 & 71 & 14 \\ 15 & 25 & 6 \end{bmatrix}$
(iv) $\begin{bmatrix} 132 & 69 & -34 \\ -27 & -14 & 7 \\ 4 & 2 & -1 \end{bmatrix}$ (v) $\begin{bmatrix} -11 & -20 & 1 \\ 3 & 5 & 1 \\ 5 & 9 & 0 \end{bmatrix}$ (vi) $\begin{bmatrix} 1 & 2 & 3 \\ 5 & 9 & 14 \\ 2 & 4 & 5 \end{bmatrix}$

12. 第 5 章を参照のこと. (i)（イ）$a \neq 2, -3$ の時, $x = 1, y = z = \frac{1}{a+3}$. （ロ）$a = 2$ の時, $x = 5z, y = -4z + 1, z$：任意.（ハ）$a = -3$ の時, 解なし.

(ii)（イ）$a \neq 1, -5$ の時, $x = \frac{a^2 - 11}{(a-1)(a+5)}$, $y = \frac{2}{a-1}$, $z = \frac{-2a+4}{(a-1)(a+5)}$ （ロ）$a = 1$ の時, $x = -5z + 3, y = 6z - 2, z$：任意.（ハ）$a = -5$ の時, 解なし.

(iii)（イ）$a \neq 2, -3$ の時, $x = 1, y = z = \frac{1}{a+3}$ （ロ）$a = 2$ の時, $x = 5z, y = -4z + 1, z$：任意.（ハ）$a = -3$ の時, 解なし.

(iv)（イ）$a \neq 1, 2, -2$ の時, $x = \frac{a+3}{a+2}, y = 0, z = -\frac{1}{a+2}$. （ロ）$a = 1$ の時, $x = 4z, y = -3z + 1, z$：任意.（ハ）$a = 2$ の時, $x = -7z + 3, y = 4z - 1, z$：任意. （ニ）$a = -2$ の時, 解なし.

13. $5a = 9b + 2c$. その時 $x = -2z - 3a + 6b + c, y = \frac{1}{2}(5z + a - 2b), z$：任意.
14. $a + b = c$.
15. (i) 省略. (ii) $(I_n - X)^{-1} = I_n + X$. (iii) $(I_n - X^2)^{-1} = I_n + X^2$, $(I_n + X - X^2)^{-1} = I_n - X + 2X^2 - 3X^3$.

第 3 章の問題の解答

問題 3.3.3 $x_1 = -\frac{13}{5}c_3 - \frac{1}{5}c_4$, $x_2 = \frac{4}{5}c_3 - \frac{12}{5}c_4$, $x_3 = c_3, x_4 = c_4$ (c_i:任意)

1. rank はそれぞれ, (i) 2 (ii) 2 (iii) 4 (iv)(イ) 3 (ロ) 2 (ハ) 2

階段行列は (i) $\begin{bmatrix} 1 & 0 & \frac{7}{11} & \frac{26}{11} \\ 0 & 1 & \frac{6}{11} & \frac{38}{11} \\ 0 & 0 & 0 & 0 \end{bmatrix}$ (ii) $\begin{bmatrix} 1 & 0 & -1 & -2 \\ 0 & 1 & 2 & 1 \\ 0 & 0 & 0 & 0 \end{bmatrix}$

(iii) $\begin{bmatrix} 1 & 0 & 0 & -8 & 0 \\ 0 & 1 & 0 & 6 & 0 \\ 0 & 0 & 1 & -1 & 0 \\ 0 & 0 & 0 & 0 & 1 \\ 0 & 0 & 0 & 0 & 0 \end{bmatrix}$ (iv) (イ) $a \neq 1, -5$ のとき, $\begin{bmatrix} 1 & 0 & 0 \\ 0 & 1 & 0 \\ 0 & 0 & 1 \end{bmatrix}$,

(ロ) $a = 1$ のとき, $\begin{bmatrix} 1 & 0 & 5 \\ 0 & 1 & -6 \\ 0 & 0 & 0 \end{bmatrix}$, (ハ) $a = -5$ のとき, $\begin{bmatrix} 1 & 0 & -1 \\ 0 & 1 & 0 \\ 0 & 0 & 0 \end{bmatrix}$

2. (i) $x_1 = -\frac{7}{11}x_3 - \frac{26}{11}x_4$, $x_2 = -\frac{6}{11}x_3 - \frac{38}{11}x_4$, x_3, x_4:任意 (ii) $x_1 = x_3 + 2x_4$, $x_2 = -2x_3 - x_4$, x_3, x_4:任意 (iii) $x_1 = 8x_4$, $x_2 = -6x_4$, $x_3 = x_4$, $x_5 = 0$, x_4:任意 (iv) (イ) $a \neq 1, -5$ のとき, $x_1 = x_2 = x_3 = 0$ (ロ) $a = 1$ のとき, $x_1 = -5x_3$, $x_2 = 6x_3$, x_3:任意 (ハ) $a = -5$ のとき, $x_1 = x_3$, $x_2 = 0$, x_3:任意

3. ${}^tAA$ の (i,j) 成分を $({}^tAA)_{ij}$ と表わす. $({}^tAA)_{11} = a_{11}^2 + a_{21}^2 + a_{31}^2 = 0$ なので $a_{11} = a_{21} = a_{31} = 0$. $({}^tAA)_{22} = ({}^tAA)_{33} = 0$ より, $a_{i2} = a_{i3} = 0$ $(\forall i)$

4. 左基本変形により $A \mapsto A' = PA$ (P: 正則) とすると, $A'{}^tA' = P(A{}^tA){}^tP$ となり, $\mathrm{rank}(A) = \mathrm{rank}(A'), \mathrm{rank}(A{}^tA) = \mathrm{rank}(A'{}^tA')$. 従って A を左基本変形で単純な形にして証明すればよい. $\mathrm{rank}(A) = 3$ ならば $A' = I_3$ に選ぶことができる. そのとき $A'{}^tA' = I_3$, $\mathrm{rank}(A{}^tA) = \mathrm{rank}(A'{}^tA') = 3 = \mathrm{rank}(A)$. 次に $\mathrm{rank}(A) = 2$ ならば, 左基本変形により,

$$A' = \begin{bmatrix} 1 & 0 & a_{13} \\ 0 & 1 & a_{23} \\ 0 & 0 & 0 \end{bmatrix}, \begin{bmatrix} 1 & a_{12} & 0 \\ 0 & 0 & 1 \\ 0 & 0 & 0 \end{bmatrix}, \begin{bmatrix} 0 & 1 & 0 \\ 0 & 0 & 1 \\ 0 & 0 & 0 \end{bmatrix}$$

としてよい. あとの 2 つの場合には計算により, $\mathrm{rank}(A'{}^tA') = 2$. 最初の場合, $B = \begin{bmatrix} 1 + a_{13}^2 & a_{13}a_{23} \\ a_{13}a_{23} & 1 + a_{23}^2 \end{bmatrix}$ とすると, $A'{}^tA' = \begin{bmatrix} B & 0 \\ 0 & 0 \end{bmatrix}$, $|B| = 1 + a_{13}^2 + a_{23}^2 > 0$ (a_{ij}: 実数), よって $\mathrm{rank}(A'{}^tA') = \mathrm{rank}(B) = 2$.

5. A が標準形 $\begin{bmatrix} I_r & 0 \\ 0 & 0 \end{bmatrix}$ の時に帰着する．ただし，$r = \text{rank}(A)$．そのときは，AB は下半分の零行列を除いて，$r \times m$ 行列となる．したがって，$\text{rank}(AB) \leq r = \text{rank}(A)$．また，$\text{rank}(AB) = \text{rank}(^t(AB)) = \text{rank}(^tB\,^tA) \leqq \text{rank}(^tB)$．

第 4 章の問題の解答

問題 4.4.6 省略

問題 4.4.11 (i) 238 (ii) -8 (iii) 176

問題 4.8.7 (i) 123 (ii) 456 (iii) 78

問題 4.9.2 $\frac{1}{2}|(a_1b_2 + a_2b_3 + a_3b_1) - (b_1a_2 + b_2a_3 + b_3a_1)|$.

問題 4.9.3 体積は $|\mathbf{a}_1, \mathbf{a}_2, \mathbf{a}_3| = 13$ に等しい．

1. (i) -352 (ii) 295 (iii) $(a+4b)(a-b)^4$ (iv) $a^4 + b^4 + c^4 - 2a^2b^2 - 2b^2c^2 - 2c^2a^2$ (v) $c^2(4a + 2b + c)(2b + c)$ (vi) $n \times n$ 行列のときの行列式を A_n として，帰納的に計算する．直接の計算で，$A_2 = 1 + x^2 + x^4, A_3 = 1 + x^2 + x^4 + x^6$ が分かる．次に，$n \geqq 4$ の時，$A_n = (1 + x^2)A_{n-1} - x^2 A_{n-2}$．これより，$A_n = 1 + x^2 + \cdots + x^{2n}$．

2. 省略 **3.** -1 (理由) $(r_3, \cdots, r_n) = (1, \cdots, a-1, a+1, \cdots, b-1, b+1, \cdots, n)$.

4. (i) $(a+b)(a-b) \neq 0$ (ii) $\begin{bmatrix} 2(a+b) & 0 \\ 0 & 2(a-b) \end{bmatrix}$ (iii) $\frac{1}{2}\begin{bmatrix} I_n & I_n \\ -I_n & I_n \end{bmatrix}$

5. (i) 上の問題 **4.** を参考に考える．

$$\begin{bmatrix} I_n & I_n \\ -I_n & I_n \end{bmatrix} \begin{bmatrix} A & B \\ B & A \end{bmatrix} \begin{bmatrix} I_n & -I_n \\ I_n & I_n \end{bmatrix} = \begin{bmatrix} 2(A+B) & 0 \\ 0 & 2(A-B) \end{bmatrix}.$$

これと **4** (iii) より $\triangle = |A+B||A-B|$．(ii) $|A+B| = |^t(A+B)| = |A-B|$．

6. 163

7. $\frac{1}{2}\sum_{k=1}^{n}(a_{k+1}b_k - a_k b_{k+1})$, ただし，$a_{n+1} = a_1$, $b_{n+1} = b_1$ とする．

第 5 章の問題の解答

問題 5.2.4 (i) $x \neq 1$ のとき，$\text{rank}(A) = 3$, $x = 1$ のとき，$\text{rank}(A) = 1$.

(ii) $a \neq -1, 5$ のとき，$\text{rank}(A) = 3$, $a = -1, 5$ のとき，$\text{rank}(A) = 2$.

問題 5.4.2 平面の方程式 :
$\begin{vmatrix} x & y & z & 1 \\ 1 & 1 & 1 & 1 \\ 2 & 5 & 9 & 1 \\ -3 & 0 & 2 & 1 \end{vmatrix} = \begin{vmatrix} x & y & z & 1 \\ 1 & 1 & 1 & 1 \\ 2 & 5 & 9 & 1 \\ 0 & 6 & 12 & 3 \end{vmatrix} = 3 \cdot \begin{vmatrix} x & y & z & 1 \\ 1 & 1 & 1 & 1 \\ 2 & 5 & 9 & 1 \\ 0 & 2 & 4 & 1 \end{vmatrix} = 0.$

1. $|A| = (5x+1)(1-x)^5$. (i) $x \neq -\frac{1}{5}, 1$ の時, $\mathrm{rank}\, A = 6$. (ii) $x = -\frac{1}{5}$ の時, $\mathrm{rank}\, A = 5$. (iii) $x = 1$ の時, $\mathrm{rank}\, A = 1$.

2. 自明でない解 (x_1, x_2, x_3) があるとして矛盾を導く. 簡単のため $|x_1| \geq |x_2| \geq |x_3|$ と仮定. このとき, $|x_1| = |a_{12}x_2 + a_{13}x_3| \leq \frac{1}{2}(|x_2| + |x_3|)$. (ただし, $|a_{ij}| < \frac{1}{2}$ なので, 等号は $x_2 = x_3 = 0$ の時のみ.) よって, $|x_1| = |x_2| = |x_3|$, 上の不等式は等号となり, $x_1 = x_2 = x_3 = 0$, 矛盾.

3. $(A, B, P, Q, R) = (1, 0, -2, -1, 1)$.

4. $\mathrm{rank}(A) = 1$ ならば, 3 本の直線はすべて同一, 矛盾. よって, $\mathrm{rank}(A) \geq 2$. $|A| = 0$ だから, $\mathrm{rank}(A) = 2$. したがって, $A\mathbf{x} = 0$ となる自明でないベクトル $\mathbf{x} = {}^t[X, Y, Z]$ が, 定数倍を除いてただひとつ定まる. もし $Z \neq 0$ ならば, 点 $[X/Z, Y/Z]$ は 3 本の直線上にある. もし $Z = 0$ ならば, $X \neq 0$, または, $Y \neq 0$. 簡単のため $Y \neq 0$ とする. $Z = 0$ だから, $a_i X + b_i Y = 0$, $b_i = -a_i(X/Y)$. よって, 平行.

第 6 章の問題の解答

1. 固有ベクトルを列挙する.

(i) $\begin{bmatrix} 1 \\ 5 \\ 2 \end{bmatrix} \begin{bmatrix} 2 \\ 9 \\ 4 \end{bmatrix} \begin{bmatrix} 3 \\ 14 \\ 5 \end{bmatrix}$ (ii) $\begin{bmatrix} 2 \\ 2 \\ 3 \end{bmatrix} \begin{bmatrix} 4 \\ 1 \\ 4 \end{bmatrix} \begin{bmatrix} 1 \\ 0 \\ 1 \end{bmatrix}$ (iii) $\begin{bmatrix} 1 \\ 0 \\ -2 \end{bmatrix} \begin{bmatrix} 2 \\ 1 \\ -4 \end{bmatrix} \begin{bmatrix} 0 \\ 0 \\ 1 \end{bmatrix}$

(iv) $\begin{bmatrix} 1 \\ 2 \\ 2 \end{bmatrix} \begin{bmatrix} 2 \\ 3 \\ 4 \end{bmatrix} \begin{bmatrix} 3 \\ 5 \\ 5 \end{bmatrix}$ (v) $\begin{bmatrix} 1 \\ 0 \\ 2 \end{bmatrix} \begin{bmatrix} 2 \\ 1 \\ 4 \end{bmatrix} \begin{bmatrix} 3 \\ 0 \\ 5 \end{bmatrix}$ (vi) $\begin{bmatrix} 1 \\ 5 \\ 2 \end{bmatrix} \begin{bmatrix} 2 \\ 9 \\ 4 \end{bmatrix} \begin{bmatrix} 3 \\ 14 \\ 5 \end{bmatrix}$.

固有値は順に (i) $1, 1, 2$ (ii) $0, 1, 3$ (iii) $-1, 2, 1$ (iv) $2, 3, 6$ (v) $3, -1, 2$ (vi) $2, -1, -1$.

2. 固有ベクトルを列挙する. (i) と (iii) は対角化できない.

(i) $\begin{bmatrix} 1 \\ 1 \\ -1 \end{bmatrix} \begin{bmatrix} 2 \\ 1 \\ 0 \end{bmatrix}$ (ii) たとえば, $\begin{bmatrix} 1 \\ 0 \\ 1 \end{bmatrix} \begin{bmatrix} 0 \\ 1 \\ 1 \end{bmatrix} \begin{bmatrix} 1 \\ -1 \\ 1 \end{bmatrix}$ (iii) $\begin{bmatrix} 7 \\ 1 \\ -2 \end{bmatrix} \begin{bmatrix} 1 \\ 1 \\ 0 \end{bmatrix}$

固有値は順に (i) $1, 2$ (ii) $1, 1, -1$ (iii) $0, -2$.

第 7 章の問題の解答

問題 7.3.2 省略.

1. (i) [和, 洋, 中華] $= [\frac{100}{3}, \frac{100}{3}, \frac{100}{3}]$ (ii) [和, 洋, 中華] $= [\frac{600}{21}, \frac{700}{21}, \frac{800}{21}]$
(iii) [和, 洋, 中華] $= [\frac{410}{12}, \frac{360}{12}, \frac{430}{12}]$ (iv) [和, 洋, 中華] $= [40 : 20 : 40]$.

第 9 章の問題の解答

問題 9.3.5 左から v_i $(1 \leq i \leq 4)$ とする. (i) $v_1 + v_3 = 2v_2$ (ii) $9v_2 = 13v_1 + v_3 + v_4$.

問題 9.5.10 基底は省略. (i) 2 次元 (ii) 3 次元

1. (i) V_1 の要素 $f(x) = ax^3 + bx^2 + cx + d$ は $0 = f(1) = a + b + c + d$, $0 = f'(2) = 12a + 4b + c$ を満たす. よって $f(x) = a(x^3 - 12x + 11) + b(x^2 - 4x + 3)$, V_1 の基底は $x^3 - 12x + 11$, $x^2 - 4x + 3$.

(ii) V_2 の要素を $A = \begin{bmatrix} a & b \\ c & d \end{bmatrix}$ とする. $\mathrm{tr}(A) = a + d = 0$. したがって,
$A = a\begin{bmatrix} 1 & 0 \\ 0 & -1 \end{bmatrix} + b\begin{bmatrix} 0 & 1 \\ 0 & 0 \end{bmatrix} + c\begin{bmatrix} 0 & 0 \\ 1 & 0 \end{bmatrix}$. 基底は $\begin{bmatrix} 1 & 0 \\ 0 & -1 \end{bmatrix}, \begin{bmatrix} 0 & 1 \\ 0 & 0 \end{bmatrix}, \begin{bmatrix} 0 & 0 \\ 1 & 0 \end{bmatrix}$.

(iii) 例 2.4.2 の記号で,基底は $E_{ij}(1) - E_{ji}(1)$ $(1 \leq i < j \leq 3)$.

(iv) V_4 の基底は $x^3 - x$, $x^2 - 3x + 2$.

2. (i) 基底 ${}^t[2, -1, 1, 0]$, ${}^t[-1, 2, 0, 1]$. (ii) 基底 $\mathbf{a}_1, \mathbf{a}_4$.

3. 4 つのベクトルを順に $\mathbf{a}_1, \mathbf{a}_2, \mathbf{a}_3, \mathbf{a}_4$ とする. 右基本変形により,

$$A = [\mathbf{a}_1, \mathbf{a}_2, \mathbf{a}_3, \mathbf{a}_4] \to \begin{bmatrix} 1 & 0 & 0 & 0 \\ 2 & 3 & 0 & -3 \\ 3 & -1 & -1 & -2 \\ 4 & -5 & -11 & -28 \end{bmatrix} \to \begin{bmatrix} 1 & 0 & 0 & 0 \\ 2 & 3 & 0 & 0 \\ 3 & -1 & -1 & -3 \\ 4 & -5 & -11 & -33 \end{bmatrix}.$$

計算を逆にたどると,$(\mathbf{a}_4 - 3\mathbf{a}_1) + (\mathbf{a}_2 - \mathbf{a}_1) = 3(\mathbf{a}_3 - 2\mathbf{a}_1)$, $2\mathbf{a}_1 + \mathbf{a}_2 = 3\mathbf{a}_3 - \mathbf{a}_4$ より $V \cap W = \{c(2\mathbf{a}_1 + \mathbf{a}_2) \ ; \ c \in \mathbf{R}\} = \{c(3\mathbf{a}_3 - \mathbf{a}_4) \ ; \ c \in \mathbf{R}\}$.

第 10 章の問題の解答

問題 10.3.4 $[F(f_1), F(f_2), F(f_3)] = [-f_1, -2f_2, -3f_3]$ に定理 10.2.1 を用いよ.

1. (i) 基底 $\mathbf{a}_1 = {}^t[2, -1, 1, 0]$, $\mathbf{a}_2 = {}^t[-1, 2, 0, 1]$

(ii) $T(\mathbf{a}_1) = 6\mathbf{a}_1 - 3\mathbf{a}_2$, $T(\mathbf{a}_2) = 3\mathbf{a}_1$ なので $T(V) \subset V$.

(iii) $T(x_3\mathbf{a}_1 + x_4\mathbf{a}_2) = x_3'\mathbf{a} + x_4'\mathbf{a}_2$ とすれば,$\begin{bmatrix} x_3' \\ x_4' \end{bmatrix} = \begin{bmatrix} 6 & 3 \\ -3 & 0 \end{bmatrix}\begin{bmatrix} x_3 \\ x_4 \end{bmatrix}$.

(iv) (iii) の行列表示による固有ベクトルは ${}^t[x_3, x_4] = [c, -c] (c \in \mathbf{R})$. したがって,$T$ の固有ベクトルは,$c(\mathbf{a}_1 - \mathbf{a}_2)$, $c \in \mathbf{R}$.

2. 例 10.4.2 を参照のこと. $\mathrm{Ker}\, f$ の基底 ${}^t[-2, -1, 1, 0]$, ${}^t[-1, -3, 0, 1]$.
$\mathrm{Im}\, f$ の基底 ${}^t[1, 3, 2]$, ${}^t[0, 3, 7]$.

3. $\mathrm{Ker}\, f$ の基底 ${}^t[-2, 1, 0, 0]$, ${}^t[14, 0, -11, 1]$, $\mathrm{Im}\, f$ の基底 ${}^t[1, 3, 5, 2]$, ${}^t[0, 1, 1, -1]$.

4. 固有ベクトルは $96x^2 - 16x - 11$, $4x - 1$, 1 (固有値 -18, -6, -2).

5. $35x^2 - 14x - 4$ (固有値 -16), $4x - 1$(固有値 -6), 1 (固有値 -2).

6. $x^2 + 4x + 4$ (固有値 8), $x + 1$ (固有値 6), $x - 4$ (固有値 1).

7. 固有ベクトルは $x - 1$ (固有値 -1), 1(固有値 1) 2 つしか存在しない.

[補足] 問題 **4,5,6,7** で $T(ax^2 + bx + c) = a'x^2 + b'x + c'$ とすると行列表示は

4. $\begin{bmatrix} a' \\ b' \\ c' \end{bmatrix} = \begin{bmatrix} -18 & 0 & 0 \\ 2 & -6 & 0 \\ 2 & 1 & -2 \end{bmatrix} \begin{bmatrix} a \\ b \\ c \end{bmatrix}$, **5.** $\begin{bmatrix} a' \\ b' \\ c' \end{bmatrix} = \begin{bmatrix} -16 & 0 & 0 \\ 4 & -6 & 0 \\ 2 & 1 & -2 \end{bmatrix} \begin{bmatrix} a \\ b \\ c \end{bmatrix}$,

6. $\begin{bmatrix} a' \\ b' \\ c' \end{bmatrix} = \begin{bmatrix} 8 & 0 & 0 \\ 8 & 5 & 1 \\ 8 & 4 & 2 \end{bmatrix} \begin{bmatrix} a \\ b \\ c \end{bmatrix}$, **7.** $\begin{bmatrix} a' \\ b' \\ c' \end{bmatrix} = \begin{bmatrix} 1 & 0 & 0 \\ 0 & -1 & 0 \\ 1 & 2 & 1 \end{bmatrix} \begin{bmatrix} a \\ b \\ c \end{bmatrix}$.

8. $\mathbf{b}_0 = [1, 0, -3, -12, -39, \cdots]$, $\mathbf{b}_1 = [0, 1, 4, 13, 40, \cdots]$ とすると, $S(\mathbf{b}_0) = -3\mathbf{b}_0$, $S(\mathbf{b}_1) = \mathbf{b}_0 + 4\mathbf{b}_1$. V の基底 $\mathbf{b}_0, \mathbf{b}_1$ に関して S を行列表示すると $\begin{bmatrix} 0 & 1 \\ -3 & 4 \end{bmatrix}$. 写像の意味から, $T = S^3$ である. S の固有ベクトルは $\mathbf{b}_0 + \mathbf{b}_1$ (固有値は 1), $\mathbf{b}_0 + 3\mathbf{b}_1$ (固有値は 3). $T = S^3$ の固有ベクトルは $\mathbf{b}_0 + \mathbf{b}_1$ (固有値は 1), $\mathbf{b}_0 + 3\mathbf{b}_1$ (固有値は 27).

9. $T(\Sigma_{i,j=1}^2 x_{ij} E_{ij}) = (x_{11} - x_{22})(E_{21} - E_{12}) + (x_{21} - x_{12})(E_{11} - E_{22})$,

固有ベクトルは $E_{11} + E_{22}, E_{12} + E_{21}$ (固有値は 0), $E_{11} - E_{12} + E_{21} - E_{22}$(固有値 2), $E_{11} + E_{12} - E_{21} - E_{22}$ (固有値 -2).

第 11 章の問題の解答

問題 11.3.3 $-160A + 336I_2$.

問題 11.5.7 $n = 7$. $J_3(\alpha) \oplus J_3(\alpha) \oplus [\alpha]$.

1. (i) 固有多項式は $\phi_A(x) = x^2 - 2x + 5$. ケイリー・ハミルトンの定理により, $A^2 - 2A + 5I_2 = 0$. $x^4 + x = (x^2 + 2x - 1)(x^2 - 2x + 5) - 11t + 5$, $x^5 - 2x^4 = (x^3 - 5x - 10)(x^2 - 2x + 5) + 5x + 50$ だから, $A^4 + A = -11A + 5I_2$, $A^5 - 2A^4 = 5A + 50I_2$.

2. 固有多項式は $\phi_A(x) = x^3 + 4x^2 + 4x$, $\phi_B(x) = x^3 - x^2 - x + 1$.

(i) ケイリー・ハミルトンの定理により, $A^3 + 4A^2 + 4A = 0$,

また, $x^5 + 3x^4 = (x^2 - x)(x^3 + 4x^2 + 4x) + 4x^2$ より, $A^5 + 3A^4 = 4A^2$. 同様に

(ii) $163B^2 + 64B - 111I_3$. (iii) $-21B^2 - 10B + 12I_3$.

3. $e^A = \begin{bmatrix} e^\alpha & e^\alpha & \frac{1}{2}e^\alpha \\ 0 & e^\alpha & e^\alpha \\ 0 & 0 & e^\alpha \end{bmatrix}$ **4.** $J_3(\alpha)$

5. 11.5 節と同じ記号を用いる．$\dim W_1 = 2$, $\dim W_2 = 3$, $\dim W_3 = 4$. 「アパート」は左から 3 階建て，1 階建て．$\mathbf{e}_i$ ($1 \leq i \leq 4$) を $\mathbf{R}^4$ の標準基底とするとき，$T^2\mathbf{e}_4, T\mathbf{e}_4, \mathbf{e}_4, -4\mathbf{e}_2 + 5\mathbf{e}_3$ を基底にとれば，A のジョルダン標準形は $J_3(\alpha) \oplus [\alpha]$.

6. 「アパート」は左から 4 階建て，2 階建て，1 階建て．A のジョルダン標準形は $J_4(\alpha) \oplus J_2(\alpha) \oplus [\alpha]$.

第 12 章の問題の解答

問題 12.2.5 $\frac{1}{\sqrt{2}}{}^t[1,0,1]$, $\frac{1}{\sqrt{6}}{}^t[1,2,-1]$, $\frac{1}{\sqrt{3}}{}^t[-1,1,1]$.

問題 12.2.7 $\mathbf{c}_1 = \sqrt{3}x$, $\mathbf{c}_2 = 2 - 3x$.

問題 12.4.6 省略．

1. (i) $\frac{1}{\sqrt{6}}{}^t[1,1,2]$, $\frac{1}{\sqrt{14}}{}^t[-1,-3,2]$, $\frac{1}{\sqrt{21}}{}^t[-4,2,1]$.
(ii) $\frac{1}{\sqrt{10}}{}^t[1,3,0]$, $\frac{1}{\sqrt{10}}{}^t[-3,1,0]$, ${}^t[0,0,1]$. (iii) $\frac{1}{\sqrt{6}}{}^t[1,1,2i]$, $\frac{1}{\sqrt{300}}{}^t[3-i, -15+5i, 2+6i]$, $\frac{1}{\sqrt{50}}{}^t[-6-2i, 0, -1+3i]$.

2. (i) $\sqrt{\frac{1}{14}}(2-3x)$, $\sqrt{\frac{3}{14}}(1+2x)$, $\frac{\sqrt{10}}{4}(3x^2-1)$ (ii) $\sqrt{\frac{15}{94}}(1+2x^2)$, $\sqrt{\frac{3}{2}}x$, $\sqrt{\frac{3}{376}}(11-25x^2)$ (iii) $\sqrt{\frac{1}{2}}$, $\sqrt{\frac{3}{2}}x$, $\frac{\sqrt{10}}{4}(3x^2-1)$.

3. $W^\perp$ の生成元は $\mathbf{b} = {}^t[-9,7,5]$. $\mathbf{x} = \mathbf{y} + \lambda\mathbf{b}$ ($\mathbf{y} \in W$) と表すと，$(\mathbf{x}, \mathbf{b}) = 155\lambda$. よって，$P(\mathbf{x}) = \lambda\mathbf{b} = \frac{1}{155}(-9x + 7y + 5z)\mathbf{b}$, ただし $\mathbf{x} = {}^t[x,y,z]$.

4. $W = \{ax + b; a + 6b = 0\}$, $V \ni f = w + \lambda e$ ($w \in W$) とすれば，$\lambda(\mathbf{e},\mathbf{e}) = (f,\mathbf{e})$, $P(f) = w = f - (f,\mathbf{e})\mathbf{e}/(\mathbf{e},\mathbf{e}) = (ax + b) - \frac{1}{13}(a + 6b)\mathbf{e}$, ただし，$f(x) = ax + b$.

5. 省略

6. $(x, y) = (3\sqrt{3} - 3\sqrt{2} + 3 - \sqrt{6}, 3\sqrt{3} + 3\sqrt{2} + 3 + \sqrt{6})$.

第 13 章の問題の解答

問題 13.4.5 $P^{-1}HP = \begin{bmatrix} i & 0 \\ 0 & -i \end{bmatrix}$. $P = [\mathbf{c}_1, \mathbf{c}_2]$, $\mathbf{c}_1 = \frac{1}{\sqrt{2}}{}^t[1,i]$, $\mathbf{c}_2 = \frac{1}{\sqrt{2}}{}^t[1,-i]$.

問題 13.5.5 (i) $\mathrm{sign}(g_1) = (3,1)$. (ii) $\mathrm{sign}(g_2) = (1,2)$.

1. 対角化に使う直交行列を $P = [\mathbf{c}_1, \mathbf{c}_2, \mathbf{c}_3]$ とする．以下，順に，$\mathbf{c}_1, \mathbf{c}_2, \mathbf{c}_3$, 固有値．
(i) $\frac{1}{\sqrt{2}}{}^t[1,-1,0]$, $\frac{1}{\sqrt{6}}{}^t[1,1,-2]$, $\frac{1}{\sqrt{3}}{}^t[1,1,1]$. 固有値: $3,3,6$.
(ii) $\frac{1}{\sqrt{2}}{}^t[1,1,0]$, $\frac{1}{\sqrt{3}}{}^t[-1,1,1]$, $\frac{1}{\sqrt{6}}{}^t[1,-1,2]$. 固有値: $0,0,6$.
(iii) $\frac{1}{\sqrt{2}}{}^t[1,-1,0]$, $\frac{1}{\sqrt{6}}{}^t[1,1,-2]$, $\frac{1}{\sqrt{3}}{}^t[1,1,1]$. 固有値: $1,1,16$.
(iv) $\frac{1}{\sqrt{2}}{}^t[1,1,0]$, $\frac{1}{\sqrt{6}}{}^t[-1,1,2]$, $\frac{1}{\sqrt{3}}{}^t[1,-1,1]$. 固有値: $7,7,1$.

2. 対角化に使うユニタリ行列を $P = [\mathbf{c}_1, \mathbf{c}_2, \mathbf{c}_3]$ とし，順に，$\mathbf{c}_1, \mathbf{c}_2, \mathbf{c}_3$, 固有値を記す．

(i) $\frac{1}{\sqrt{2}}{}^t[1,0,\bar{\alpha}]$, $\frac{1}{\sqrt{6}}{}^t[1,-2i,-\bar{\alpha}]$, $\frac{1}{\sqrt{3}}{}^t[1,i,-\bar{\alpha}]$. 固有値: $1,1,-2$.

(ii) $\frac{1}{\sqrt{2}}{}^t[1,0,1]$, $\frac{1}{\sqrt{6}}{}^t[1,-2i,-1]$, $\frac{1}{\sqrt{3}}{}^t[1,i,-1]$. 固有値: $1,1,-2$.

第 14 章の問題の解答

問題 14.6.3 $(27/7, 40/7, -22/7)$.

第 15 章の問題の解答

1. 省略.

2. $x_{13} = x_1 + x_2 + x_4 + x_5 + x_7 + x_8 + x_{11}$, $x_{14} = x_1 + x_2 + x_3 + x_5 + x_6 + x_8 + x_{10}$, $x_{15} = x_1 + x_2 + x_3 + x_4 + x_6 + x_7 + x_9$.

第 16 章の問題の解答

1. A, B は定数. (i) $x_1 = Ae^t + 2Be^{-t}$, $x_2 = -2Ae^t - 3Be^{-t}$,

(ii) $x_1 = Ae^t + 2Be^{-t}$, $x_2 = Be^{-t}$,

(iii) $x_1 = Ae^{5t} + 2Be^{-3t}$, $x_2 = 5Ae^{5t} + 9Be^{-3t}$,

(iv) $x_1 = Ae^t + 5Be^{5t}$, $x_2 = 5Ae^t + 26Be^{5t}$.

あとがき

　本書執筆にあたって，いくつかの教科書を参考にさせていただいた．とくに

　　村上正康・佐藤恒雄・野沢宗平・稲葉尚志 共著
　　　『教養の線形代数』4 訂版　培風館　(1997)

　　斎藤正彦　『線型代数入門』　東京大学出版会 (1966)

は，いろいろな点で参考にさせていただいた．ここでお礼を申し上げたい．このほか，本書第 7 章「マルコフ連鎖」の「和食・洋食・中華」という設定は，九州大学　岩崎克則氏のアイデアに基づく．もちろん，生物の繁殖など似たような別の設定を思いつかないわけではないが，この設定が学生に一番人気がある．講義中のアドリブまでこめれば，この設定は楽しい．講義は楽しいほうがよい．岩崎氏にはこの場を借りて感謝申し上げたい．

　本書第 8 章「量子力学の中の固有ベクトル」は，量子力学入門のたいていの教科書なら，(線形代数による扱いではないが) この程度の解説を読むことができる．本書は次を参考にした．

　　野村昭一郎　『量子力学入門』　コロナ社　(1973)

　本文中にも注意したが，水素原子の磁気量子数 $m = 0$，方位量子数 $l = 0$ の場合を考えている．したがって，微分作用素 F の固有値は，主量子数 n のみであって，F の固有関数は，ラゲール多項式の 1 階微分として得られる．言うまでもないことであるが，この題材は線形代数的な見方ができる，というだけであって，波動方程式が線形代数で解けるわけではない．本書の扱いは，その意味で例外的な取り扱いである．しかし，行列の固有値が，複雑な経緯を別にすれば，本質的にエネルギーのような量と結びついていることを知ることは大切であろう．

　「CT スキャン」については

　　金子晃　「コンピューター・トモグラフィーの歴史」　(日本評論社『20 世紀の数学』(1998) 所収)

が詳しい．本書第 14 章「CT スキャンと最小 2 乗解」の「CT スキャン」部分はこの本に多くを負うている．

　本書第 15 章「$\mathbf{F}_2$ 上のベクトル空間と誤り訂正符号」には定まった文献はない．これについては，インターネット上にいろいろな講義記録などが掲載されており，断片的にいろいろ情報収集した上で再構成したので，特定の参考文献を挙げることはできない．

　本書第 16 章「地震と線形微分方程式」は，長谷川浩司氏の数学セミナーの記事をきっかけに挿入することにした．この題材の解説書は多いが，筆者は次を参考にした．

　　　神保秀一　『微分方程式概論』　サイエンス社　　(1998)

　引用の誤りはすべて著者の責任であるが，参考文献の著者のかたがたにはお礼を申し上げたい．

索 引

∀, 147
ART, 231
r_i, 19
誤り訂正符号, 234, 235
安定状態, 102, 114

1 次結合, 132
1 次従属, 129
1 次独立, 129, 130, 132, 138
1 次方程式, 5, 16
$\mathrm{Im}(f)$, 156

上三角行列, 11
運動方程式, 109

e^A, 176
エネルギー, 110
$\varepsilon(\sigma)$, 49, 50, 51, 56, 57, 61
エルミート行列, 205
円の方程式, 86

$\mathrm{Ker}(f)$, 156
階数, 30, 41, 45, 135, 137, 223, 225
階段行列, 25, 26
回転, 14
解のない方程式, 221
核 $\mathrm{Ker}(f)$, 156
確率密度, 120

基底, 132

軌道半径, 120
基本行列, 18
基本変形, 17, 18
逆行列, 19, 21, 27, 69, 70
行, 2, 19
共振, 248, 256
行ベクトル, 2, 19
行列式, 51, 53, 55, 61, 65, 69, 71, 73
行列の転置, 9
行列の分割, 11
距離, 238

グラム・シュミットの直交化法, 186
クラメルの公式, 68

ケイリー・ハミルトンの定理, 166
結合則, 7, 13

交代行列, 11
固有多項式, 95, 97
固有値, 92, 95, 96, 97, 99, 108, 115, 117
固有ベクトル, 92, 96, 99, 100, 102, 105, 108, 111, 112, 113, 114, 115, 117, 154

最小 2 乗解, 216, 221, 222, 225, 226, 227

c_j, 19
$J_3(\alpha)$, 172
次元, 132
指数 $\mathrm{sign}(A)$, 212

自然対数, 218
下三角行列, 11
受信情報ビット, 241
情報ビット, 235
初期情報ビット, 240
ジョルダン標準形, 171
シルベスターの慣性律, 212

正規行列, 208
正弦波, 253
生成する, 132
正則行列, 27, 33, 34, 35, 67
正定値 2 次形式, 212
正方行列, 2
積, 4, 14
線形写像, 112, 117, 149

像 $\mathrm{Im}(f)$, 156
送信情報ビット, 240

対角化, 92, 96, 168, 201
対角行列, 11
対角成分, 2
対称行列, 11
体積, 73, 77
縦ベクトル, 2
単位行列 I_n, 8

抽象的ベクトル空間, 128
調和振動子, 111
直線の方程式, 82
直和, 147
直交行列, 197, 201
直交射影, 190, 231
直交する, 183, 195
直交対角化, 201
直交補空間 $W^\perp$, 187

$d(\mathbf{x}, \mathbf{y})$, 238
dim, 132
$\det(A)$, 51, 73
Δ, 49
$\Delta(A)$, 73
δ_{ik}, 71
Δ_{ij}, 69
転置行列, 9

透過率, 216
トレース $\mathrm{tr}(A)$, 36

内積, 180, 203

2 次曲線, 87, 214
2 次曲面, 214, 215
2 次形式, 210
2 次形式の標準形, 212

ノルム, 181

掃き出し法, 22, 27
波動方程式, 108
バネ, 253
バネ定数, 109
ハミング符号, 242

ピクセル, 217
非退化 2 次形式, 212
左基本変形, 18, 26, 39
微分作用素, 112
標準内積, 181, 203
標準 2 次曲線, 87
標準ノルム, 181
標準複素内積, 194, 205

フーリエ級数, 190
複素共役, 194

符号, 50, 51, 56
符号理論, 235
フロベニウスの定理, 165
分割表示, 12

平均値, 227
平面の方程式, 84

マルコフ連鎖, 98

右基本変形, 39

無限次元, 132

面積, 73, 75, 77

有限次元, 132
ユニタリ行列, 198
ユニタリ対角化, 205
ユニタリ直交系, 195

余因子, 69, 71
余因子行列, 69, 70
横ベクトル, 1

rank, 41

列, 2, 19
列ベクトル, 2, 19

log, 218

和食・洋食, 98, 102
和・洋・中華, 104

著者紹介

中村 郁（なかむら・いく）

略歴
- 1947年　神奈川県生まれ
- 1970年　東京大学数学科卒業
- 1972年　東京大学理学系大学院数学専攻卒業(理学修士)
- 1975年　理学博士(名古屋大学)
- 現　在　北海道大学名誉教授

せんけいだいすうがく
線形代数学

2007年10月10日　第1版第1刷発行
2022年 2月25日　第1版第7刷発行

著　者　　中　村　　郁
発行者　　横　山　　伸
発　行　　有限会社 数 学 書 房
　　　　　〒101-0051　東京都千代田区神田神保町1-32-2
　　　　　TEL　03-5281-1777
　　　　　FAX　03-5281-1778
　　　　　e-mail　mathmath@sugakushobo.co.jp
　　　　　振替口座　00100-0-372475

印　刷
製　本　　精文堂印刷(株)

装　幀　　岩崎寿文

© Iku Nakamura 2007　　Printed in Japan
ISBN 978-4-903342-01-6

数学書房

小平邦彦──人と数学 ……… 日本数学会 編
◆ A5判・368頁+口絵4頁・4500円+税　ISBN 978-4-903342-81-8
日本人初のフィールズ賞受賞者にして，
20世紀数学界における巨人の一人である小平邦彦生誕100年記念出版．

数学書房選書1
力学と微分方程式 ……… 山本義隆 著
◆ A5判・256頁・2300円+税　ISBN 978-4-903342-21-4
解析学と微分方程式を力学にそくして語り，同時に，力学を，必要とされる解析学と
微分方程式の説明をまじえて展開した．これから学ぼう，また学び直そうというかたに．

数学書房選書2
背理法 ……… 桂 利行・栗原将人・堤 誉志雄・深谷賢治 著
◆ A5判・144頁・1900円+税　ISBN 978-4-903342-22-1
背理法ってなに？ 背理法でどんなことができるの？ というかたのために．
その魅力と威力をお届けします．

数学書房選書3
実験・発見・数学体験 ……… 小池正夫 著
◆ A5判・240頁・2400円+税　ISBN 978-4-903342-23-8
手を動かして整数と式の計算．数学の研究を体験しよう．
データを集めて，観察をして，規則性を探す，という実験数学に挑戦しよう．

数学書房選書4
確率と乱数 ……… 杉田 洋 著
◆ A5判・160頁・2000円+税　ISBN 978-4-903342-24-5
「ランダムである」とはどういうことか？
その性質を確率の計算によって調べることができるのはなぜか？

数学書房選書5
コンピュータ幾何 ……… 阿原一志 著
◆ A5判・192頁・2100円+税　ISBN 978-4-903342-25-2
「キッズシンディ」と「てるあき」の幾何学世界と計算機アルゴリズムの間（はざま）を
行き来しつつ，数学の立場からその内容を解明していく．

この定理が美しい ……… 数学書房編集部 編
◆ A5判・208頁・2300円+税　ISBN 978-4-903342-10-8

この数学書がおもしろい〈増補新版〉 ……… 数学書房編集部 編
◆ A5判・240頁・2000円+税　ISBN 978-4-903342-64-1

この数学者に出会えてよかった ……… 数学書房編集部 編
◆ A5判・176頁・2200円+税　ISBN 978-4-903342-65-8